轻松识别

液压气动图形符号

张戌社 编

U0196707

化学工业出版社
·北京·

内 容 简 介

液压气动图形符号是液压气动系统原理图的重要组成部分，是绘制与识读液压气动系统原理图的基础与前提，因此正确识别液压气动图形符号是设计、使用、维护液压气动系统的第一步。本书对常用液压气动图形符号进行了系统讲解，对所涉及的内容顺序进行了精心安排，从独立的元件符号介绍、对比、区分到其在具体回路中的应用，再到典型系统的实际使用，循序渐进，使读者可以轻松掌握液压气动图形符号的识别技巧。

本书可供初级液压气动工程技术人员和技术工人使用，也可供工科院校机械相关专业师生和液压企业培训机构使用。

图书在版编目（CIP）数据

轻松识别液压气动图形符号/张戌社编. —北京：化学工业出版社，2022.1
ISBN 978-7-122-40165-6

Ⅰ.①轻… Ⅱ.①张… Ⅲ.①液压传动-图形符号-识别②气压传动-图形符号-识别 Ⅳ.①TH137 ②TH138

中国版本图书馆CIP数据核字（2021）第221423号

责任编辑：张燕文　黄　滢
责任校对：王　静　　　　装帧设计：尹琳琳

出版发行：化学工业出版社（北京市东城区青年湖南街13号　邮政编码100011）
印　　装：北京科印技术咨询服务有限公司数码印刷分部
850mm×1168mm　1/32　印张7¾　字数200千字
2022年2月北京第1版第1次印刷

购书咨询：010-64518888　　售后服务：010-64518899
网　　址：http://www.cip.com.cn
凡购买本书，如有缺损质量问题，本社销售中心负责调换。

定　　价：49.80元　版权所有　违者必究

前　言

液压与气动技术在国民经济的各个领域发挥着越来越重要的作用，液压与气动技术的发展程度及普及性，已经成为衡量一个国家工业水平的重要标志，也是当代工程技术人员所应掌握的重要基础技术。

液压气动元件的种类繁多，相应的图形符号也就多种多样，许多图形符号外观相似，功能却各不相同，因而难于区分和理解。为帮助广大读者更好地掌握和快速识别液压气动图形符号，更好更快地学习液压气动基础知识，编写了本书。

全书共9章，第1章是图形符号的基础知识，第2～5章为液压元件的结构原理及图形符号，第6～8章为气动元件的结构原理及图形符号，第9章则是结合分析液压气动的典型系统，力求使读者全面理解和掌握液压气动图形符号。

本书适合液压与气动技术的初学者学习使用，也可供从事流体传动和控制技术的工程技术人员及其他相关从业人员参阅。

由于编者水平所限，书中不足之处在所难免，恳请广大读者批评指正。

编　者

目　录

第7章　气动执行元件的图形符号 …… 167

第8章　气动控制元件的图形符号 …… 187

第1章　液压气动图形符号基础知识

1.1 液压气动系统的构成

液压气动系统是以流体（液体或气体）作为工作介质，利用流体的压力能来传递能量的。

图 1-1 所示为磨床工作台液压系统原理图，该液压系统能够

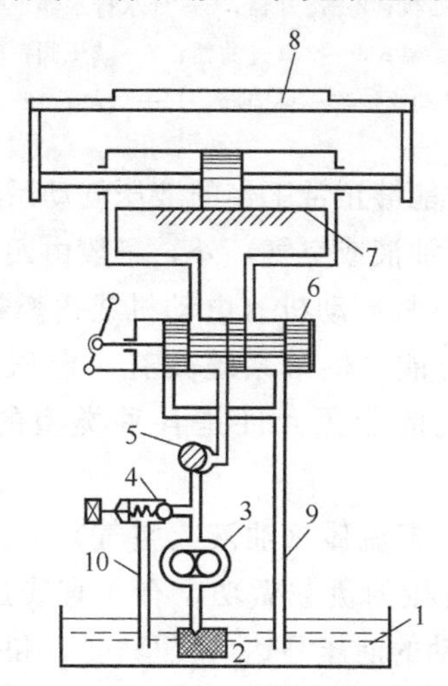

图 1-1　磨床工作台液压系统原理图

1—油箱；2—过滤器；3—液压泵；4—溢流阀；5—流量控制阀；6—换向阀；7—液压缸；8—工作台；9，10—管道

驱动磨床工作台实现往复直线运动。

图 1-2 所示为用于切断金属线材、棒材的剪切机气动系统原理图。

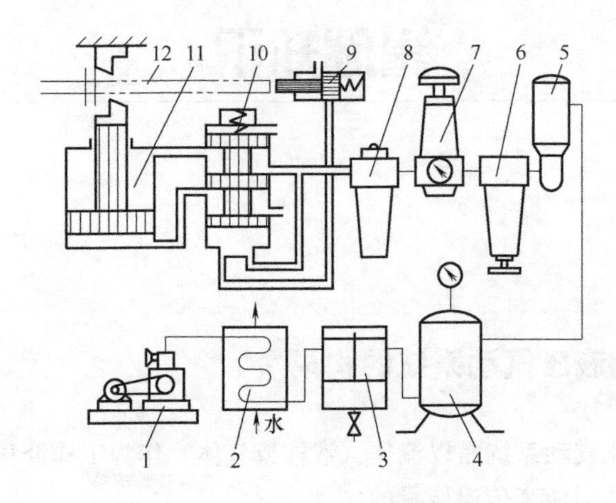

图 1-2 剪切机气动系统原理图

1—空气压缩机；2—冷却器；3—分水排水器；4—储气罐；

5—空气干燥器；6—空气过滤器；7—减压阀；8—油雾器；

9—机动阀；10—换向阀；11—气缸；12—工料

一个完整的、能够正常工作的液压气动系统，除了传递能量的流体工作介质（油液或空气）外，一般由四个主要部分组成。

① 能源元件：将原动机（电动机或内燃机）输出的机械能转换为流体的压力能，供给系统具有一定压力的油液或空气。液压（气动）系统的能源元件是各种类型的液压泵（空气压缩机）。

② 执行元件：把流体（油液或空气）的压力能转换成机械能，以驱动工作机械的负载做功，有作直线运动的液压缸（气缸），有作回转运动的液压马达（气马达），和作摆动的摆动液压马达（摆动气缸）。

③ 控制调节元件：对系统中的流体压力、流量或流动方向进行控制或调节，从而控制执行元件输出的力（转矩）、速度

（转速）和方向，以满足工作机构的动作规律要求，例如各种压力、流量、方向控制阀及逻辑控制元件和其他控制元件。

④ 辅助元件：上述三部分之外的其他元件，例如液压系统的油箱、过滤器、管件、热交换器、蓄能器、指示仪表，气动系统的过滤器、管件、油雾器、消声器等。它们对保证系统正常工作来讲是必不可少的。

1.2 用图形符号表示的液压气动系统原理图

图 1-1 和图 1-2 是用半结构形式绘制的液压气动系统原理图，它直观性强，容易理解，但难于绘制。在实际工作中，液压气动系统原理图采用 GB/T 786.1—2021《流体传动系统及元件图形符号和回路图　第 1 部分：图形符号》所规定的液压气动系统及元件图形符号来绘制，如图 1-3、图 1-4 所示。

GB/T 786.1—2021 等同于 ISO 1219-1：2006《流体传动系统和元件　图形符号和回路　第 1 部分：用于常规用途和数据处

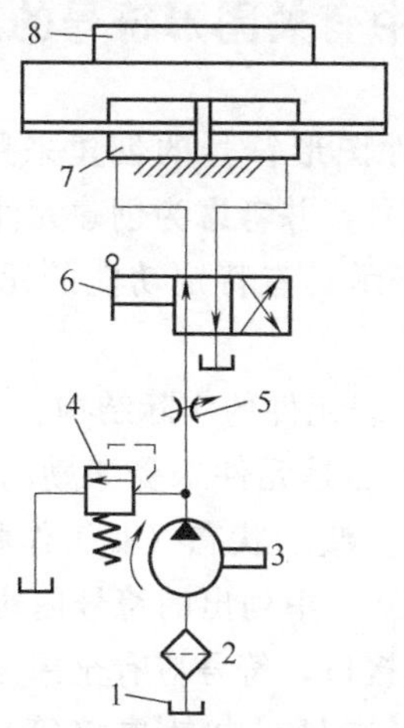

图 1-3　用图形符号绘制的磨床工作台液压系统原理图

1—油箱；2—过滤器；3—液压泵；4—溢流阀；5—流量控制阀；6—换向阀；7—液压缸；8—工作台

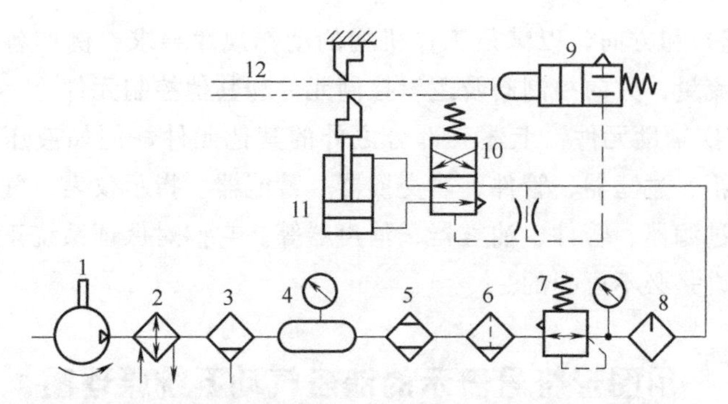

图 1-4　用图形符号绘制的剪切机气动系统原理图

1—空气压缩机；2—冷却器；3—分水排水器；4—储气罐；
5—空气干燥器；6—空气过滤器；7—减压阀；8—油雾器；
9—机动阀；10—换向阀；11—气缸；12—工料

理应用的图形符号》(英文版)，并代替 GB/T 786.1—2009。GB/T 786.1—2021 规定的图形符号，主要用于绘制以流体为工作介质的液压气动系统原理图。

1.3 国家标准中有关图形符号的规定

① 液压气动元件图形符号的创建采用 GB/T 786.1—2021 规定的基本形态的符号，并考虑为创建元件符号而给出的规则。

② 大多数符号表示具有特定功能的元件或装置，部分符号表示功能或操作方法。

③ 符号一般不代表元件的实际结构。

④ 元件符号表示的是元件未受激励的状态（非工作状态），对于没有明确定义未受激励状态（非工作状态）的元件的符号，应按 GB/T 786.1—2021 中列出的符号创建的特定规则给出；元件符号应给出所有的接口，符号应有全部油口、气口、连接口标识以及参数（压力、流量、电气连接等）或组合装置所需的空间。

⑤ 当创建图形符号时，可以对基本形态符号进行水平翻转

或旋转。

⑥ 符号按初始状态来表示，在不改变它们含义的前提下可以将它们水平翻转或90°旋转。

⑦ 如果一个符号用于表示具有两个或更多主要功能的流体传动元件，并且这些功能之间相互联系，则这个符号应由实线外框包围标出。

⑧ 当两个或者更多元件集成为一个元件时，它们的符号应由点画线包围标出。

⑨ 各类符号按固定尺寸设计，以便于直接应用在数据处理系统中，并生成各种变量。

由于液压气动元件的种类繁多，同类元件的图形符号又较为相似，在实际应用时很容易混淆，因此，正确地理解和掌握液压气动元件的图形符号，对于分析和设计液压气动系统有着十分重要的意义。

第2章 液压泵与液压马达的图形符号

2.1 液压泵

液压泵是液压系统的能源元件，其功用是供给系统压力油，液压泵是将电动机（或其他原动机）输入的机械能转换为液体压力能的能量转换装置。

2.1.1 液压泵的工作原理

液压泵的工作原理如图 2-1 所示。凸轮 1 旋转时，柱塞 2 在凸轮 1 和弹簧 3 的作用下，在缸体的柱塞孔内左右往复移动，缸

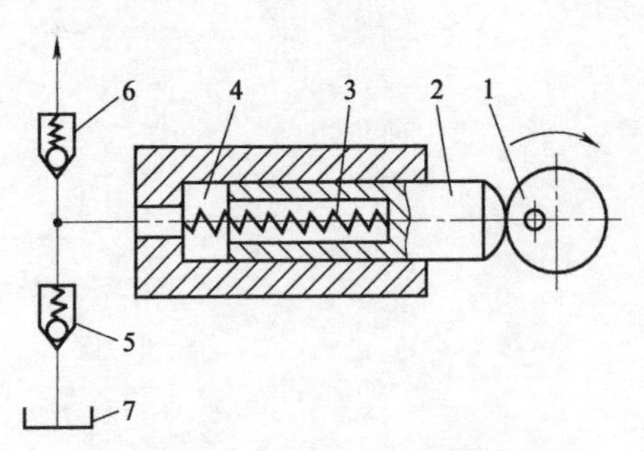

图 2-1 液压泵的工作原理

1—凸轮；2—柱塞；3—弹簧；4—密封工作腔；5—吸油阀；6—压油阀；7—油箱

体与柱塞之间构成了容积可变的密封工作腔4。柱塞向右移动时，工作腔容积变大，产生真空，油液便通过吸油阀5吸入；柱塞向左移动时，工作腔容积变小，已吸入的油液便通过压油阀6排到系统中去。在工作过程中，吸、压油阀5、6在逻辑上互逆，不会同时开启。由此可见，泵是靠密封工作腔的容积变化进行工作的。

根据工作腔的容积变化而进行吸油和排油是液压泵的共同特点，因而这种泵又称容积泵。构成容积泵必须具备以下基本条件。

① 结构上能实现具有密封性能的可变工作容积。

② 工作腔能周而复始地增大和减小，当它增大时与吸油口相连，当它减小时与排油口相通。

③ 吸油口与排油口不能连通，即不能同时开启。

从工作过程可以看出，在不考虑泄漏的情况下，液压泵在每一工作周期中吸入或排出的油液体积只取决于工作构件的几何尺寸，如柱塞泵的柱塞直径和工作行程。

在不考虑泄漏等影响时，液压泵单位时间排出的油液体积（亦即泵的理论流量）与泵密闭容积的变化量成正比，也与泵密闭容积的变化频率成正比。

2.1.2 液压泵的种类和典型结构

液压泵的种类很多，按其结构不同可分为齿轮泵、叶片泵和柱塞泵等；按其输油方向能否改变可分为单向泵和双向泵；按其输出的流量能否调节可分为定量泵和变量泵；按其额定压力的高低可分为低压泵、中压泵、中高压泵和高压泵等。

2.1.2.1 齿轮泵

齿轮泵是以成对齿轮啮合运动完成吸、压油动作的一种定量液压泵，是液压传动系统中常用的液压泵。在结构上可分为外啮合式和内啮合式两类。

(1) 外啮合齿轮泵

图 2-2 所示为外啮合齿轮泵。泵体、端盖和齿轮的各个齿间槽组成了许多密封工作腔，同时轮齿的啮合线又将左右两腔隔开，形成了吸油腔和压油腔。当齿轮按图示方向旋转时，右侧吸油腔内的轮齿逐渐脱开，密封工作腔容积逐渐增大，形成部分真空，油箱中的油液被吸进来，将齿间槽充满，并随着齿轮旋转，把油液带到左侧压油腔去。在压油腔一侧，由于轮齿逐渐进入啮合状态，密封工作腔容积不断减小，油液便被挤出输送到系统中去。

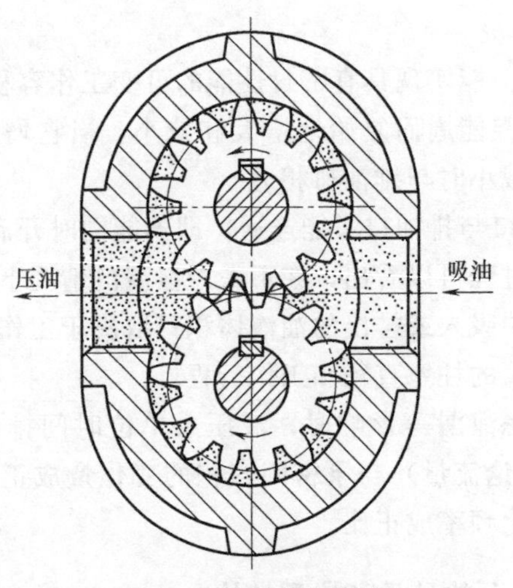

图 2-2　外啮合齿轮泵

外啮合齿轮泵的优点是结构简单，制造方便，价格低廉，体积小，重量轻，工作可靠，维护方便，自吸能力强，对油液污染不敏感。它的缺点是容积效率低，轴承及齿轮轴上承受的径向载荷大，因而使工作压力的提高受到一定限制。此外，还存在着流量脉动大、噪声较大等不足之处。

（2）内啮合齿轮泵

内啮合齿轮泵的工作原理与外啮合齿轮泵完全相同，也是利用齿间的密闭容积的变化来实现吸油和压油的。如图 2-3 所示，在渐开线齿形的内啮合齿轮泵中，内齿轮是主动轮，它和外齿轮之间要装一块隔板，以便把吸油腔和压油腔隔开［图 2-3（a)］。图 2-3（b）是摆线齿形的内啮合齿轮泵，该泵的内齿轮（主动轮）和外齿轮只相差 1 个齿，图中内齿轮是 6 个齿、外齿轮是 7 个齿。由于是多齿啮合，在内、外齿轮的各相邻啮合处就形成了几个独立的密封工作腔。随着齿轮的旋转，各密封工作腔的容积将相应发生变化，从而完成吸、压油动作。

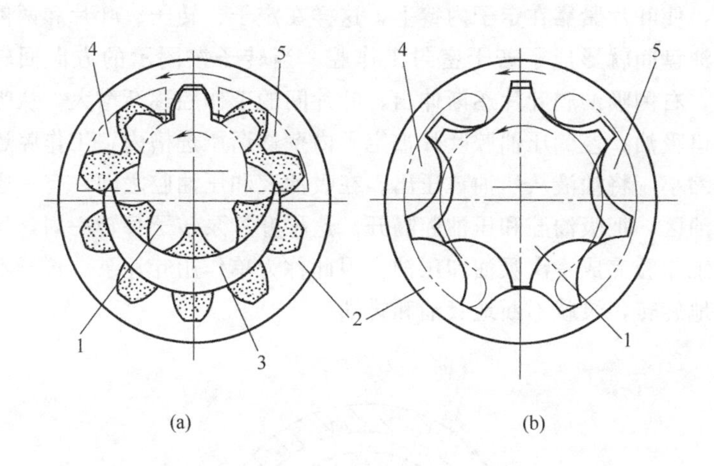

图 2-3　内啮合齿轮泵

1—内齿轮；2—外齿轮；3—隔板；4—吸油腔；5—压油腔

内啮合齿轮泵的优点是结构紧凑，尺寸小，重量轻，噪声小，运转平稳，流量脉动较小，在高转速下可获得较大的容积效率。缺点是齿形复杂，加工精度高，难度大，造价较高。

2.1.2.2　叶片泵

叶片泵的结构较齿轮泵复杂，但其工作压力较高，且流量脉动小，工作平稳，噪声较小，寿命较长。所以它被广泛应用于机械制造中的专用机床、自动线等中低压液压系统中，但其结构复杂，吸油特性不太好，对油液的污染也比较敏感。

根据各密封工作腔容积在转子旋转一周吸、压油液次数的不同，叶片泵分为两类，即完成一次吸、压油液的单作用叶片泵和完成两次吸、压油液的双作用叶片泵，单作用叶片泵多为变量泵，双作用叶片泵均为定量泵。

(1) 单作用叶片泵

单作用叶片泵由转子、定子、叶片和端盖等组成，如图 2-4 所示。定子具有圆柱形内表面，定子和转子间有偏心距。叶片装在转子槽中，并可在槽内滑动，当转子回转时，由于离心力的作用，使叶片紧靠在定子内壁上，这样在定子、转子、叶片和两侧配油盘间就形成了若干密封工作腔。当转子按图示的方向回转时，右侧吸油腔叶片逐渐伸出，叶片间的工作腔逐渐增大，从吸油口吸油；左侧压油腔叶片被定子内壁逐渐压进槽内，工作腔逐渐缩小，将油液从压油口压出。在吸油腔和压油腔之间，有一段封油区，把吸油腔和压油腔隔开。这种叶片泵转子每转一周，每个工作腔完成一次吸油和压油，因此称为单作用叶片泵。转子不停地旋转，泵就不断地吸油和排油。

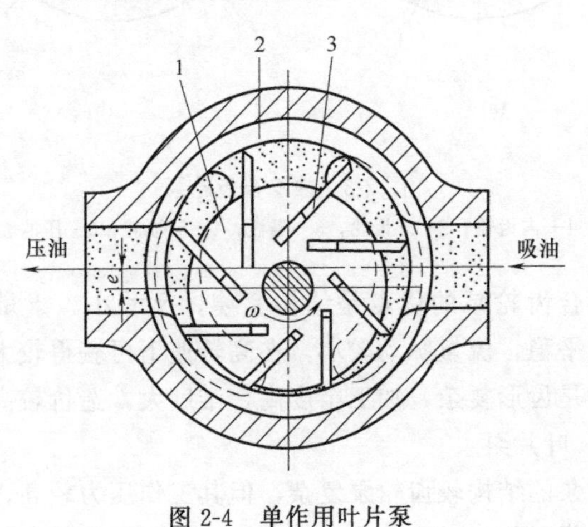

图 2-4 单作用叶片泵

1—转子；2—定子；3—叶片

单作用叶片泵有如下特点。

① 改变定子和转子之间的偏心距便可改变流量。反向偏心时，吸油和压油方向也相反。

② 由于转子受到不平衡的径向液压作用力，这种泵一般不宜用于高压。

③ 为了更有利于叶片在惯性力作用下向外伸出，而使叶片有一个与旋转方向相反的倾斜角，称后倾角。

（2）双作用叶片泵

双作用叶片泵如图 2-5 所示，也是由定子、转子、叶片和配油盘（图中未画出）等组成。转子和定子中心重合，定子内表面近似为椭圆形，该椭圆形由两段长半径 R、两段短半径 r 和四段过渡曲线所组成。当转子转动时，叶片在离心力和（建压后）根部压力油的作用下，在转子槽内作径向移动而压向定子内表面，在叶片、定子的内表面、转子的外表面和两侧配油盘间形成若干密封工作腔，当转子按图示方向旋转时，处在小圆弧上的密封工作腔经过渡曲线而运动到大圆弧的过程中，叶片外伸，密封工作腔容积增大，吸入油液；再从大圆弧经过渡曲线运动到小圆弧的过程中，叶片被定子内壁逐渐压进槽内，密封工作腔容积变小，

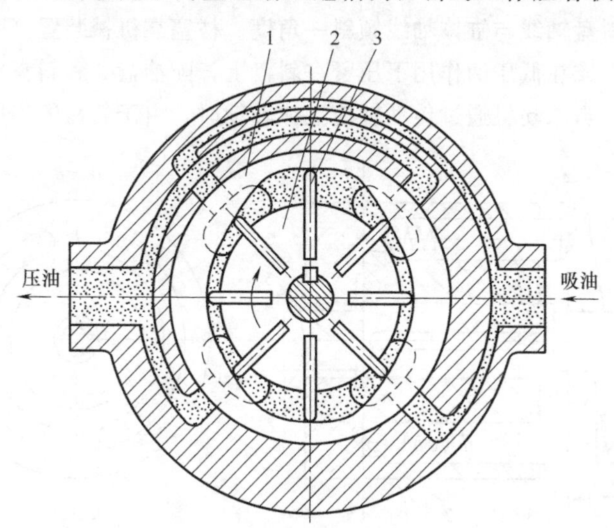

图 2-5　双作用叶片泵

1—定子；2—转子；3—叶片

将油液从压油口压出。转子每转一周，每个工作腔要完成两次吸油和压油，因此称为双作用叶片泵。这种叶片泵由于有两个吸油腔和两个压油腔，并且各自的中心夹角是对称的，所以作用在转子上的油液压力相互平衡，因此双作用叶片泵又称卸荷式叶片泵，为了要使径向力完全平衡，密封工作腔数量（即叶片数）应当是双数。

2.1.2.3 柱塞泵

柱塞泵是靠柱塞在缸体中作往复运动造成密闭容积的变化来实现吸油与压油的液压泵。柱塞泵按柱塞的排列和运动方向不同，可分为轴向柱塞泵和径向柱塞泵两大类。

（1）轴向柱塞泵

轴向柱塞泵是将多个柱塞配置在一个共同缸体的圆周上，并使柱塞中心线和缸体中心线平行的一种泵。轴向柱塞泵有两种：斜盘式和斜轴式。图 2-6 所示为斜盘式轴向柱塞泵。这种泵主体由缸体、配油盘、柱塞和斜盘组成。柱塞沿圆周均匀分布在缸体内，斜盘轴线与缸体轴线倾斜一角度。柱塞靠机械装置（图中为弹簧）或在低压油作用下压紧在斜盘上，配油盘 2 和斜盘 4 固定不转，当原动机通过传动轴使缸体转动时，由于斜盘的作用，迫

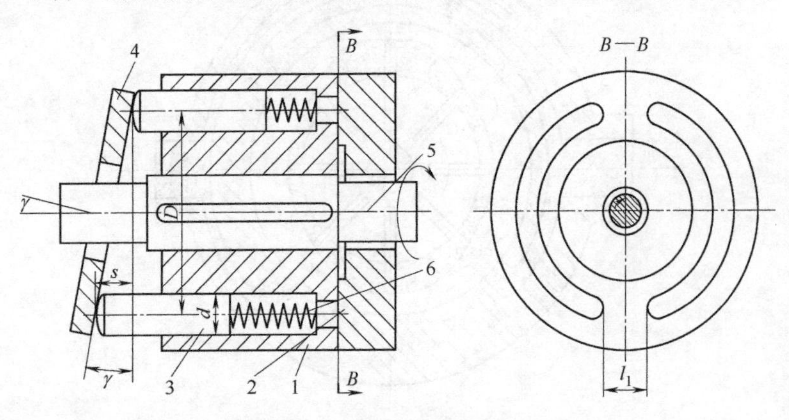

图 2-6　斜盘式轴向柱塞泵

1—缸体；2—配油盘；3—柱塞；4—斜盘；5—传动轴；6—弹簧

使柱塞在缸体内作往复运动，并通过配油盘的配油窗口进行吸油和压油。按图 2-6 中的回转方向，当缸体转角在 $\pi \sim 2\pi$ 范围内，柱塞向外伸出，柱塞底部缸孔的密封工作腔容积增大，通过配油盘的吸油窗口吸油；在 $0 \sim \pi$ 范围内，柱塞被斜盘推入缸体，使缸孔的密封工作腔容积减小，通过配油盘的压油窗口压油。缸体每转一周，每个柱塞各完成吸、压油一次，如改变斜盘倾角 γ，就能改变柱塞行程的长度，即改变液压泵的排量，改变斜盘倾角方向，就能改变吸油和压油的方向，即成为双向变量泵。

轴向柱塞泵的优点是结构紧凑，径向尺寸小，惯性小，容积效率高，目前最高压力可达 40.0MPa 甚至更高，一般用于工程机械、压力机等高压系统中。其缺点是轴向尺寸较大，轴向作用力也较大，结构比较复杂。

(2) 径向柱塞泵

径向柱塞泵如图 2-7 所示，柱塞 1 径向排列装在缸体 2 中，缸体由原动机带动连同柱塞 1 一起旋转，缸体 2 一般称为转子，柱塞 1 在离心力（或在低压油）的作用下抵紧定子 4 的内壁。当转子按图示方向回转时，由于定子和转子之间有偏心距 e，柱塞

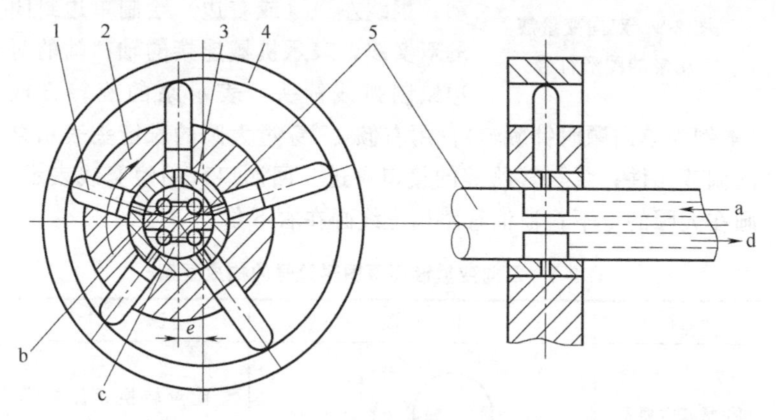

图 2-7　径向柱塞泵

1—柱塞；2—缸体；3—衬套；4—定子；5—配油轴

绕经上半周时向外伸出，柱塞底部的密闭容积逐渐增大，形成部分真空，因此便经过衬套 3 上的油孔从配油轴 5 和吸油口 b 吸油；当柱塞转到下半周时，定子内壁将柱塞向里推，柱塞底部的密闭容积逐渐减小，向配油轴的压油口 c 压油。转子回转一周，每个柱塞底部的密闭容积完成一次吸、压油，转子连续运转，即完成压、吸油工作。配油轴固定不动，油液从配油轴上半部的两个油孔 a 流入，从下半部两个油孔 d 压出，为了进行配油，配油轴在和衬套 3 接触的一段加工出上下两个缺口，形成吸油口 b 和压油口 c，留下的部分形成封油区。

2.1.3 液压泵的图形符号绘制规则

如图 2-8 所示，以双向变量液压泵的图形符号为例，构成要素名称、图形和说明见表 2-1。依照各个构成要素，按模数尺寸 $M=2.0$mm，线宽为 0.25mm 来绘制。简述如下：以一个大圆表示液压泵的框线；表示液流方向的实心等边三角形绘制在大圆内，两个向外的实心等边三角形表示双向流动；框线左边（或右边）绘制单边封闭的双实线，表示机械连接的轴；轴的对边绘制弧线箭头，表示泵的旋转方向（本例为单向顺时针旋转）；用右倾 45°穿过大圆的长箭头表示泵的调节元件；泵与管路等的接口（进、回油口）用短竖线表示，画在大圆的上下；泄油管路用虚线画在右下角。

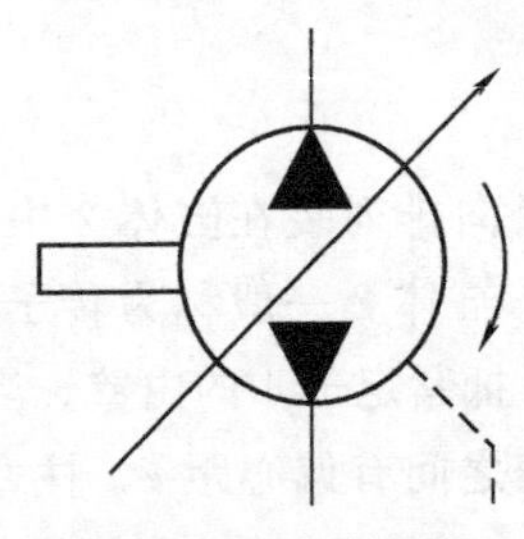

图 2-8　双向变量液压泵的图形符号

表 2-1　双向变量液压泵图形符号的构成要素

名称	图　形	说　明
机械基本要素	6M	能量转换元件框线（泵、压缩机、马达）

续表

名称	图形	说明
流路指示	2M 2M 2M	液压力作用方向
机械基本要素	1M 3M	机械连接(轴、杆)
调节要素	45° 9M	泵或马达可调整
元件接口	2M	接口
方向指示	60° 9M	顺时针旋转方向指示箭头
线	0.1M	泄油管路

2.1.4　液压泵的图形符号及识别技巧

常见液压泵的图形符号见表 2-2。

表 2-2　常见液压泵的图形符号

名称	图形符号	说明	功能
单向定量泵	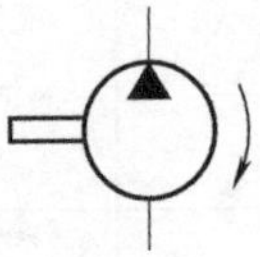	大圆表示能量转换元件框线(此处表示液压泵的框线),圆内实心等边三角形表示液压力作用方向,圆外竖线表示油路接口,▭表示机械连接的轴,弧线箭头表示单方向旋转	液压油流向不能改变,输出的流量不可以调节
单向变量泵	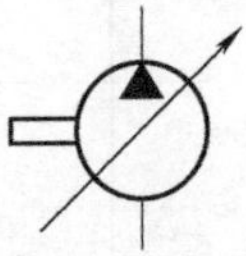	比单向定量泵多一个右倾的长斜箭头,此箭头表示泵的排量可调节	液压油流向不能改变,输出的流量可以调节
双向定量泵	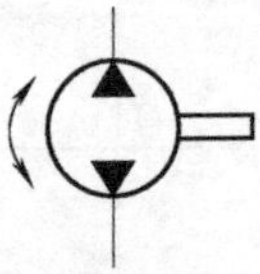	弧线箭头是双箭头,表示双向旋转,两个实心等边三角形方向向外,表示泵可以双向输出油液	液压油的流向可以改变,即可以实现双向输出,输出的流量不可以调节
双向变量泵	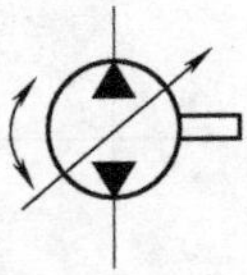	比双向定量泵多一个右倾的长斜箭头,表示排量可调节	液压油的流向可以改变,即可以实现双向输出,输出的流量是可以调节的
双联单向定量泵	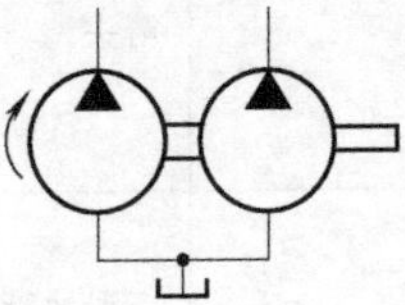	双泵并联,由一个原动机驱动	相当于两个单向定量泵并联使用,两个泵输出两个流量,各自的流量大小及流向均不可以改变
双级单向定量泵	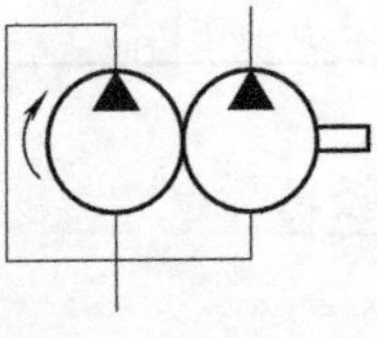	一个单向定量泵的出油口与另一个单向定量泵的进油口相连	两个单向定量泵串联使用,共用一个动力源,输出的流量大小及流向均不可以改变,可得到较高压力

续表

名称	图形符号	说明	功能
限制转盘角度的泵	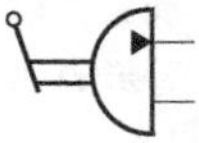	半圆表示摆动泵框线，小实心三角表示液流方向，表示控制单元为手柄	操纵杆控制，限制转盘角度
机械或液压伺服控制的变量泵	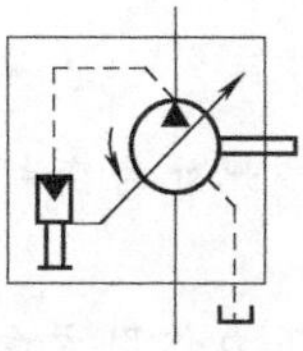	表示泄油管路，表示液压伺服控制机构，表示手动控制机构 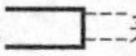	通过机械控制机构或液压伺服控制机构改变泵的排量
电液伺服控制的变量泵	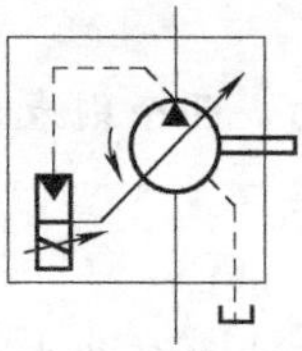	 表示电液伺服控制机构	电液伺服控制机构改变泵的排量，带外泄油路
先导控制变量泵	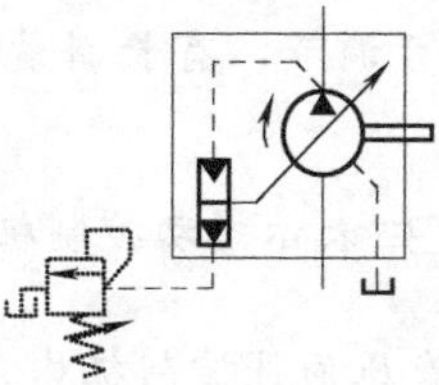	虚线所示元件为先导阀	变量泵，先导控制，带压力补偿，单向旋转，带外泄油路
两级控制的变量泵	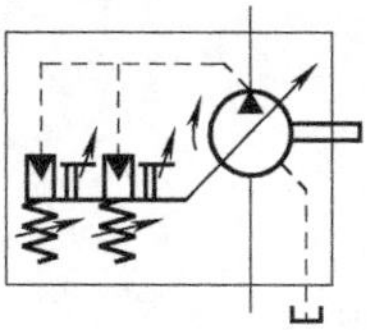	左侧为两级控制单元	带两级压力或流量控制的变量泵，内部先导控制
调节能力可扩展的变量泵	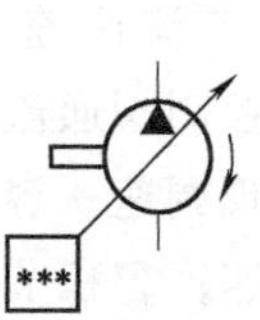	＊＊＊为没有指定复杂控制器	表现出控制和调节元件的变量泵，调节能力可扩展，控制机构和元件可以在箭头任意一边连接

续表

名称	图形符号	说明	功能
连续增压器		空心三角表示气体，实心三角表示液体	将气体压力 p_1 转换为较高的液体压力 p_2

图形符号识别技巧如下。

① 大圆表示能量转换元件框线，此处为变机械能为液压能的液压泵框线。

② 圆内实心等边三角形表示液压力作用方向；向外的实心等边三角形表示液压泵。

③ 一个实心等边三角形表示单向，两个则表示双向。

④ 圆上下两侧的直线表示油路接口。

⑤ 表示机械连接的轴。

⑥ 弧线单箭头表示单向旋转，弧线双箭头表示双向旋转。

⑦ 右倾的长斜箭头表示排量可调节，有长斜箭头表示变量泵，否则为定量泵。

⑧ 表示控制单元为手柄；表示手动控制机构。

⑨ 表示泄油管路；表示液压伺服控制机构。

⑩ 表示电液伺服控制机构。

2.1.5 液压泵的典型应用

(1) 液压泵在调速回路中的应用

调速回路有以下三种基本方式：节流调速，采用定量泵供油，溢流阀溢流定压，通过改变流量控制阀通流面积的大小，来调节流入或流出执行元件的流量来实现调速；容积调速，通过改变变量泵或变量马达的排量来实现调速；容积节流调速，采用压力反馈式变量泵供油，配合流量控制阀进行调速。

① 定量泵-节流阀-液压缸的节流调速回路　由定量泵、节流阀和液压缸组成的节流调速回路是通过改变流量控制阀通流面积的大小来调节流入或流出液压缸的流量来实现调速的。根据流量控制阀所处的位置不同可分为进油节流调速回路、回油节流调速回路和旁路节流调速回路。

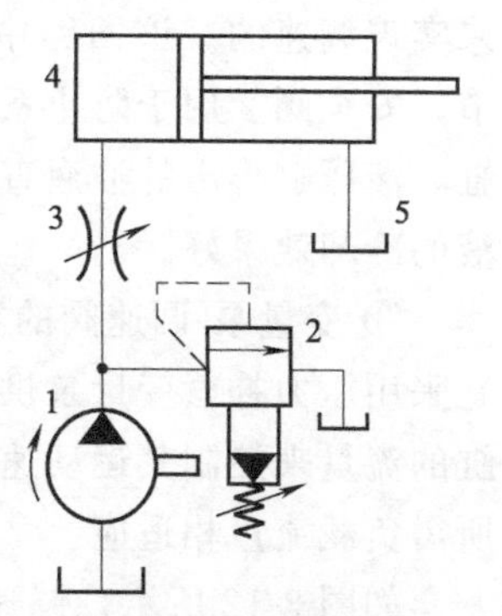

图 2-9　采用单向定量泵的进油节流调速回路

1—单向定量泵；2—溢流阀；3—节流阀；4—单杆活塞式液压缸；5—油箱

图 2-9 所示为采用单向定量泵的进油节流调速回路，将节流阀 3 串联在液压泵 1 和液压缸 4 之间，用它来控制进入液压缸的流量，从而达到调速的目的。在这种回路中，定量泵输出的多余流量通过溢流阀 2 流回油箱。由于溢流阀有溢流，泵的出口压力为溢流阀的调定压力并保持定值，这是进油节流调速回路能够正常工作的条件。

图 2-10 所示为采用单向定量泵的旁路节流调速回路。该回路采用单向定量泵，将节流阀并联在主油路的分支油路上实现分流调速，回路中的溢流阀起安全阀的作用，只有过载时才打开。从功率损失的角度分析，进油节流调速回路和回油节流调速回路的功率损失都由节流功率损失和溢流功率损失两部分组成，而旁路节流调速回路只有节流功率损失而无溢流功率损失，适宜在高速、重载、负载变化不大、对运动平稳性要求不高的液压系统中使用。

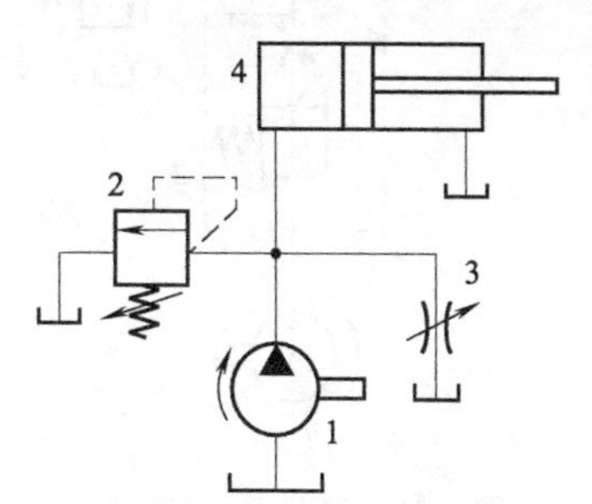

图 2-10　采用单向定量泵的旁路节流调速回路

1—单向定量泵；2—安全阀；3—节流阀；4—液压缸

② 变量泵-液压缸的容积调速回路　图 2-11 所示为由变量泵和液压缸组成的容积调速回路，它是通过改变变量液压泵的排量来实现调速的。该回路中，活塞的运动速度由单向变量泵 1 调节，安全阀 2 用于防止系统过载。液压泵从油箱吸油后输入液压缸，液压缸排出的油液直接返回油箱。该回路属于开式回路，油液的冷却效果好。

③ 变量泵-调速阀的容积节流调速回路　容积节流调速回路是采用压力补偿变量泵供油，用流量控制阀调节进入或流出液压缸的流量来控制其运动速度，并使变量泵的输出自动地与液压缸所需负载流量相适应。

如图 2-12 所示，调速阀 2 装在进油路上（也可装在回油路上），调节它可以调节进入液压缸 4 的油液流量。溢流阀作背压阀用。限压式变量叶片泵 1 的输出流量能自动地与液压缸所需流量相适应。由于采用了调速阀，所以不仅能够调节缸所需流量，而且该流量不会受负载变化的影响。容积节流调速回路较节流调速回路的效率高，而又比容积调速回路的速度稳定性好，具有较

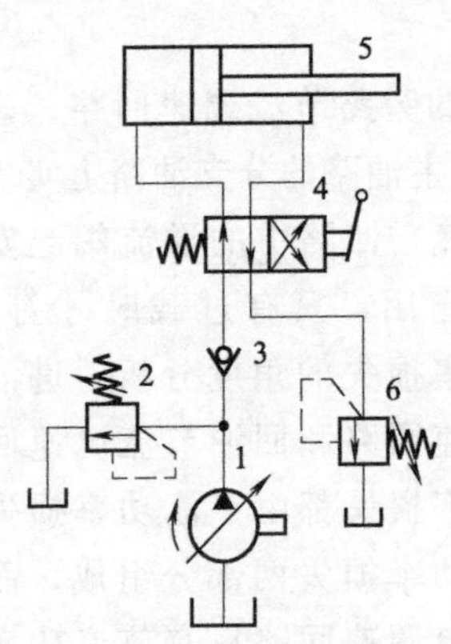

图 2-11　变量泵-液压缸的容积调速回路

1—单向变量泵；2—安全阀；3—单向阀；4—二位四通手动换向阀；5—液压缸；6—背压阀

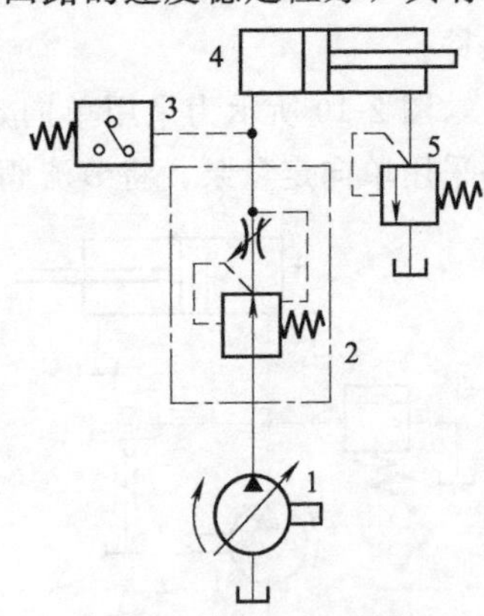

图 2-12　变量泵-调速阀的容积节流调速回路

1—限压式变量叶片泵；2—调速阀；3—压力继电器；4—液压缸；5—背压阀

好的综合性能，适用于要求速度稳定、效率较高的液压系统。

(2) 液压泵在快速运动回路中的应用

如图 2-13 所示，由低压大流量泵 1 和高压小流量泵 2 组成的双联泵作为动力源。外控顺序阀 3 和溢流阀 5 分别设定双泵供油和小流量泵 2 单独供油时系统的最高工作压力。当换向阀 6 右位接通时，由于外负载很小，使系统压力低于顺序阀 3 的调定压力时，两泵同时向系统供油，活塞快速向右运动；当换向阀 6 左位接通时，液压缸 8 有杆腔经节流阀 7 回油箱，当系统压力达到或超过顺序阀 3 的调定压力时，大流量泵 1 通过阀 3 卸荷，单向阀 4 自动关闭，只有小流量泵 2 单独向系统供油，活塞慢速向右运动，小流量泵 2 的最高工作压力由溢流阀 5 调定。这里应注意，顺序阀 3 的调定压力至少应比溢流阀 5 的调定压力低 10%～20%。大流量泵 1 的卸荷减少了动力消耗，回路效率较高。这种回路常用在执行元件快进和工进速度相差较大的场合，特别是在机床中得到了广泛的应用。

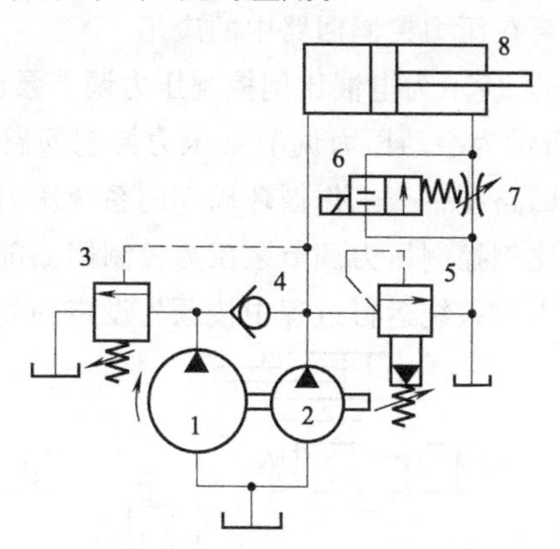

图 2-13　双泵供油快速运动回路

1—低压大流量泵；2—高压小流量泵；3—外控顺序阀；4—单向阀；5—溢流阀；6—二位二通电磁换向阀；7—节流阀；8—液压缸

(3) 液压泵在换向回路中的应用

图 2-14 所示为利用双向泵换向的换向回路。双向变量泵 1

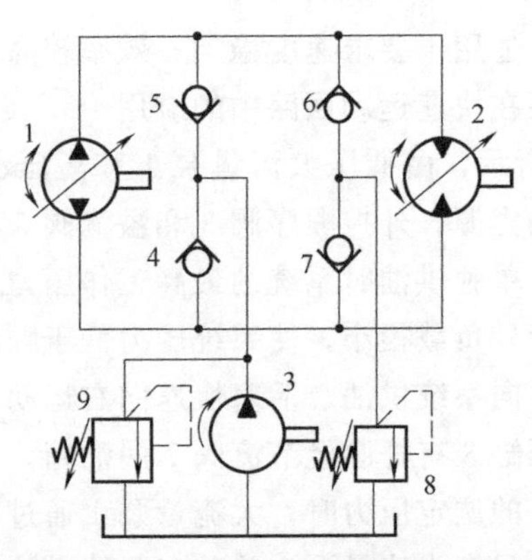

图 2-14　利用双向泵换向的换向回路

1—双向变量泵；2—双向变量马达；3—单向定量泵；4～7—单向阀；8，9—溢流阀

既可用来调速，又可用来换向；双向变量马达 2 为执行元件，输出机械能；单向定量泵 3 为回路的补油泵；单向阀 4、5、6、7 限制油液单向流动。

（4）变量泵在压力控制回路中的应用

图 2-15（a）所示为电液比例控制压力调节泵压力控制回路；图 2-15（b）所示为手动压力调节泵压力控制回路。手动压力调节泵压力控制回路在一个工作循环周期内系统压力经调定后就不再改变。电液比例控制压力调节泵压力控制回路随着输入控制信号的变化，可以在系统运行过程中按预先设定的规律连续调节系

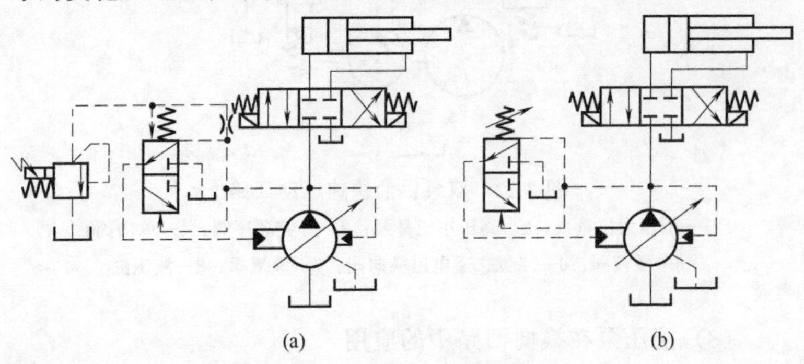

图 2-15　压力调节泵压力控制回路

统压力。当比例压力阀的输入电流一定，同时系统压力达到变量泵调定压力时，系统的流量将随负载的需要而改变，而泵出口的压力保持恒定值。电液比例控制压力调节泵压力控制回路可用于压力和流量都需要变化的系统。

2.2 液压马达

液压马达是把液体的压力能转换为回转运动机械能的执行元件。从原理上讲，液压泵可以作液压马达用，液压马达也可作液压泵用。同类型的液压泵和液压马达虽然在结构上相似，但由于两者的工作情况不同，使两者在结构上也有某些差异。所以，很多类型的液压马达和液压泵不能互逆使用。按结构可以分为齿轮式、叶片式、柱塞式和其他类型的液压马达。

2.2.1 液压马达的工作原理

常用液压马达的结构与同类型的液压泵很相似，下面以叶片马达和轴向柱塞马达为例对液压马达的工作原理和特点进行介绍。

(1) 叶片马达

图 2-16 所示为叶片马达的工作原理。当压力为 p 的油液从进油口进入叶片 1 和 3 之间时，叶片 2 因两面均受液压油的作用不产生转矩。叶片 1、3 上，一面作用有压力油，另一面通回油口。由于叶片 3 伸出的面积大于叶片 1 伸出的面积，因此作用于叶片 3 上的总液压力大于作用于叶片 1 上的总液压力，压力差使转子产生顺时针的转矩。同样道理，压力油进入叶片 5 和 7 之间时，叶片 7 伸出的面积大于叶片 5 伸出的面积，也产生顺时针转矩。这样，就把油液的压力能转变成了机械能。当输油方向改变时，液压马达就反转。

定子的长短径差值越大，转子的直径越大，以及输入的压力越高时，叶片马达输出的转矩也越大。

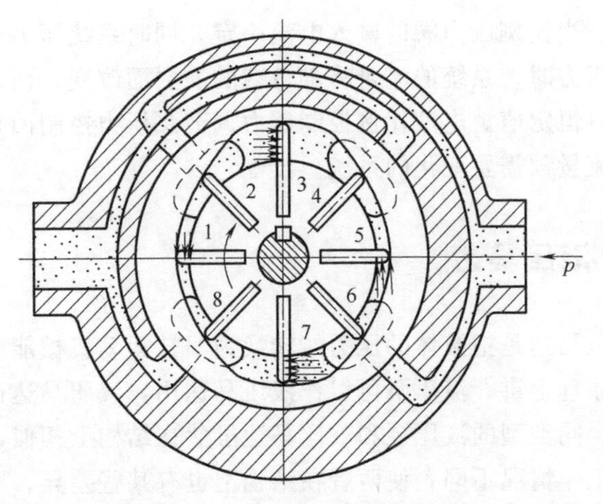

图 2-16　叶片马达的工作原理

1～8—叶片

叶片马达的体积小，转动惯量小，因此动作灵敏，可适应的换向频率较高，但泄漏较大，不能在很低的转速下工作，因此叶片马达一般用于转速高、转矩小和需要动作灵敏的场合。

(2) 轴向柱塞马达

轴向柱塞马达的结构基本上与轴向柱塞泵一样，故其种类与轴向柱塞泵相同，也分为斜盘式和斜轴式两类。

斜盘式轴向柱塞马达的工作原理如图 2-17 所示。当压力油进入液压马达的高压腔后，工作柱塞受到的作用力为 pA（p 为

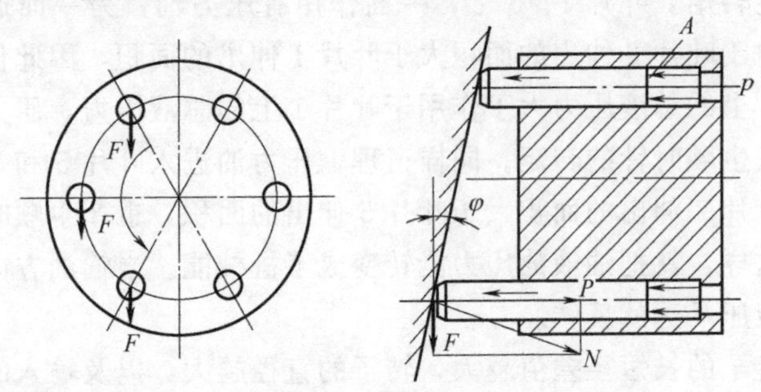

图 2-17　斜盘式轴向柱塞马达的工作原理

油压力，A 为柱塞面积)，此力向左作用在斜盘上，其反作用力为 N。N 力分解成两个分力：沿柱塞轴向的分力 P，与柱塞所受液压力平衡；与柱塞轴线垂直的分力 F，这个力产生驱动马达旋转的力矩。

一般来说，轴向柱塞马达都是高速马达，输出转矩小，因此必须通过减速器来带动工作机构。如果能使液压马达的排量显著增大，也可以使轴向柱塞马达成为低速大扭矩马达。

2.2.2 液压马达的图形符号及识别技巧

常见液压马达的图形符号见表 2-3。

表 2-3 常见液压马达的图形符号

名称	图形符号	说明	功能
单向定量马达		大圆表示能量转换元件框线(此处表示液压马达的框线)，圆内实心三角表示液压力作用方向，方向向内表示液压马达，圆外竖线表示油路接口，▭表示机械连接的轴，弧线箭头表示单方向旋转，一个实心三角表示单向	只能单向输入，输入的流量是不可以调节的
单向变量马达		比单向定量马达多一个右倾的长斜箭头，表示排量可调	只能单向输入，输入的流量是可以调节的
双向定量马达		弧线箭头是双箭头，表示双向旋转；两个实心三角方向向内表示双向液压马达	可以双向输入，输入的流量是不可以调节的
双向变量马达		比双向定量马达多一个右倾的长斜箭头，表示排量可调	可以双向输入，输入的流量是可以调节的

续表

名称	图形符号	说明	功能
双向变量泵或马达单元		两组实心三角分别代表液压泵和液压马达，表示泄油管路	双向流动，双向旋转，带外泄油路

图形符号识别技巧如下。

① 与液压泵相同，大圆表示液压马达框线。

② 实心三角表示液压马达，区别于空心的气动马达。

③ 实心三角向内表示马达，向外则为泵。

④ 一个实心三角表示单向马达，两个则表示双向马达。

⑤ 圆上下两竖线表示油路接口。

⑥ 表示机械连接的轴。

⑦ 弧线单箭头表示单方向旋转，弧线双箭头表示双向旋转。

⑧ 有长斜箭头表示排量可调节的变量马达，否则为定量马达。

2.2.3 液压马达的典型应用

(1) 变量泵-定量马达的容积调速回路

图 2-18 所示为变量泵-定量马达的容积调速回路。马达的转速是通过改变变量液压泵的排量来调节的。正常工作时回路中高压管路上设有溢流阀 4，作为安全阀使用，防止回路过载；低压管路上并联一低压小流量的补油泵 1，用来补充变量泵 3 和定量马达 5 的泄漏量，补油泵的供油压力由低压溢流阀 6 调定；补油泵 1 与溢流阀 6 使回路的低压管路始终保持一定压力，不仅改善了主泵的吸油条件，而且可置换部分发热油液，降低系统温升。

液压泵将油液输入定量马达的进油腔，又从马达的回油腔处吸油，属于闭式回路，该回路比开式回路的结构紧凑，减少了污染的可能性，但散热条件较差。

（2）定量泵-变量马达的容积调速回路

图 2-19 所示为定量泵-变量马达的容积调速回路。该回路采用单向定量泵 1 供油，溢流阀 3 作为安全阀使用，防止回路过载；回路低压管路上并联一低压小流量的补油泵 4，用来补充定量泵 1 和变量马达 2 的泄漏量，补油泵的供油压力由低压溢流阀 5 调定。

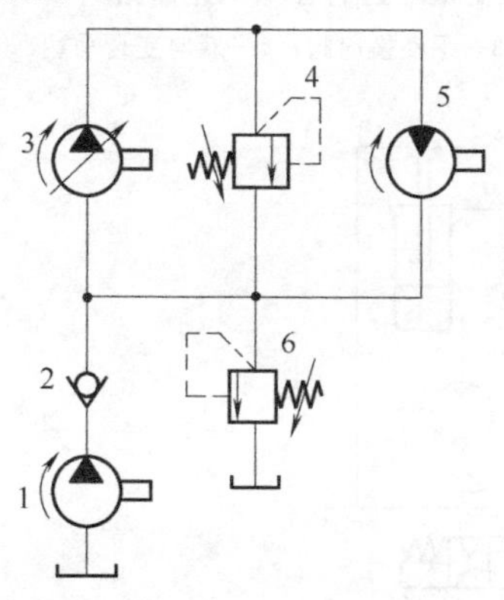

图 2-18　变量泵-定量马达的容积调速回路

1—补油泵；2—单向阀；3—单向变量泵；4—安全溢流阀；5—单向定量马达；6—溢流阀

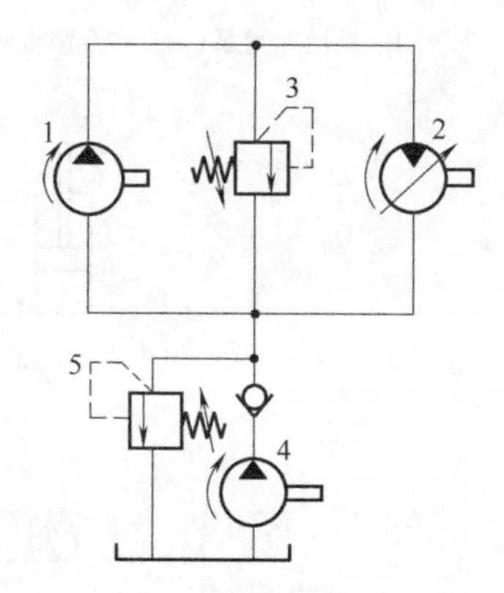

图 2-19　定量泵-变量马达的容积调速回路

1—单向定量泵；2—单向变量马达；3—安全溢流阀；4—补油泵；5—溢流阀

（3）单向定量泵-双向变量马达的容积调速回路

图 2-20 所示回路是由单向定量泵 1 供油，手动换向阀 3 换向，双向变量马达 4 调速的容积调速回路。溢流阀 2 起安全阀作用。

（4）用同步马达的同步回路

图 2-21 所示为用同步马达的同步回路，两个马达轴刚性连接，把等量的油分别输入两个尺寸相同的液压缸中，使两液压缸实现同步。节流阀 8 可消除行程终点两缸的位置误差。

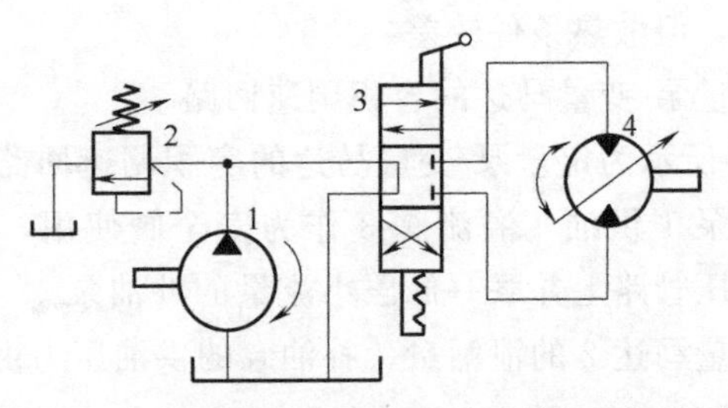

图 2-20　单向定量泵-双向变量马达的容积调速回路

1—单向定量泵；2—安全溢流阀；3—手动换向阀；4—双向变量马达

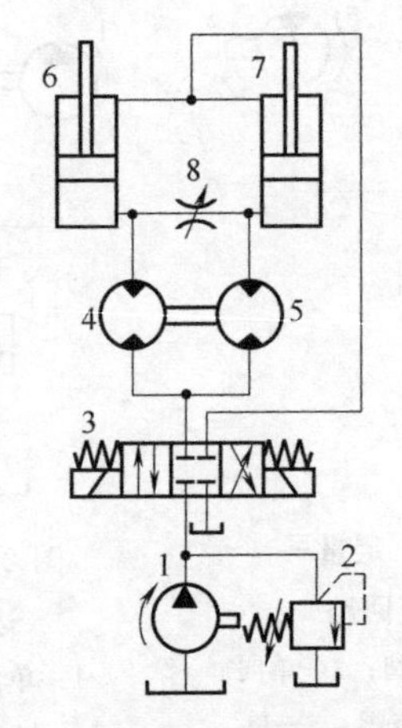

图 2-21　用同步马达的同步回路

1—单向定量泵；2—溢流阀；3—换向阀；4,5—双向定量马达；6,7—单杆活塞缸；8—节流阀

第3章 液压缸的图形符号

液压缸是液压系统中的一种能量转换元件，其功能是将液压油的压力能转换为机械能。液压缸的输入量是液体的流量和压力，输出量是推力和速度。按结构不同可分为活塞式液压缸、柱塞式液压缸、其他液压缸；按液体压力的作用方式又可分为单作用式液压缸和双作用式液压缸。

3.1 活塞式液压缸

活塞式液压缸根据其使用要求不同可分为双杆式和单杆式两种；根据运动是否由液压油双向推动分为单作用式和双作用式两种。

3.1.1 双杆活塞式液压缸

(1) 工作原理

活塞两端都有活塞杆伸出的液压缸称为双杆活塞式液压缸，根据安装方式不同可分为缸体固定和活塞杆固定两种。双杆活塞式液压缸的两腔有效作用面积相等，当向液压缸两腔分别供油，且压力和流量都不变时，两个方向的运动速度和推力相等。

图 3-1 (a) 所示为缸体固定式双杆活塞式液压缸。它的进、出油口布置在缸筒两端，活塞通过活塞杆带动工作台移动，当活塞的有效行程为 L 时，整个工作台的运动范围为 $3L$。

图 3-1 (b) 所示为活塞杆固定式双杆活塞式液压缸，这时

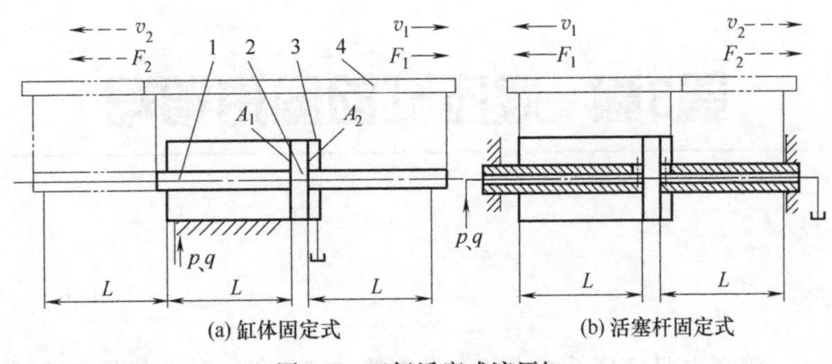

(a) 缸体固定式　　　　(b) 活塞杆固定式

图 3-1　双杆活塞式液压缸

1—活塞杆；2—活塞；3—缸体；4—工作台

缸体与工作台相连，活塞杆通过支架固定，动力由缸体传出。这种安装方式中，工作台的运动范围只等于液压缸有效行程 L 的两倍（$2L$），因此占地面积小，常用于工作台行程要求较长的大型设备。

（2）图形符号绘制规则

以双杆活塞式液压缸为例，其图形符号如图 3-2 所示。绘制过程如下：用大矩形框表示缸体；缸内绘制小矩形框表示活塞；与活塞相连伸出液压缸的单边封口的双实线表示活塞杆；缸外绘制的两条实线段表示进、回油口。图形符号的构成要素见表 3-1。

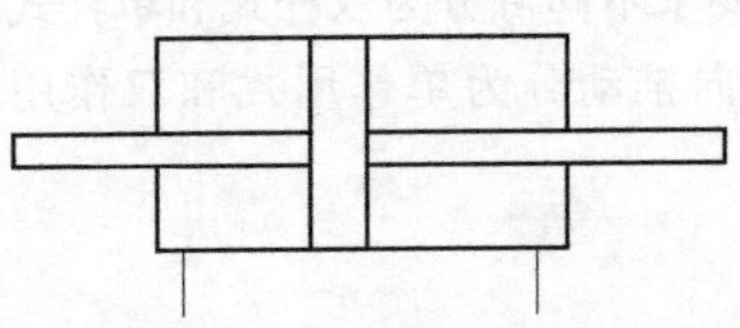

图 3-2　双杆活塞式液压缸的图形符号

表 3-1　双杆活塞式液压缸图形符号的构成要素

名称	图　形	说明
机械基本要素	$9M$ $4M$	缸筒

续表

名称	图　形	说明
机械基本要素	2M 4M	活塞
机械基本要素	9M 1M	活塞杆
元件接口	2M	接口

(3) 典型应用

图 3-3 所示为一机床工作台往复运动回路。机床工作台双向运动的负载和速度要求基本相同，选用双杆活塞式液压缸可以满足这一要求。单向定量泵 3 是整个系统的动力源，工作台 8 与双杆活塞式液压缸连在一起，由液压缸 7 带动工作台实现往复运动，液压缸 7 的速度由节流阀 5 调节，液压缸 7 换向通过操纵二位四通手动换向阀 6 完成，溢流阀 4 用于调定系统压力，使系统压力基本恒定。

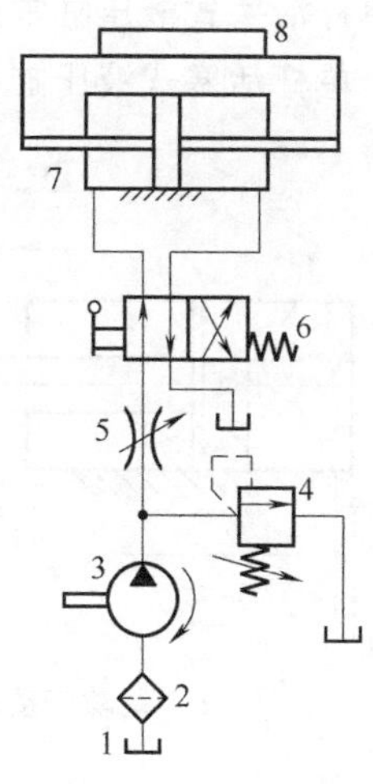

图 3-3　机床工作台往复运动回路

1—油箱；2—滤油器；3—单向定量泵；4—溢流阀；5—节流阀；6—二位四通手动换向阀；7—双杆活塞式液压缸；8—工作台

3.1.2　单杆活塞式液压缸

(1) 工作原理

图 3-4 所示为单杆活塞式液压缸，活塞只有一端带活塞杆。单杆活塞式液压缸也有缸体固定和活塞杆固

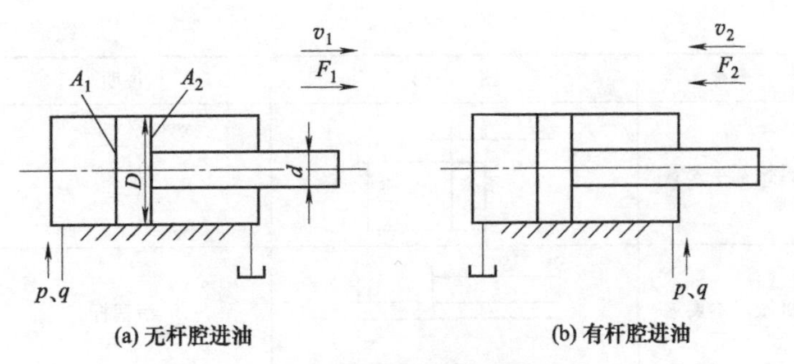

图 3-4 单杆活塞式液压缸

定两种，但它们的工作台移动范围都是活塞有效行程的两倍。

由于液压缸两腔的有效工作面积不等，因此它在两个方向上的输出推力和速度也不等，活塞杆伸出时，推力较大，速度较小；活塞杆缩回时，推力较小，速度较大。因为有这个特性，所以单杆活塞式液压缸常被用于机床上的工作进给和快速退回。

单杆活塞式液压缸在其左右两腔同时都接通高压油时称为差动连接。如图 3-5 所示。差动连接缸左右两腔的油液压力相同，但是由于左腔的有效面积大于右腔的有效面积，故活塞向右运动，同时使右腔中排出的油液 q_2 也进入左腔，加大了流入左腔的流量 $q_1=(q+q_2)$，从而也加快了活塞移动的速度。差动连接时液压缸的推力比非差动连接时小，速度比非差动连接时大，正好利用这一点，可使在不加大油源流量的情况下得到较快的运动速度，这种连接方式被广泛用于机械设备的快速运动中。

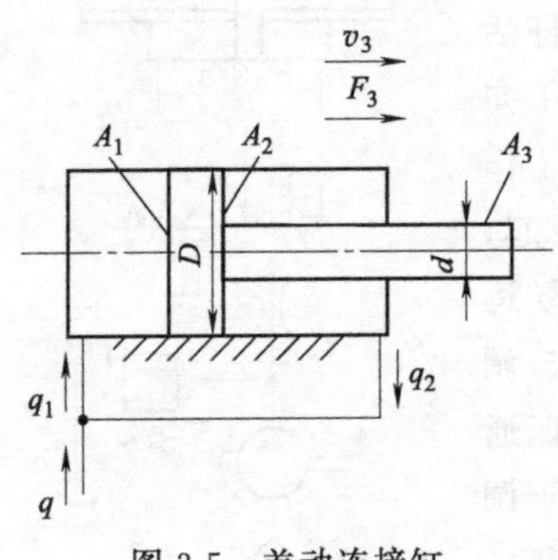

图 3-5 差动连接缸

(2) 图形符号及识别技巧

单杆活塞式液压缸的图形符号如图 3-6 所示。

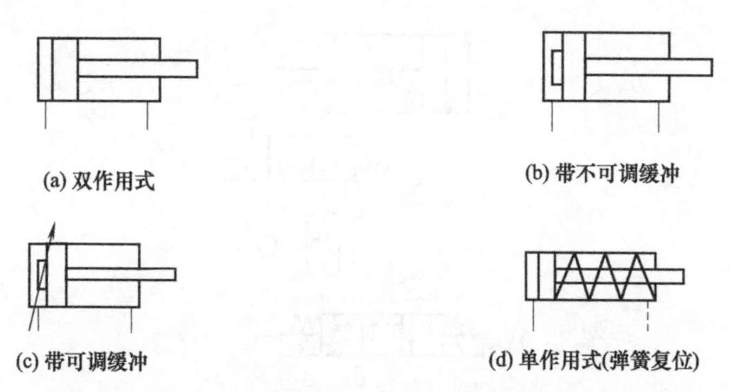

图 3-6 单杆活塞式液压缸图形符号

图形符号识别技巧如下。

① 矩形边框表示液压缸缸体。

② 缸体内部沿宽度方向的双直线表示活塞。

③ 与活塞垂直的端部封口的两条直线表示活塞杆。

④ 活塞上的小矩形表示缓冲装置。

⑤ 缓冲液压缸上的长斜箭头表示缓冲减速值可调。

⑥ 缸体外部与其相交的实线段表示外部油路，虚线段表示泄油管路。

⑦ 表示复位弹簧。

(3) 典型应用

① 差动连接缸的增速回路 图 3-7 所示为通过液压缸的差动连接获得增速的回路。当电磁铁 1YA 通电时，若电磁铁 3YA 断电，单杆活塞式液压缸实现差动连接，活塞向右快进；若电磁铁 3YA 通电，液压缸右腔的回油需经调速阀 5 流回油箱，使活塞速度降低，实现工进。

采用差动连接缸的增速回路，不需要增加液压泵的输出流量，简单经济，但只能实现一个运动方向的增速，且增速比受液压缸两腔有效工作面积的限制。使用时要注意换向阀和油管通道应按差动时的较大流量选择，否则流动液阻过大，可能使溢流阀在快进时打开，减慢速度，甚至起不到差动作用。

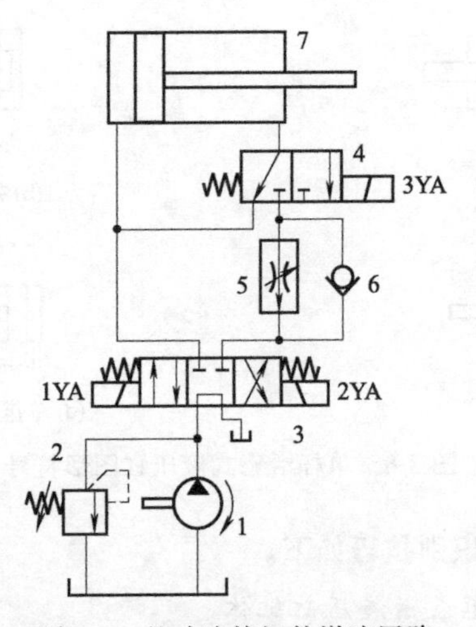

图 3-7　差动连接缸的增速回路

1—单向定量泵；2—溢流阀；3—三位四通电磁换向阀；4—二位三通电磁换向阀；5—调速阀；6—单向阀；7—单杆活塞式液压缸

② 单作用缸的往复运动回路　图 3-8 所示为单作用缸的往复运动回路，其中弹簧复位缸 4 是单作用缸。当 1YA 通电时，电磁换向阀 3 的右位接入，弹簧复位缸 4 的左腔进油，缸 4 的活塞向右运动；当 1YA 断电时，电磁换向阀 3 的左位接入，在弹簧力的作用下，缸 4 的活塞向左运动，缸 4 左腔的油液经过换向

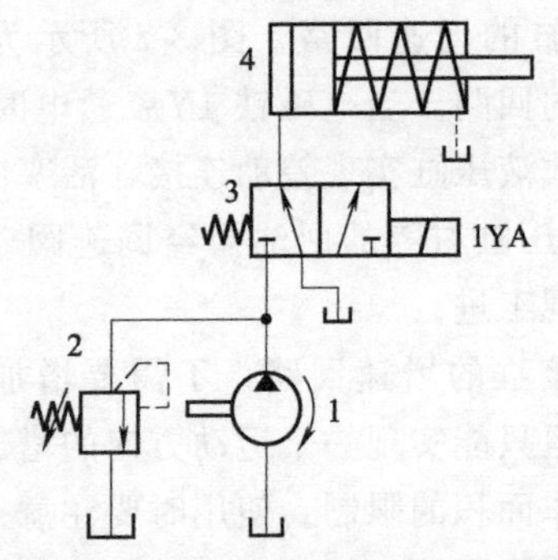

图 3-8　单作用缸的往复运动回路

1—液压泵；2—溢流阀；3—电磁换向阀；4—弹簧复位缸

阀 3 流回油箱。缸 4 的活塞在液压力和弹簧力的作用下实现往复运动。

3.1.3 常见活塞式液压缸的图形符号

常见活塞式液压缸的图形符号见表 3-2。

表 3-2 常见活塞式液压缸的图形符号

液压缸类型		图形符号	功能
双杆活塞式液压缸	等行程等速缸	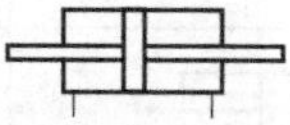	活塞左右移动速度、行程及推力均相等
	杆径不等带缓冲缸	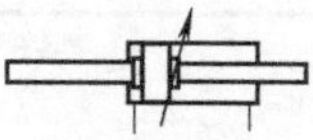	活塞杆直径不等,双侧带缓冲,右侧可调节
单杆活塞式液压缸	不可调单向缓冲缸	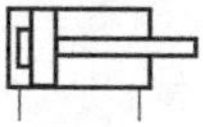	活塞在行程终了时减速制动,减速值不变,单向缓冲
	可调单向缓冲缸	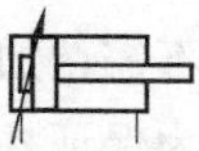	活塞在行程终了时减速制动,并且减速值可调,单向缓冲
	不可调双向缓冲缸	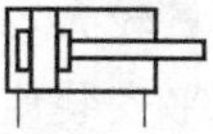	活塞在行程终了时减速制动,减速值不变,双向缓冲
	可调双向缓冲缸	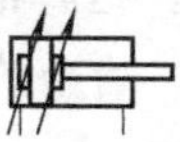	活塞在行程终了时减速制动,并且减速值可调,双向缓冲
	单作用缸		活塞只单向受力而运动,反向运动依靠活塞自重或其他外力
	差动缸	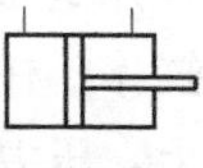	活塞两端面积差较大,使活塞往复运动的推力和速度相差较大
	双作用缸	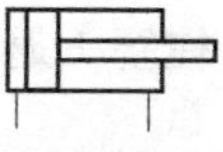	活塞双向受液压力而运动,在行程终了时不减速

续表

液压缸类型		图形符号	功能
单杆活塞式液压缸	弹簧复位缸		单向液压驱动，由弹簧力复位
	双作用式带定位缸		行程两端可以定位
	膜片式单作用缸		活塞杆终端带缓冲
	膜片式双作用缸		带行程限制器

3.2 柱塞式液压缸

柱塞式液压缸中的柱塞和缸体不接触，运动时由缸盖上的导向套来导向，因此缸体的内壁不需精加工，它特别适用于行程较长的场合。柱塞是端部受压，为保证柱塞式液压缸有足够的推力和稳定性，柱塞一般较粗，重量较大，水平安装时易产生单边磨损，故柱塞缸宜垂直安装。水平安装使用时，为减轻重量和提高稳定性，用无缝钢管制成柱塞。这种液压缸常用于长行程机床，如龙门刨、导轨磨、大型拉床、冶金炉等。柱塞式液压缸分为单柱塞式液压缸和双柱塞式液压缸。

3.2.1 单柱塞式液压缸

(1) 工作原理

单柱塞式液压缸是一种单作用式液压缸，工作原理如图 3-9 所示。单柱塞式液压缸主要由缸体、柱塞等组成，柱塞 1 与工作部件连接，缸体 2 固定在机床上，压力油进入缸体 2 时，推动柱塞 1 带动运动部件向右运动。柱塞 1 返程则需要借助外力或垂直放置依靠自身重力。

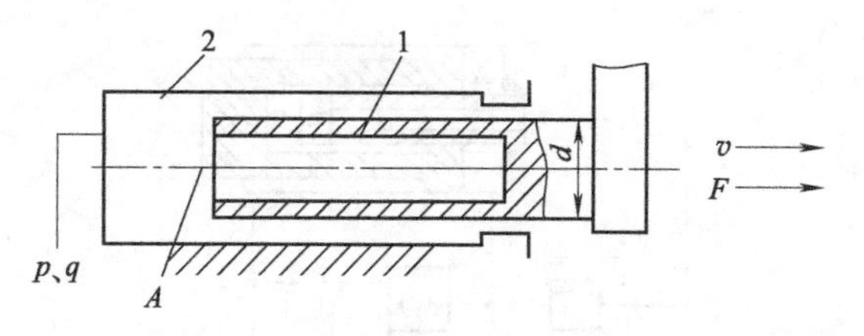

图 3-9 单柱塞式液压缸的工作原理

1—柱塞；2—缸体

(2) 图形符号及识别技巧

单柱塞式液压缸的图形符号如图 3-10 所示。

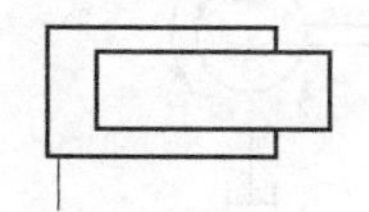

图 3-10 单柱塞式液压缸的图形符号

图形符号识别技巧如下。

① 外部矩形边框表示柱塞缸缸体。

② 边框内部矩形框表示柱塞。

③ 内部一个矩形表示单柱塞。

④ 缸体外部的实线段表示外部油路。

(3) 典型应用

① 增速缸　单柱塞式液压缸可以与活塞式液压缸组合成增速缸，图 3-11 所示为采用增速缸的快速运动回路。1 为柱塞，活塞式液压缸的活塞 2 同时也是柱塞式液压缸的缸体。在这个回路中，当三位四通电磁换向阀左位得电而工作时，压力油经增速缸中柱塞 1 的孔进入 B 腔，使活塞 2 伸出，获得快速，A 腔中所需油液经液控单向阀 3 从辅助油箱吸入，活塞 2 伸出到工作位置时由于负载加大，压力升高，打开顺序阀 4，高压油进入 A 腔，同时关闭单向阀。此时活塞杆在压力油作用下继续外伸，但因有效面积加大，速度变慢而使推力加大，这种回路常被用于液压机的液压系统中。

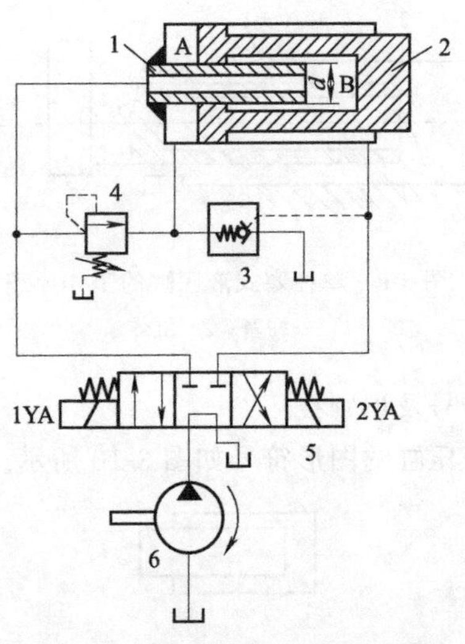

图 3-11　采用增速缸的快速运动回路

1—柱塞；2—活塞；3—液控单向阀；4—顺序阀；5—电磁换向阀；6—液压泵

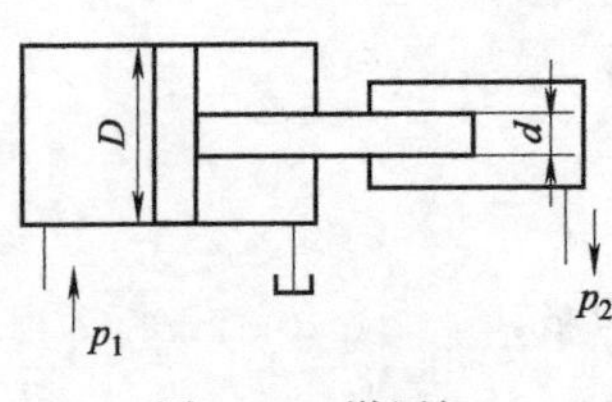

图 3-12　增压缸

② 增压缸　单柱塞式液压缸也可以与活塞式液压缸串联组成增压缸，如图 3-12 所示，利用活塞和柱塞有效面积的不同使液压系统中的局部区域获得高压，其详细原理、图形符号及应用见 3.3.1 中关于增压缸的介绍。

3.2.2　双柱塞式液压缸

(1) 工作原理

单柱塞式液压缸只能实现一个方向的液压传动，反向运动要靠外力。若需要实现双向运动，则必须成对使用，组成双柱塞式液压缸，如图 3-13 所示。

(2) 图形符号及识别技巧

双柱塞式液压缸的图形符号如图 3-14 所示。

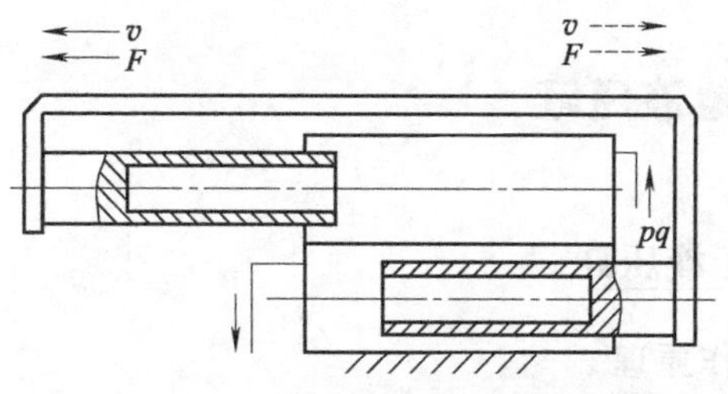

图 3-13 双柱塞式液压缸的工作原理

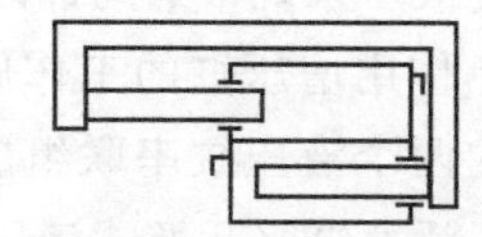

图 3-14 双柱塞式液压缸的图形符号

图形符号识别技巧如下。

① 两个连在一起的矩形边框表示双柱塞缸缸体。

② 两个缸体内部的两个矩形表示两个柱塞。

③ 缸体出口处每个柱塞的两侧的两条实线段表示导向。

④ 连接两个柱塞的框架形部分表示两个柱塞刚性连接在一起。

⑤ 缸体外部的两段折线表示外部油路。

3.2.3 常见柱塞式液压缸的图形符号

常见柱塞式液压缸的图形符号见表 3-3。

表 3-3 常见柱塞式液压缸的图形符号

液压缸类型	图形符号	说　明
单柱塞式液压缸		柱塞只单向受力而运动，反向运动依靠柱塞自重或其他外力
双柱塞式液压缸		可以输出双向的速度，承受双向的载荷

3.3 其他液压缸

3.3.1 增压液压缸

（1）工作原理

增压缸（增压液压缸的简称）又称增压器，它是利用活塞和柱塞有效面积的不同使液压系统中的局部区域获得高压，它有单作用和双作用两种。单作用增压缸的工作原理如图 3-15（a）所示，它是由直径不同的两个液压缸串联组成的，大缸为原动缸，小缸为输出缸。当输入活塞缸（活塞式液压缸的简称）的液体压力为 p_1、大活塞直径为 D、小活塞直径为 d 时，输出缸输出的油液压力 p_2 为高压。

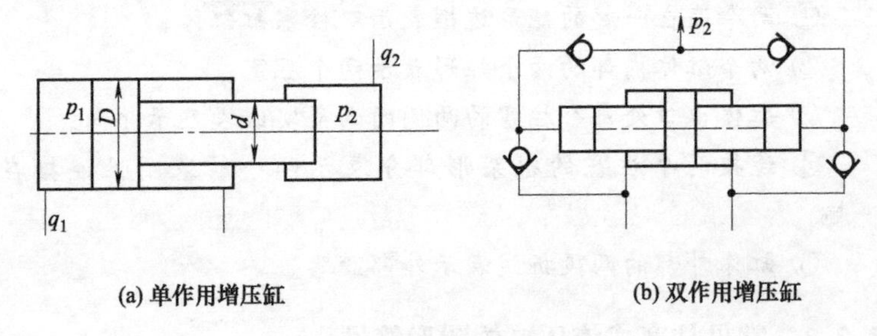

图 3-15　增压缸的工作原理

单作用增压缸在柱塞运动到终点时，不能再输出高压液体，需要将活塞退回到左端位置，再向右行时才又输出高压液体。为了克服这一缺点，可采用双作用增压缸，如图 3-15（b）所示，由两个高压端连续向系统供油。

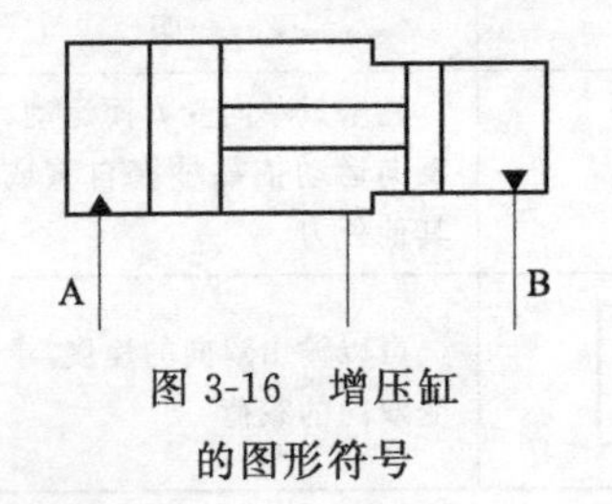

图 3-16　增压缸的图形符号

（2）图形符号及识别技巧

增压缸的图形符号如图 3-16 所示。

图形符号识别技巧如下。

① 两个外部连在一起的矩形框表示缸体。

② 缸体内部沿宽度方向的两条线段表示两个活塞。

③ 两个活塞之间沿缸体长度方向的两条线段表示两个活塞刚性连在一起。

④ A 表示进油口，A 处缸体外部的实线段表示进油路。

⑤ B 表示出油口，B 处缸体外部的实线段表示出油路。

⑥ 缸体外部的另外一条实线段表示外部油路，用于补油或直接通油箱。

⑦ 实心三角表示进出缸的流体为液体而非气体。

(3) 典型应用

如果系统或系统的某一支路需要压力较高但流量又不大的压力油，而采用高压泵又不经济，或者根本就没有必要增设高压力的液压泵时，就常采用增压回路，这样不仅易于选择液压泵，而且系统工作较可靠，噪声小。增压回路中提高压力的主要元件是增压缸。

① 单作用增压缸的增压回路　图 3-17 所示为单作用增压缸的增压回路。当系统在图示位置工作时，系统的供油压力 p_1 进入增压缸的大活塞腔，此时在小活塞腔即可得到所需的较高压力 p_2；当二位四通电磁换向阀右位接入系统时，增压缸返回，辅助油箱中的油液经单向阀补入小活塞。因该回路只能间歇增压，故称之为单作用增压回路。

② 双作用增压缸的增压回路　图 3-18 所示为双作用增压缸的增压回路，能连续输出高压油。在图示位置，液压泵输出的压力油经换向阀 5 和单向阀 1 进入增压缸左端大、小活塞腔，右端大活塞腔的回油通油箱，右端小活塞腔增压后的高压油经单向阀 4 输出，此时单向阀 2、3 关闭。当增压缸活塞移到右端时，换向阀得电换向，增压缸活塞向左移动。同理，左端小活塞腔输出的高压油经单向阀 3 输出。这样，增压缸的活塞不断往复运动，两端便交替输出高压油（p_2），从而实现了连续增压。

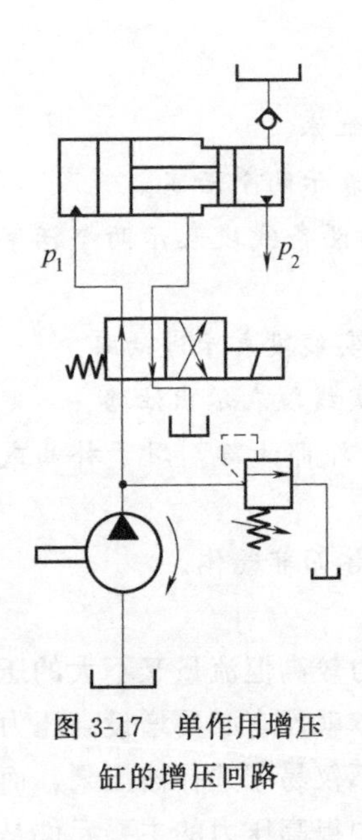

图 3-17 单作用增压缸的增压回路

图 3-18 双作用增压缸增压回路
1～4—单向阀；5—换向阀

3.3.2 伸缩式液压缸

(1) 工作原理

伸缩缸（伸缩式液压缸的简称）由两个或多个活塞缸套装而成，前一级活塞缸的活塞杆内孔是后一级活塞缸的缸筒，伸出时可获得很长的工作行程，缩回时可保持很小的结构尺寸，伸缩缸被广泛用于起重运输车辆上。伸缩缸可以是单作用式，也可以是双作用式，前者靠外力回程，后者靠液压回程。

伸缩缸的外伸动作是逐级进行的。首先是最大直径的缸筒以最低的油液压力开始外伸，当到达行程终点后，稍小直径的缸筒开始外伸，直径最小的末级最后伸出。随着工作级数变大，外伸缸筒直径越来越小（即有效工作面积逐级减小），工作油液压力随之升高，工作速度变快。

图 3-19 所示为伸缩缸的工作原理，其主要组成零件有一级缸筒、一级活塞、二级缸筒、二级活塞等。一级缸筒 1 两端有

进、出油口A和B。当A口进油、B口回油时，先推动一级活塞2向右运动，由于一级活塞的有效作用面积大，所以运动速度低而推力大。一级活塞右行至终点时，二级活塞4在压力油的作用下继续向右运动，因其有效作用面积小，所以运动速度快，但推力小。一级活塞2既是活塞，又是二级活塞的缸体，有双重作用。若B口进油、A口回油，则二级活塞4先退回至终点，然后一级活塞2才退回。

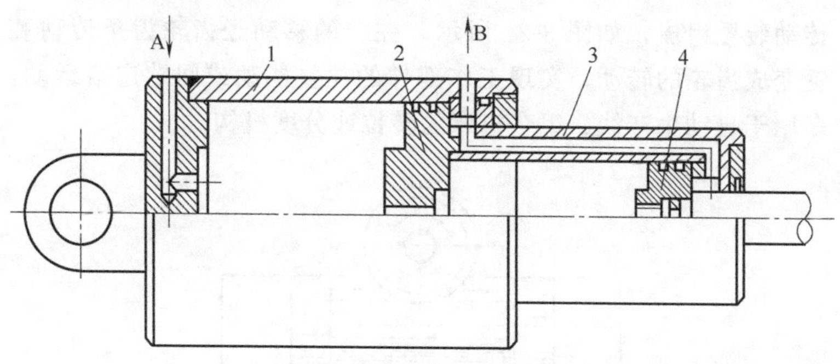

图3-19　伸缩缸的工作原理

1—一级缸筒；2—一级活塞；3—二级缸筒；4—二级活塞

(2) 图形符号及识别技巧

伸缩缸的图形符号如图3-20所示。

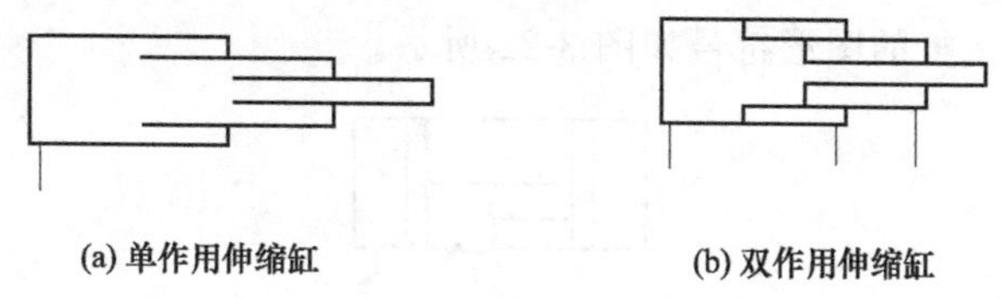

(a) 单作用伸缩缸　　(b) 双作用伸缩缸

图3-20　伸缩缸的图形符号

图形符号识别技巧如下。

① 在宽度方向最宽且上下对称的矩形框表示一级缸体。

② 沿宽度方向上下对称的线框既表示一级活塞也表示二级缸体，依此类推。

③ 最窄的线框表示末级活塞。

④ 与宽度方向垂直的缸体外部的实线段表示外部油路，对于单作用伸缩缸只有一条进油路，对于双作用伸缩缸，两侧的分别表示进油路或出油路，中间的用于补油或直通油箱。

3.3.3 齿条液压缸

(1) 工作原理

齿条缸（齿条液压缸的简称）由两个柱塞缸和一套齿轮齿条传动装置组成，如图 3-21 所示。柱塞的移动经齿轮齿条传动装置变成齿轮的转动，实现工作部件的往复摆动或间歇进给运动，多用于自动生产线、组合机床的转位或分度机构。

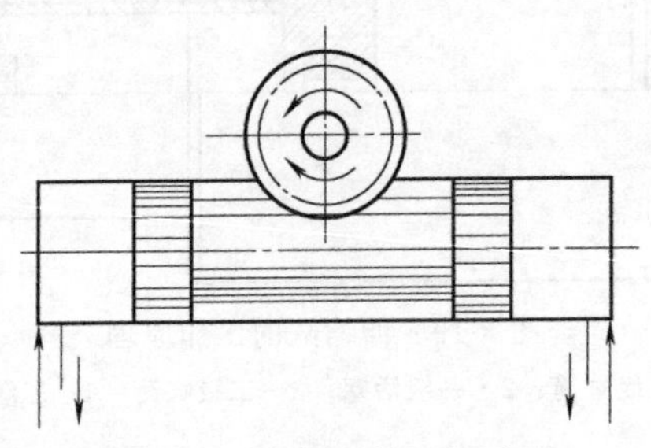

图 3-21 齿条缸的工作原理

(2) 图形符号及识别技巧

齿条缸的图形符号如图 3-22 所示。

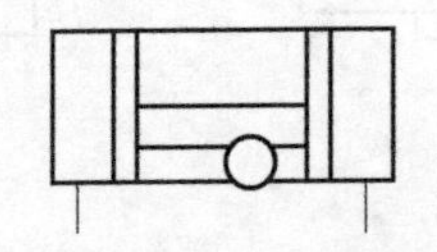

图 3-22 齿条缸的图形符号

图形符号识别技巧如下。

① 矩形边框表示缸体。

② 沿缸体宽度方向的两组双竖线表示两个活塞。

③ 沿缸体长度方向，两个活塞之间的双水平线表示齿条。

④ 小圆表示齿。

⑤ 缸体外部的两条实线段表示外部油路。

(3) 典型应用

升降台是冶金工业中升降和运输轧件的关键设备，与曲柄连杆式或偏心轮式机械驱动机构相比，采用液压驱动的液压升降台具有重量轻、结构合理、使用方便等特点，被冶金企业广泛采用。

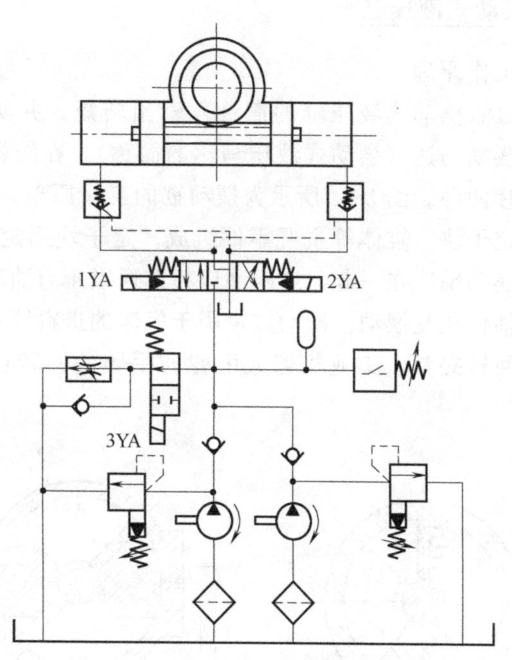

图 3-23　液压升降台液压系统原理图

图 3-23 所示为液压升降台液压系统原理图。考虑到升降台在工作中的重要地位，该系统采用双泵供油，采用 Y 型滑阀机能的电液换向阀换向。当电液换向阀的 1YA 得电时，左位接入，齿条缸的左腔进油，右腔油液经液控单向阀和电液换向阀流回油箱，齿条缸中的柱塞向右运动，带动齿轮逆时针旋转，实现升降台举升动作。

当电液换向阀的 2YA 得电时，右位接入，齿条缸的右腔进油，左腔油液经液控单向阀和电液换向阀流回油箱，齿条缸中的柱塞向左运动，带动齿轮顺时针旋转，实现升降台下降动作。

为保证系统换向工作可靠，保证升降台可在任意位置可靠停留，采用两个液控单向阀实现锁定，系统采用单向调速阀的旁路节流调速回路。蓄能器在系统中起蓄能补油与缓冲作用。

3.3.4 摆动式液压缸

（1）工作原理

摆动缸（摆动式液压缸的简称）输出转矩，并实现往复摆动，也称摆动马达（摆动式液压马达的简称），在结构上有单叶片和双叶片两种。图 3-24 所示为摆动缸的工作原理，它由叶片、摆动轴、定子块、缸体等主要零件组成。定子块固定在缸体上，而叶片和摆动轴连在一起，当两油口相继通以压力油时，叶片即带动摆动轴作往复摆动。摆动缸常用于机床的送料装置、间歇进给机构、回转夹具、工业机器人手臂和手腕的回转机构等液压系统。

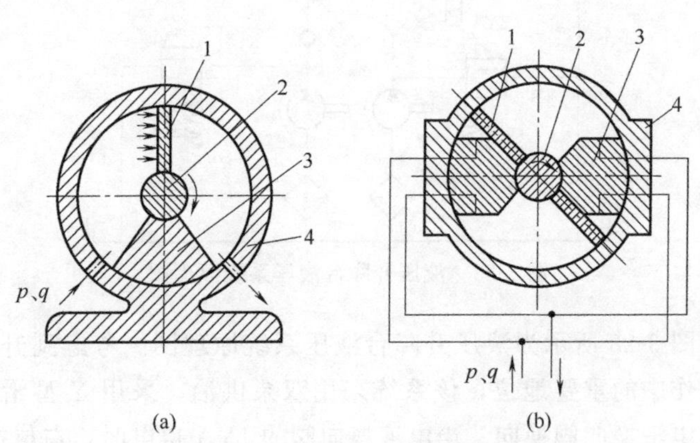

图 3-24 摆动缸的工作原理

1—叶片；2—摆动轴；3—定子块；4—缸体

（2）图形符号及识别技巧

摆动缸的图形符号如图 3-25 所示。

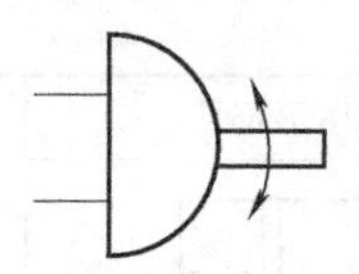

图 3-25　摆动缸的图形符号

图形符号识别技巧如下。

① 半圆形的线框表示缸体。

② 缸体左侧的两条实线段分别表示进油路和回油路。

③ 缸体右侧的右端封闭线框表示输出轴。

④ 双向弧线箭头表示双向摆动。

3.3.5　其他常见液压缸的图形符号

其他常见液压缸的图形符号见表 3-4。

表 3-4　其他常见液压缸的图形符号

液压缸类型		图形符号	说明
伸缩缸	单作用式		用液压油由大到小逐节推出，靠外力由小到大逐节缩回
	双作用式		双向液压驱动，由大到小逐节推出，由小到大逐节缩回
增压缸	液-液增压缸	A　B	由 A 口进油驱动，使 B 口输出高压油液
	气-液增压缸	p_1　p_2	单作用增压缸，将气体压力 p_1 转换为更高的液体压力 p_2
串联缸			用于缸的直径受限制，长度不受限制处，能获得较大推力
齿条缸			活塞的往复运动转换成齿轮的往复回转运动

续表

液压缸类型		图形符号	说明
气-液转换器		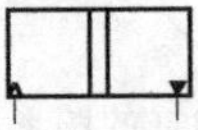	气压力转换成大体相等的液压力
摆动缸	双作用式	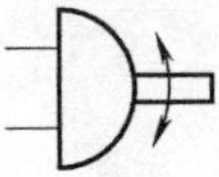	限制摆动角度，双向流动
	单作用式	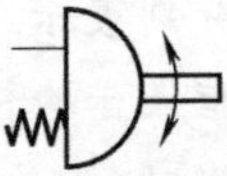	单向流动，弹簧复位

第4章 液压控制阀的图形符号

液压控制阀简称液压阀，是液压传动中用来控制油液方向、压力和流量的元件。液压阀的种类繁多，依据不同的特征和分类方法将液压阀进行分类，见表4-1。

表4-1 液压阀的分类

分类方法	种类	详细分类
按功用分类	压力阀	溢流阀、顺序阀、卸荷阀、平衡阀、减压阀、比例压力阀、缓冲阀、仪表截止阀、限压切断阀、压力继电器
	流量阀	节流阀、单向节流阀、调速阀、分流阀、集流阀、比例流量阀
	方向阀	单向阀、液控单向阀、换向阀、行程减速阀、充液阀、梭阀、比例方向阀
按结构分类	滑阀	圆柱滑阀、旋转阀、平板滑阀
	座阀	锥阀、球阀、喷嘴挡板阀
	射流管阀	射流阀
按操作方法分类	手动阀	手把及手轮、踏板、杠杆
	机动阀	挡块及碰块、弹簧、液压、气动
	电动阀	电磁铁控制、伺服电动机和步进电动机控制
按安装方式分类	管式连接	螺纹式连接、法兰式连接
	板式及叠加式连接	单层连接板式、双层连接板式、整体连接板式、叠加式
	插装式连接	螺纹式插装(二、三、四通插装阀)、法兰式插装(二通插装阀)

续表

分类方法	种类	详细分类
按控制方式分类	开关或定值控制阀	压力控制阀、流量控制阀、方向控制阀
	电液比例阀	电液比例压力阀、电液比例流量阀、电液比例换向阀、电液比例复合阀、电液比例多路阀
	伺服阀	单、两级(喷嘴挡板式、动圈式)电液流量伺服阀、三级电液流量伺服阀
	数字控制阀	数字控制压力阀流量阀与方向阀

4.1 方向阀

用来控制油液通、断和流向的元件称为方向阀。方向阀分为单向阀和换向阀两类。

4.1.1 单向阀

单向阀又分为普通单向阀与液控单向阀两种。普通单向阀用于液压系统中防止油流反向流动，又称止回阀或逆止阀。液控单向阀除了能实现普通单向阀的功能外，还可按需要通入控制压力油，使油液实现双向流动。

4.1.1.1 普通单向阀

(1) 结构及工作原理

普通单向阀一般由阀体、阀芯和弹簧等零件构成。按其结构不同分为钢球密封式直通单向阀、锥阀芯密封式直通单向阀、直角式单向阀三种；按其连接方式可分为管式连接和板式连接两种。

图 4-1 所示为普通单向阀的结构和工作原理，其中图 4-1 (a) 为管式单向阀，图 4-1 (b) 为板式单向阀。压力油从 P_1 口流入，推动阀芯 2 打开阀口，油液经阀芯 2 上的径向孔 a、轴向孔 b 从 P_2 口流出。当压力油从 P_2 口流入时，压力油作用于阀芯 2 背后，推动阀芯 2 关闭阀口，油液无法流向 P_1 口。

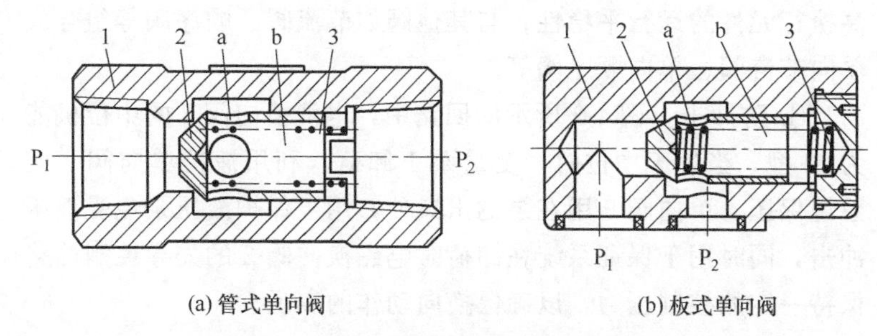

(a) 管式单向阀　　(b) 板式单向阀

图 4-1　普通单向阀的结构和工作原理

1—阀体；2—阀芯；3—弹簧

（2）图形符号及识别技巧

普通单向阀的图形符号如图 4-2 所示，其中图 4-2（a）为不带弹簧的单向阀符号，图 4-2（b）为带弹簧的单向阀符号。

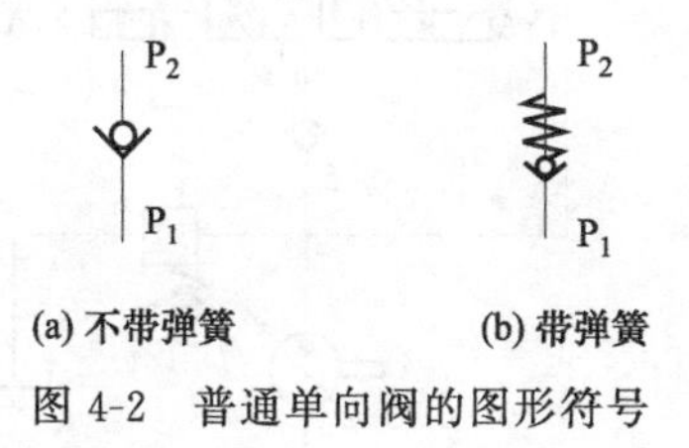

(a) 不带弹簧　　(b) 带弹簧

图 4-2　普通单向阀的图形符号

图形符号识别技巧如下。

① 小圆表示阀芯。

② 90°开口的 V 形表示阀座，当油液将阀芯推离阀座时，单向阀打开，反向则关闭。

③ 两端的实线段表示油路。

④ 通常，P_1 表示进油口，P_2 表示出油口。

⑤ ≷表示弹簧。

（3）典型应用

普通单向阀可安装在液压泵出口，以防止系统的压力冲击影响泵的正常工作；安装在多执行元件系统的不同油路之间，防止油路间压力及流量的不同而相互干扰；在系统中作背压阀用，提高执行元件的运行平稳性；与其他阀如节流阀、顺序阀等组合成单向节流阀、单向顺序阀等。

① 防冲击　图 4-3 所示的回路中，电液换向阀 2 的中位机能为 M 型，当处于中位时，变量泵 1 卸荷，利用液控单向阀 3 使系统保压，单向阀 5 用在泵的出口处，用于保护液压泵免受液压冲击，同时用于保证系统在卸荷时电磁换向阀 2 的先导控制油路保持一定的控制压力，以确保换向动作的实现。

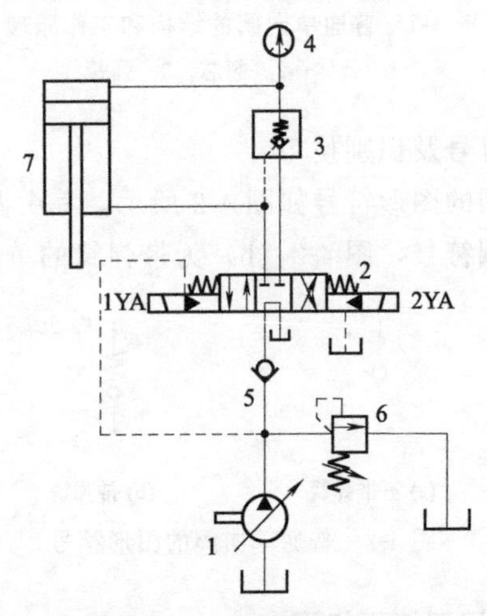

图 4-3　防止液压冲击

1—变量泵；2—电液换向阀；3—液控单向阀；
4—压力表；5—单向阀；6—溢流阀；7—液压缸

② 短时保压　图 4-4 所示的减压回路中，单向阀 3 用于防止当主油路压力由于某种原因低于减压阀 2 的调定值时，使液压缸 4 的压力突然降低，起到使液压缸 4 短时保压的作用。

③ 用作背压阀　如图 4-5 所示为采用 M 型中位机能的卸荷回路。在其回油路上安装的单向阀 1 用作背压阀，使回路在卸荷状况下，能够保持一定的控制压力，实现卸荷状态下对电液换向阀 2 的操纵，但会消耗一定的功率。

④ 组成复合阀　单向阀常与其他液压阀组成复合阀。图 4-6

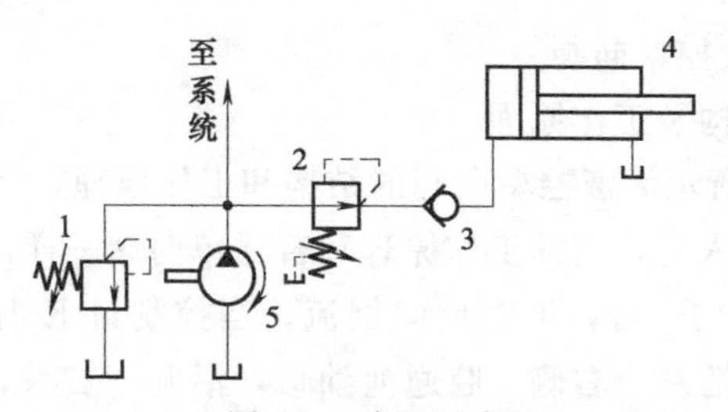

图 4-4　减压回路

1—溢流阀；2—减压阀；3—单向阀；4—液压缸；5—液压泵

(a) 所示为单向节流阀，从功能上相当于一个单向阀和一个节流阀并联，但实物结构上却是一个阀，复合阀的图形符号用矩形线框表示。当油液从上向下流时相当于一个单向阀，油液从下向上流时相当于一个节流阀。

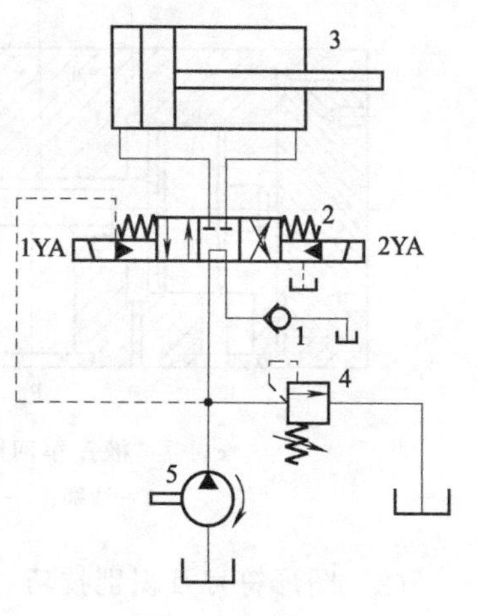

图 4-5　卸荷回路

1—单向阀；2—电液换向阀；3—液压缸；4—溢流阀；5—液压泵

图 4-6 (b) 所示为单向顺序阀，它是由一个单向阀和一个顺序阀组成的复合阀，从功能上相当于两者并联，实物结构上是一个阀。当油液从上向下流时相当于一个单向阀，当油液从下向上流时相当于一个顺序阀。

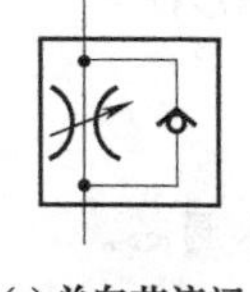

(a) 单向节流阀

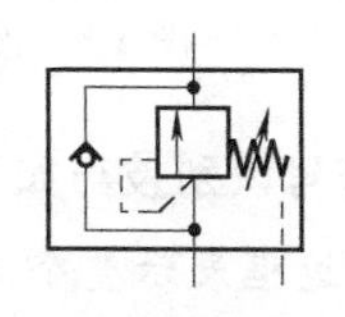

(b) 单向顺序阀

图 4-6　复合阀

4.1.1.2　液控单向阀

（1）结构及工作原理

图 4-7 所示为液控单向阀的结构和工作原理。当控制口 K 处无压力油通入时，它的工作原理和普通单向阀一样，压力油只能从 P_1 口流向 P_2 口，不能反向倒流。当控制口 K 有控制压力油时，因控制活塞 1 右侧 a 腔通泄油口，活塞 1 右移，推动顶杆 2 顶开阀芯 3，使 P_1 口和 P_2 口接通，油液就可在两个方向自由流动。

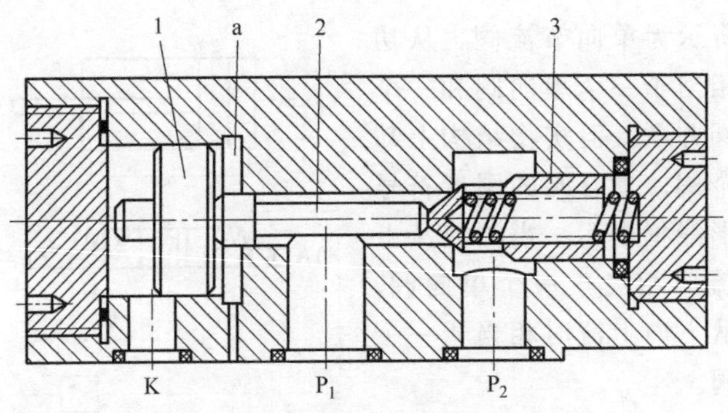

图 4-7　液控单向阀的结构和工作原理

1—活塞；2—顶杆；3—阀芯

（2）图形符号及识别技巧

图 4-8 所示为液控单向阀的图形符号。

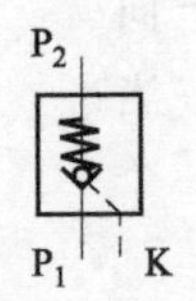

图 4-8　液控单向阀的图形符号

图形符号识别技巧如下。

① 矩形边框表示整个阀，小圆表示阀芯。

② 90°开口的 V 形表示阀座，当油液将阀芯推离阀座时，单向阀正向打开，反向则关闭。

③ 虚线表示控制油路。

④ 矩形边框外部的实线段表示外部油路。

⑤ 通常，P_1 表示正向流动时的进油口，P_2 表示正向流动时的出油口，K 表示控制口。

⑥ 当 K 口通入控制压力油时，油液可双向流动。

⑦ 表示弹簧。

（3）典型应用

液控单向阀因泄漏量小、闭锁性能好、工作可靠而广泛应用于液压系统中。两个单独的液控单向阀或两个液控单向阀复合为一体的液压锁用于执行元件的锁紧回路，将液压缸锁紧在任意位置；也可串联在立置液压缸的下行油路上，以防液压缸及其拖动的工作部件因自重自行下落；在执行元件低载高速及高载低速的液压系统中作充液阀，以减小液压泵的容量；用于液压系统保压与泄压。

① 用于锁紧回路　图 4-9 所示为采用液控单向阀的锁紧回路。在液压缸的进、回油路中分别串接液控单向阀 1、2，活塞可以在行程的任何位置锁紧。当 H 型三位四通电磁换向阀 5 处于中位，液压缸 6 两腔连通。此时，液压泵 3 输出油液经电磁换向阀 5 的中位流回油箱，因无控制油液作用，液控单向阀 1、2 关闭，液压缸两腔均不能进、排油，于是，活塞被双向锁紧。要使活塞向右运动，则需使换向阀 1YA 通电，换向阀左位接入系统，压力油经液控单向阀 1 进入液压缸，同时也进入液控单向阀 2 的控制油

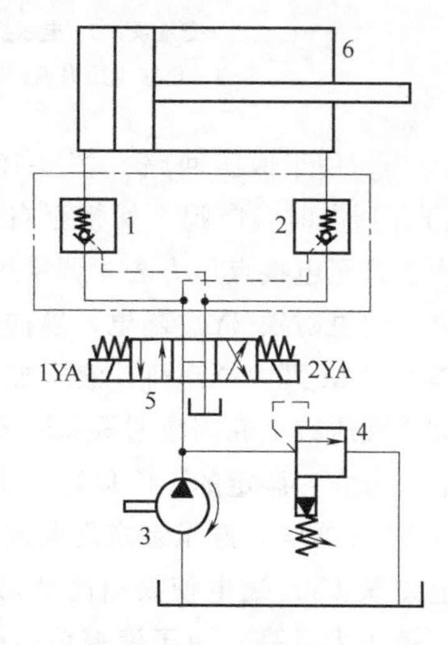

图 4-9　锁紧回路

1，2—液控单向阀；3—液压泵；4—先导式溢流阀；5—换向阀；6—液压缸

口，打开阀 2，使液压缸右腔回油经阀 2 及阀 5 流回油箱，同时工作液压缸活塞向右运动。当换向阀右位接通，阀 2 开启，压力油打开阀 1 的控制口，工作液压缸活塞向左运动，回油经阀 1 和阀 5 流回油箱。

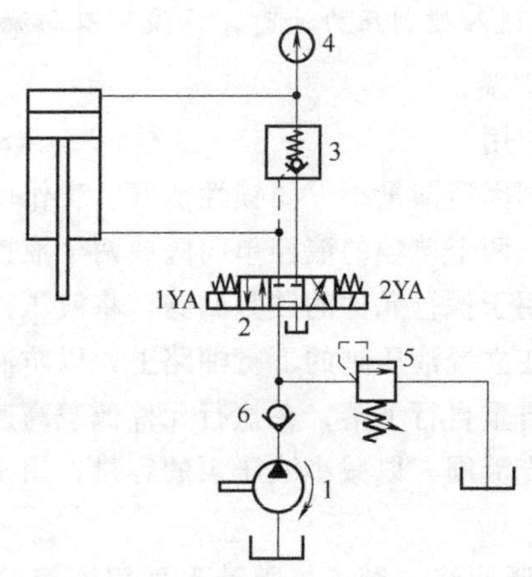

图 4-10 保压回路

1—变量泵；2—电磁换向阀；3—液控单向阀；
4—电接点压力表；5—溢流阀；6—单向阀

② 用于保压回路　图 4-10 所示的保压回路中，当电磁铁 2YA 通电时换向阀 2 切换至右位，液压缸上腔进油，当上腔压力上升至电接点压力表 4 调定的上限值时，压力表 4 高压触点通电，使电磁铁 2YA 断电，换向阀 2 复至中位，液压泵 1 经换向阀 2 的 M 型中位卸荷，液压缸由液控单向阀 3 保压。保压期间如果液压缸上腔因泄漏等原因压力下降，当上腔压力下降到电接点压力表 4 调定的下限值时，压力表 4 的低压触点接通，使电磁铁 2YA 通电，液压泵恢复向液压缸上腔供油，压力上升。而当电磁铁 1YA 通电使换向阀 2 切换至左位时，液压缸下腔进油，下腔压力升高，由于液控单向阀 3 的控制口与下腔接通，在下腔的压力油作用下，液控单向阀 3 反向导通，液压缸上腔的油液经液控单向阀 3 和电磁换向阀 2 流回油箱，活塞快速向上

退回。

这种回路能自动保持液压缸上腔的压力在某一范围内，保压时间长，压力稳定性高，适用于液压机等保压性能要求较高的液压系统。

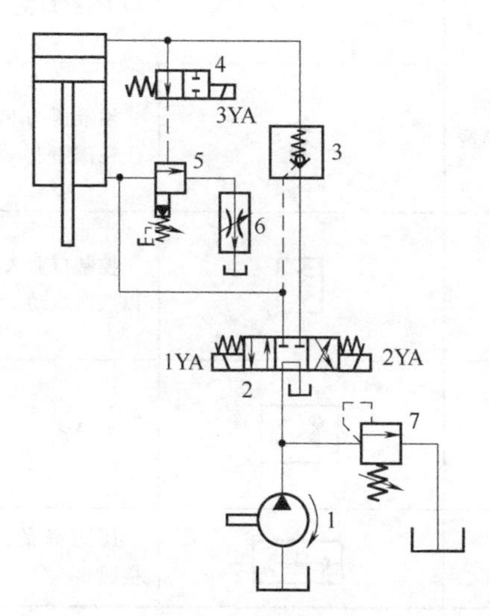

图 4-11 泄压回路

1—液压泵；2,4—换向阀；3—液控单向阀；

5—顺序阀；6—调速阀；7—溢流阀

③ 用于泄压回路 图 4-11 所示为用液控单向阀和顺序阀实现的泄压回路。泄压时先使电磁换向阀 2 的左位接通，使油液经顺序阀 5 和调速阀 6 回油。调整调速阀，使其产生的背压只能推开先导式液控单向阀 3 的先导泄压装置，使主缸上腔泄压。当主缸上腔压力低于顺序阀 5 的设定压力时，顺序阀 5 切断油路，系统压力升高，打开液控单向阀主阀芯，主缸活塞回程。二位二通换向阀 4 的作用是为了在保压过程中切断顺序阀 5 的控制油路，保证回路的保压性能。

4.1.1.3 常见单向阀的图形符号

常见单向阀的图形符号见表 4-2。

表 4-2 常见单向阀的图形符号

类型		图形符号	说明
普通单向阀	无弹簧		依靠油液压力使阀芯压在阀座上，阀口关闭，油液无法倒流
	带弹簧		油液压力和弹簧一起使阀芯压在阀座上，油液无法倒流
液控单向阀			控制口通入控制油液，油液可以双向流动
双单向阀		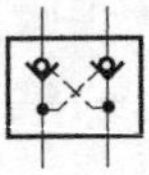	先导式
或门型梭阀		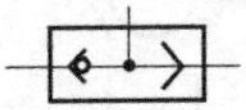	压力高的入口自动与出口接通

4.1.2 换向阀

换向阀是利用阀芯与阀体的相对运动，使油路接通、断开，或变换油液的流动方向，从而使液压执行元件启动、停止或变换运动方向。根据阀芯在阀体中的工作位置数分为二位、三位等；根据所控制的通道数分为二通、三通、四通、五通等；根据阀芯驱动方式分为手动、机动、电磁、液动、电液动等；根据阀芯的结构分为圆柱滑阀、锥阀和球阀等。其中滑阀的应用最为广泛，本节主要讨论滑阀式换向阀。

(1) 换向阀的工作原理

滑阀式换向阀由主体部分（阀芯和阀体）、控制机构以及定位机构组成。图 4-12 所示为滑阀式换向阀的工作原理，它是靠阀芯在阀体内作轴向运动，从而使相应的油路接通或断开的换向阀。滑阀是一个具有多个环形槽的圆柱体，而阀体孔内有若干个沉割槽。每条沉割槽都通过相应的孔道与外部相通，其中P为进油口，T为回油口，而A和B则分别与液压缸两腔接通。当阀芯处于图4-12（a）所示位置时，P口与A口相通、B口与T口相通，活塞向右运动；当阀芯向左移动至图4-12（b）所示位置时，P口与B口相通、A口与T口相通，活塞向左运动。

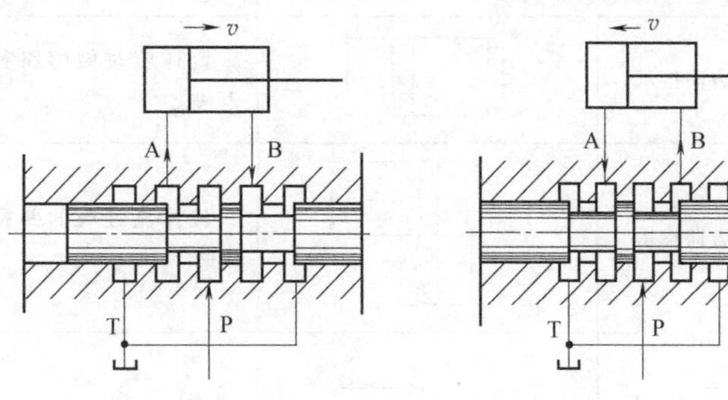

(a) 滑阀阀芯处于左位

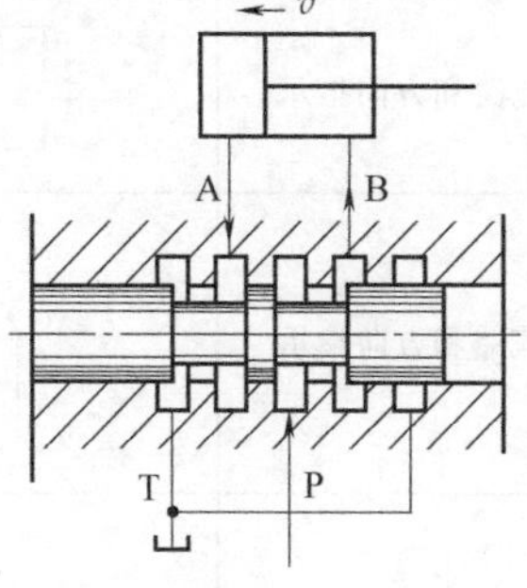

(b) 滑阀阀芯处于右位

图4-12　滑阀式换向阀的工作原理

（2）换向阀图形符号的构成要素

以三位四通电磁换向阀为例，该阀有三个工作位置，四个主油口，中位机能为O型，弹簧对中，双电磁铁直接操纵。图4-13所示为三位四通电磁换向阀的图形符号，图形符号的构成要素见表4-3。

图4-13　三位四通电磁换向阀的图形符号

（3）换向阀主体部分的图形符号

图4-14所示为三位四通换向阀主体部分的结构及图形符号，图示位置P口、A口、B口、T口均不通，相当于图形符号的中位；当阀芯相对阀体向左滑动时，P口与B口连通，A口与T口连通，相当于图形符号的右位；当阀芯相对阀体向右滑动时，P口与A口连通，B口与T口连通，相当于图形符号的左位。这样，当驱动滑动阀芯使其处在不同的位置就可以起到换向的作用。

表 4-3 三位四通电磁换向阀图形符号的构成要素

名称	图形	说明
机械基本要素	□4M	最多四个主油口阀的功能单元
流路和方向指示	4M	流体流过阀的路径和方向
流路和方向指示	4M 2M	流体流过阀的路径和方向
连接和管接头	1M 1M	封闭管路或接口
控制机构要素	2.5M 2M	控制元件:弹簧
机械基本要素	3M 2M	控制方法框线(标准图)
控制机构要素	1M 2M	控制元件:绕组,作用方向指向阀芯

续表

名称	图　形	说　明
元件接口	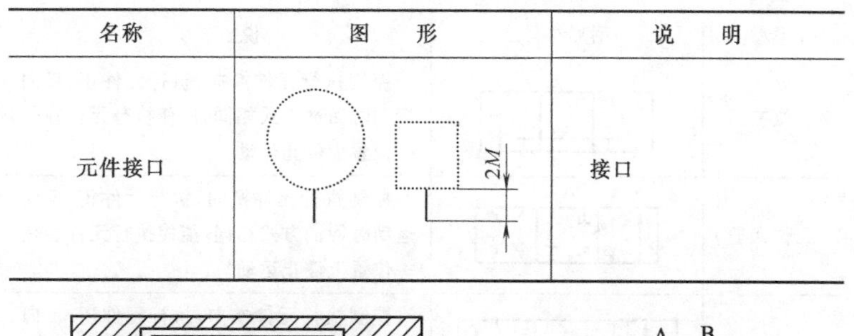	接口

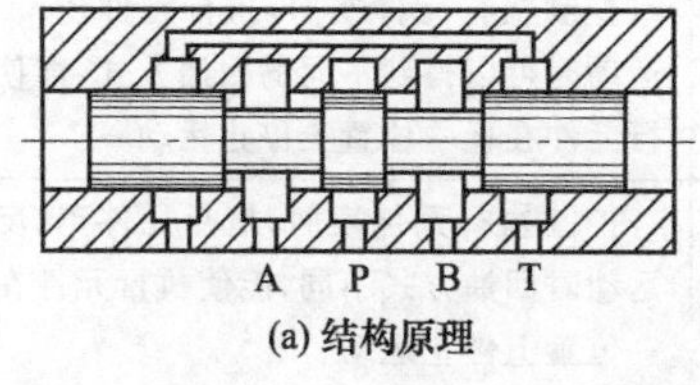

(a) 结构原理

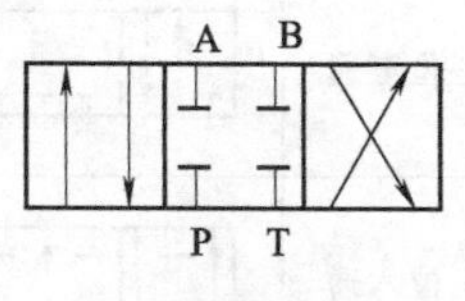

(b) 图形符号

图 4-14　三位四通换向阀主体部分的结构及图形符号

换向阀的主体部分包括阀芯和阀体，当阀芯在阀体内相对运动时，根据阀芯在阀体中的工作位置以及所控制的通道数可以组合成如二位二通、三位三通、三位五通等多种换向阀。换向阀主体部分的图形符号见表 4-4。

表 4-4　换向阀主体部分的图形符号

类型	图形符号	说　明
二位二通		控制油路的连通与切断，相当于一个开关
二位三通		控制液流的方向
二位四通		控制执行元件换向，执行元件正、反向运动时回油方式相同，不能使执行元件在任一位置上停止运动
二位五通		控制执行元件换向，执行元件正、反向运动时可以得到不同的回油方式，不能使执行元件在任一位置上停止运动

续表

类型	图形符号	说明
三位三通	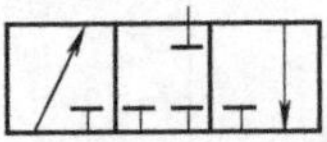	控制执行元件换向，执行元件正、反向运动时回油方式相同，能使执行元件在任一位置上停止运动
三位四通	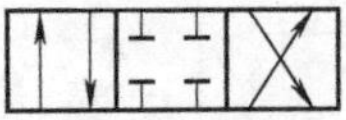	控制执行元件换向，执行元件正、反向运动时回油方式相同，能使执行元件在任一位置上停止运动
三位五通	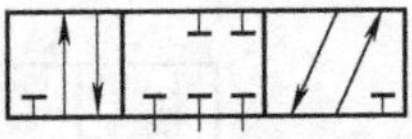	控制执行元件换向，执行元件正、反向运动时可以得到不同的回油方式，能使执行元件在任一位置上停止运动
三位六通	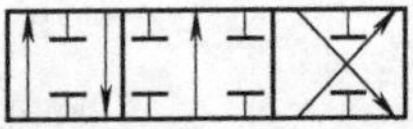	控制执行元件换向，执行元件正、反向运动时回油方式不同，能使执行元件在任一位置上停止运动

换向阀主体部分图形符号识别技巧如下。

① 正方形表示阀的工作位置，有几个正方形表示有几“位”，工作位置中的“位”并不代表阀芯的实际位置。

② 正方形内的箭头表示油路处于接通状态，但箭头方向不一定表示液流的实际方向。

③ 正方形内符号“⊥”或“⊤”表示该油路不通。

④ 外部连接的接口数有几个，就表示几“通”。

⑤ 通常，P表示阀与系统供油路连通的进油口，T或O表示阀与系统回油路连通的回油口，A、B等表示阀与执行元件连通的油口。

⑥ 换向阀都有两个或两个以上的工作位置，其中一个为常态（阀芯在不受操纵力时所处的位置），三位阀图形符号的中位为常态位，利用弹簧复位的二位阀以靠近弹簧的正方形内的通路状态为其常态，在系统原理图中，油路一般应连接到换向阀的常态位上。

（4）换向阀控制方式的图形符号

控制滑阀移动的方法常用的有人力、机械、电气、直接压力和先导控制等。常见换向阀控制方式的图形符号见表 4-5。

表 4-5 常见换向阀控制方式的图形符号

控制方式的类型		图形符号	说明
人力控制	手柄式		拉动手柄改变阀芯工作位置
	踏板式		踩动踏板改变阀芯工作位置
	带定位装置		具有定位装置的推或拉控制机构
机械控制	滚轮式		用机械控制方法改变阀芯工作位置
	滚轮杠杆式		用作单方向行程操纵的滚轮杠杆
	弹簧控制式		用弹簧的作用力改变阀芯工作位置
电气控制	不连续控制		通过电磁铁通断电改变阀芯工作位置,间断控制
	连续控制		通过电磁铁通断电改变阀芯工作位置,连续控制
液动控制			用直接液压力控制方法改变阀芯工作位置
液压先导控制	内部压力控制		用液压先导控制方法改变阀芯工作位置,内部压力控制
	外部压力控制		用液压先导控制方法改变阀芯工作位置,外部压力控制
电液控制			电磁阀先导控制,用间接液压力控制方法改变阀芯工作位置

(5) 三位换向阀中位机能的图形符号及典型应用

① 三位换向阀中位机能的图形符号　三位换向阀的阀芯处

于中间位置时，各油口的连通方式称为阀的中位机能，通常用一个字母表示。滑阀的中位机能可满足不同的功能要求，不同的中位机能可通过改变阀芯的形状和尺寸得到。

如图 4-15（a）所示，当三位阀处于中位时，压力油口与液压缸两腔连通，回油口封闭，液压泵不卸荷，单杆活塞缸实现差动连接。这种连通方式类似于字母 P，定义为 P 型中位机能，图形符号如图 4-15（b）所示。

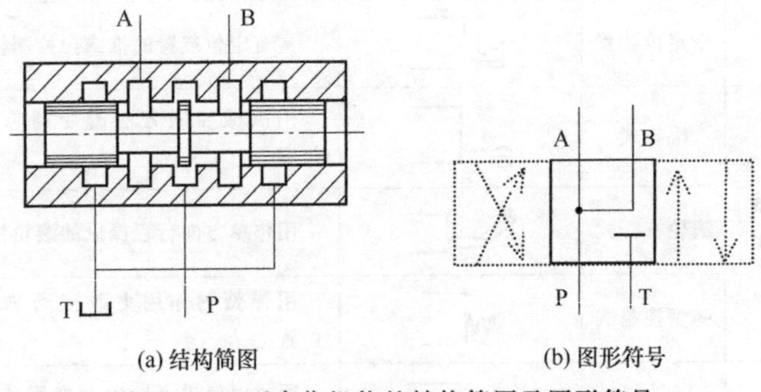

(a) 结构简图　　(b) 图形符号

图 4-15　P 型中位机能的结构简图及图形符号

表 4-6 列出了三位四通换向阀常见中位机能的图形符号。

表 4-6　三位四通换向阀常见中位机能图形符号

中位机能	图形符号	说　明
O 型	A B P T	各油口全部封闭，液压缸被锁紧，液压泵不卸荷，可用于多个换向阀并联工作
H 型	A B P T	各油口全部连通，液压缸浮动，液压泵卸荷，其他缸不能并联使用
K 型	A B P T	P、A、T 三油口相通，B 口封闭，液压缸处于闭锁状态，泵卸荷

续表

中位机能	图形符号	说明
P型	A B P T	压力油口与液压缸两腔连通,回油口封闭,液压泵不卸荷,并联缸可运动,单杆活塞缸实现差动连接
Y型	A B P T	液压缸两腔通油箱,液压缸浮动,液压泵不卸荷,并联缸可运动
U型	A B P T	P与T两口均封闭,A与B两口相通,液压缸浮动,在外力作用下可移动,泵不卸荷
M型	A B P T	液压缸两腔封闭,液压缸被锁紧,液压泵卸荷,可用于多个M型机能换向阀并联使用
N型	A B P T	P与B两口均封闭,A与T两口相通,与J型机能类似,只有A、B两口互换,功能也类似
C型	A B P T	P与A两口相通,B与T两口均封闭,液压缸处于停止状态
J型	A B P T	P与A两口均封闭,B与T两口相通,活塞停止,外力作用下可向一边移动,泵不卸荷
X型	A B P T	回油口处于半开启状态;泵基本上卸荷,但仍保持一定压力

② 三位换向阀中位机能的典型应用　图 4-16 所示为 H 型中位机能换向阀的应用，当换向阀处于中位时，液压泵卸荷，液压缸处于浮动状态。图 4-17 所示为 Y 型中位机能换向阀的应用，当换向阀处于中位时，液压泵不卸荷，液压缸处于浮动状态。图 4-18 所示为 P 型中位机能换向阀的应用，当换向阀处于中位时，液压泵不卸荷，液压缸差动连接。图 4-19 所示为 K 型中位机能换向阀的应用，当换向阀处于中位时，液压缸单向锁紧，液压泵卸荷。图 4-20 所示为 M 型中位机能换向阀的应用，当换向阀处于中位时，液压缸双向锁紧，液压泵卸荷。

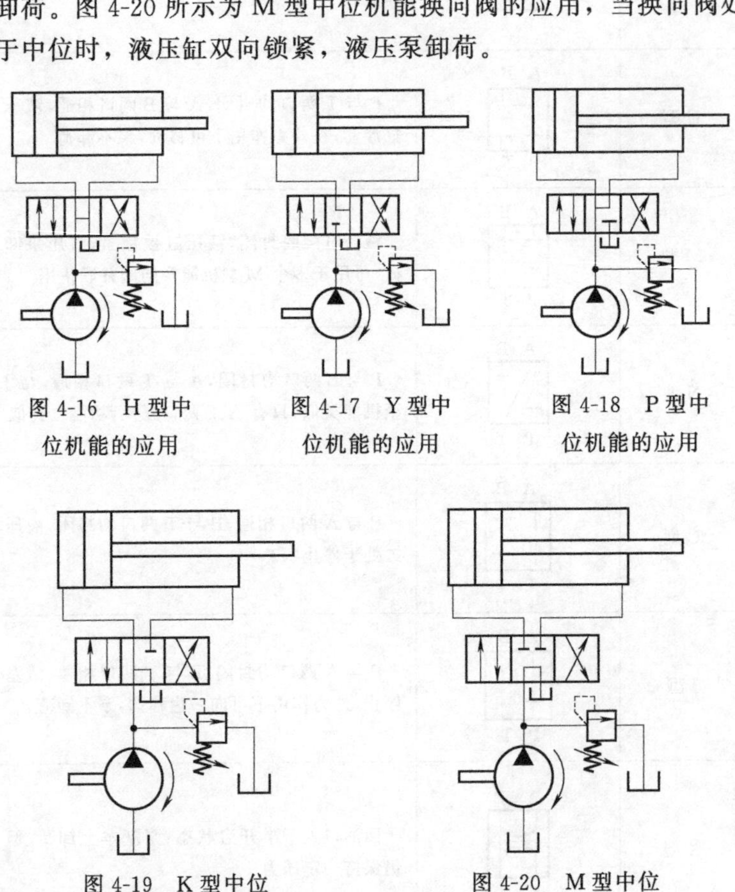

图 4-16　H 型中位机能的应用

图 4-17　Y 型中位机能的应用

图 4-18　P 型中位机能的应用

图 4-19　K 型中位机能的应用

图 4-20　M 型中位机能的应用

(6) 常见换向阀的图形符号

表 4-7 列出了几种常见换向阀的图形符号。

表 4-7 常见换向阀的图形符号

换向阀名称	图形符号	说明
二位二通机动换向阀	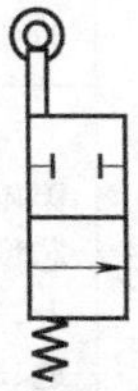	用机械方式压下滚轮时,靠近滚轮的上位接入系统,当机械作用力撤去后,在弹簧力的作用下,靠近弹簧的下位接入系统,用机械作用力实现油液的通与断
二位二通电磁换向阀	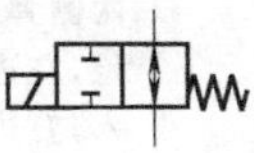	当电磁铁通电时,靠近电磁铁的左位接入系统,当电磁铁断电时,在弹簧力的作用下,靠近弹簧的右位接入系统,通过控制电磁铁的通断电,改变油液的流向
二位三通机动换向阀		用机械方式压下滚轮时,靠近滚轮的上位接入系统,当机械作用力撤去后,在弹簧力的作用下,靠近弹簧的下位接入系统,用机械作用力实现油液流向的改变
二位三通电磁换向阀	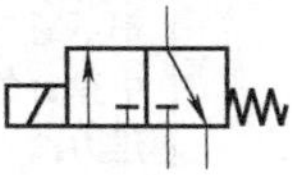	当电磁铁通电时,靠近电磁铁的左位接入系统,当电磁铁断电时,在弹簧力的作用下,靠近弹簧的右位接入系统,通过控制电磁铁的通断电,改变油液的流向
二位三通液动换向阀	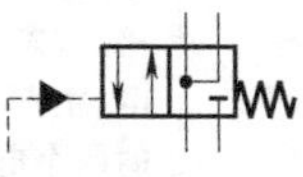	当控制口有控制压力时,左位接入,没有控制压力时,在弹簧力的作用下,右位接入
二位四通电磁换向阀	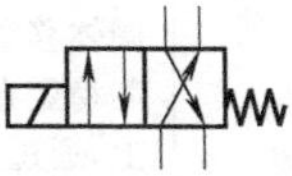	当电磁铁通电时,靠近电磁铁的左位接入系统,当电磁铁断电时,在弹簧力的作用下,靠近弹簧的右位接入系统,通过控制电磁铁的通断电,改变油液的流向

续表

换向阀名称	图形符号		说　明
三位四通手动换向阀	自动复位 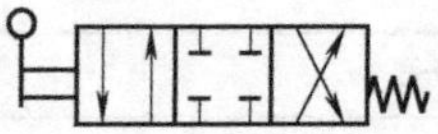		通过人力推或拉动手柄，使左位或右位接入系统，当人的作用力撤去后，在弹簧作用力下复至中位，通过人力作用来实现油液的通、断和换向
	钢球定位 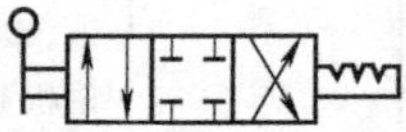		用手操纵手柄推动阀芯相对阀体移动后，可以通过钢球使阀芯稳定在三个不同的工作位置上，通过人力作用来实现油液的通、断和换向
三位四通电磁换向阀			当两个电磁铁均不通电时，在两侧弹簧力的作用下，处于中位，左边电磁铁通电时，左位接入，右边电磁铁通电时，右位接入，两个电磁铁不得同时通电，通过控制两个电磁铁的通断电来实现油液的通、断和换向
三位四通液动换向阀	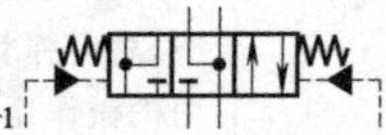 K_1　K_2		当 K_1 口和 K_2 口均没有控制压力时，在两端弹簧力的作用下，处于中位，K_1 口有控制压力时，左位接入，K_2 口有控制压力时，右位接入
三位四通电液动换向阀			当电磁先导阀的两个电磁铁都不通电时，先导阀阀芯在其对中弹簧的作用下处于中位，控制压力油不能进入主阀左右两端的弹簧腔，主阀处于中位，若先导阀左端电磁铁通电，主阀左位接入，若先导阀右端电磁铁通电，主阀右位接入，电磁先导阀的两个电磁铁不得同时通电
三位五通手动换向阀			用手操纵手柄推动阀芯相对阀体移动后，可以通过钢球使阀芯稳定在三个不同的工作位置上，通过人力作用来实现油液的通、断和换向

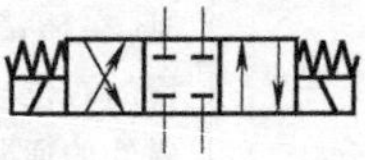

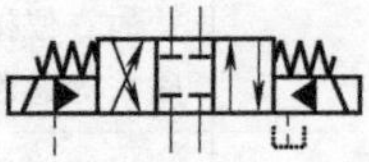

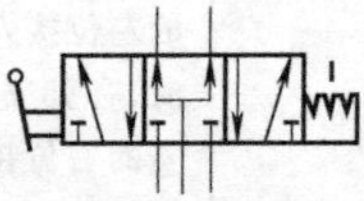

续表

换向阀名称	图形符号	说　明
三位五通电磁换向阀		当两个电磁铁均不通电时，在两侧弹簧力的作用下，处于中位，左边电磁铁通电时，左位接入，右边电磁铁通电时，右位接入，两个电磁铁不得同时通电，通过控制两个电磁铁的通断电来实现油液的通、断和换向

(7) 换向阀的典型结构及应用实例

换向阀在液压系统中的应用非常普遍，换向阀可用于实现液压系统中油液的通、断和方向变换；可以操纵各种执行元件的动作；可以实现液压系统的卸荷、升压、多执行元件间的顺序动作等。以下举出几种常见换向阀的典型结构及应用实例。

① 二位二通机动换向阀　图 4-22 所示为二位二通机动换向阀的结构及图形符号，在图示位置（常态位），阀芯 3 在弹簧 4 作用下处于上位，P 口与 A 口不通；当运动部件上的行程挡块 1

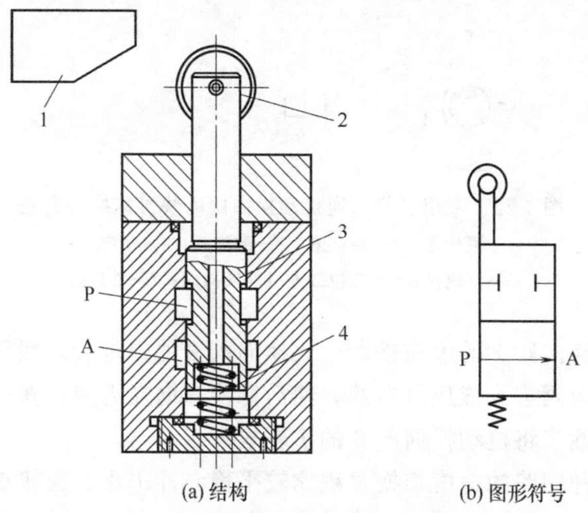

(a) 结构　　(b) 图形符号

图 4-21　二位二通机动换向阀的结构及图形符号

1—挡块；2—滚轮；3—阀芯；4—弹簧

压下滚轮 2 使阀芯移至下位时，P 口与 A 口相通。机动换向阀结构简单，换向时阀口逐渐关闭或打开，故换向平稳、可靠、位置精度高，但它必须安装在运动部件附近，一般油管较长，常用于控制运动部件的行程或快慢速度的转换。

图 4-22 所示为采用二位二通机动换向阀的快慢速换接回路，图示状态下换向阀 2 的电磁铁通电，换向阀 2 的右位接入，活塞快速运动，当快进到预定位置，与活塞杆刚性相连的行程挡块压下二位二通机动换向阀 6 的滚轮，阀 6 关闭，液压缸右腔油液必须通过节流阀 5 后才能流回油箱，回路进入回油节流调速状态，活塞运动转为慢速。

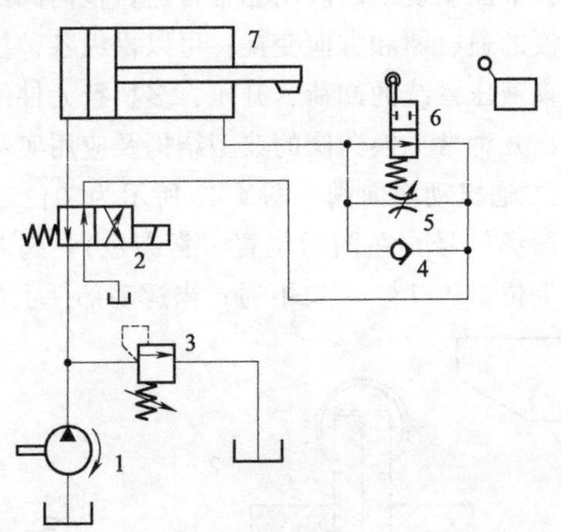

图 4-22　采用二位二通机动换向阀的快慢速换接回路

1—液压泵；2—换向阀；3—溢流阀；4—单向阀；
5—节流阀；6—二位二通机动换向阀；7—液压缸

当换向阀 2 的电磁铁断电，换向阀 2 的左位接入回路，压力油经单向阀进入液压缸右腔，使活塞快速向左返回，在返回的过程中，逐步将机动换向阀 6 的滚轮放开。

这种回路的速度切换过程比较平稳，冲击小，换接点位置准确，换接可靠。但受结构限制，机动换向阀的位置不能任意布置，管路连接较为复杂。

② 二位三通电磁换向阀　电磁换向阀利用电磁铁的吸力控制阀芯动作。电磁换向阀包括换向滑阀和电磁铁两部分。

图 4-23 所示为二位三通电磁换向阀的结构及图形符号，图示位置为电磁铁不通电状态，即常态位，此时 P 口与 A 口相通，B 口封闭。当电磁铁通电时，衔铁 1 右移，通过推杆 2 使阀芯 3 推压弹簧 4，并移至右端，P 口与 B 口接通，P 口与 A 口断开，A 口封闭。

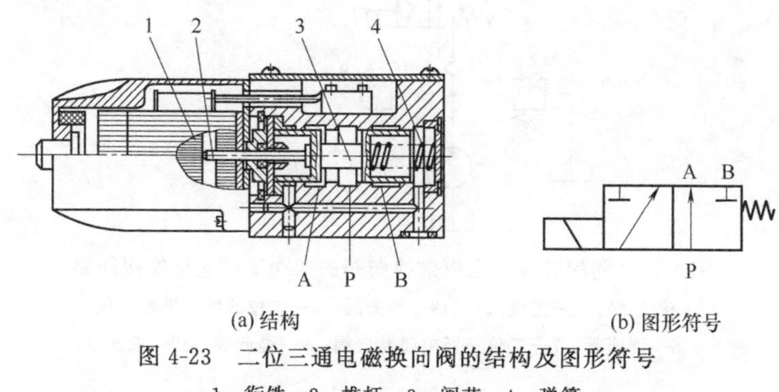

(a) 结构　　(b) 图形符号

图 4-23　二位三通电磁换向阀的结构及图形符号

1—衔铁；2—推杆；3—阀芯；4—弹簧

有些机器设备工作时需要两种不同的工作速度。图 4-24 所示为利用二位三通电磁换向阀的二次工进速度换接回路，用两个调速阀并联实现并分别调定两种工作速度，用二位三通电磁换向阀实现两种工进速度的换接。

在图 4-24 中，二位四通电磁换向阀 4 的主要功用是实现液压缸的换向，图示状态中，阀 4 的电磁铁断电，液压缸向右运动。二位三通电磁换向阀 7 的电磁铁断电，液压缸的工作速度由调速阀 5 调定，当换向阀 7 的电磁铁得电时，液压缸的工作速度由调速阀 6 调定。

当二位四通电磁换向阀 4 的电磁铁得电时，液压缸右腔进油，左腔回油，回油路上的油液通过单向阀 8、溢流阀 9 流回油箱。

③ 三位四通电磁换向阀　图 4-25 所示为三位四通电磁换向

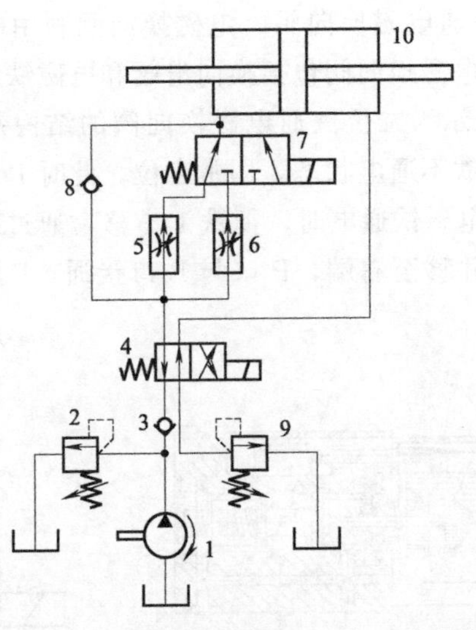

图 4-24　利用二位三通电磁换向阀的二次工进速度换接回路

1—液压泵；2—溢流阀；3,8—单向阀；4—二位四通电磁换向阀；5,6—调速阀；7—二位三通电磁换向阀；9—溢流阀；10—液压缸

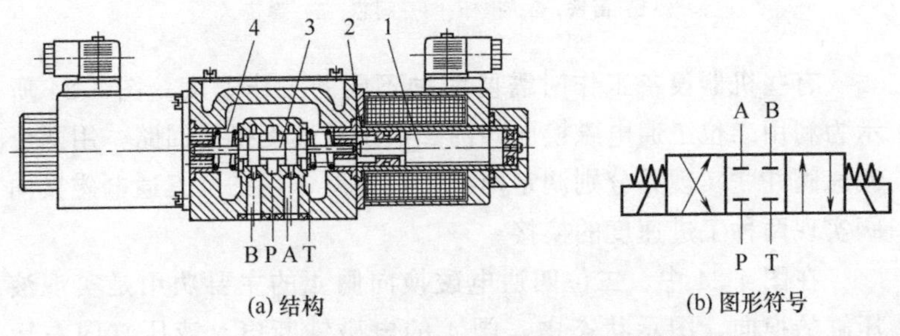

(a) 结构　　(b) 图形符号

图 4-25　三位四通电磁换向阀的结构及图形符号

1—衔铁；2—推杆；3—阀芯；4—弹簧

阀的结构及图形符号，阀两端有两根对中弹簧 4，使阀芯在常态（两端电磁铁均断电）时处于中位，P 口、A 口、B 口、T 口互不相通；当右端电磁铁通电时，衔铁 1 通过推杆 2 将阀芯 3 推至左端，P 口与 B 口通，A 口与 T 口通；当左端电磁铁通电时，其阀芯移至右端，P 口与 A 口通、B 口与 T 口通。

图 4-26 所示为采用三位四通电磁换向阀的 H 型中位滑阀机能实现卸荷的回路。中位时，进油口 P 与回油口 T 相通，液压泵 1 输出的油液可经换向阀中间通道直接流回油箱，实现液压泵卸荷，M 型中位滑阀机能也有类似功用。

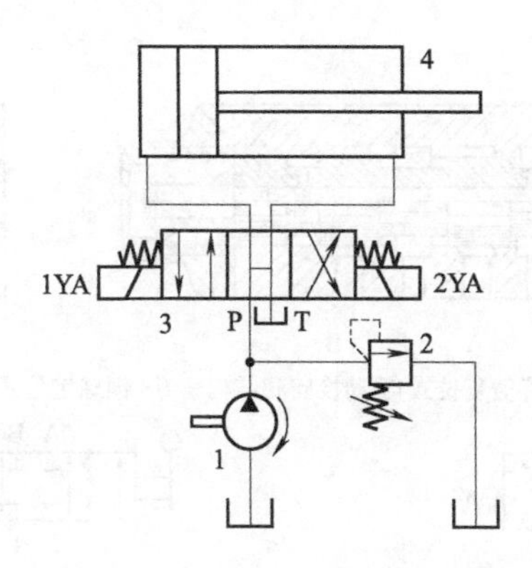

图 4-26 采用三位四通电磁换向阀的卸荷回路

1—液压泵；2—溢流阀；3—电磁换向阀；4—液压缸

④ 三位四通手动换向阀 手动换向阀是用手动杠杆操纵阀芯换位的换向阀，有弹簧复位式和钢球定位式两种。弹簧复位式手动换向阀可用手操作使换向阀左位或右位工作，当操纵力取消后，阀芯便在弹簧力作用下自动恢复至中位，停止工作，适用于换向动作频繁、工作持续时间短的场合。钢球定位式手动换向阀阀芯端部的钢球定位装置可使阀芯分别停止在左、中、右三个位置上，当松开手柄后，阀仍保持在所需的工作位置上，因而可用于工作持续时间较长的场合。图 4-27 所示为两者的结构及图形符号。

图 4-28 所示为采用三位四通手动换向阀的换向回路。当阀处于中位时，M 型滑阀机能使泵卸荷，缸两腔油路封闭，活塞制动；当阀左位工作时，液压缸左腔进油，活塞向右移动；当阀右位工作时，液压缸右腔进油，活塞向左移动。此回路可使执行元件在任意位置停止运动。

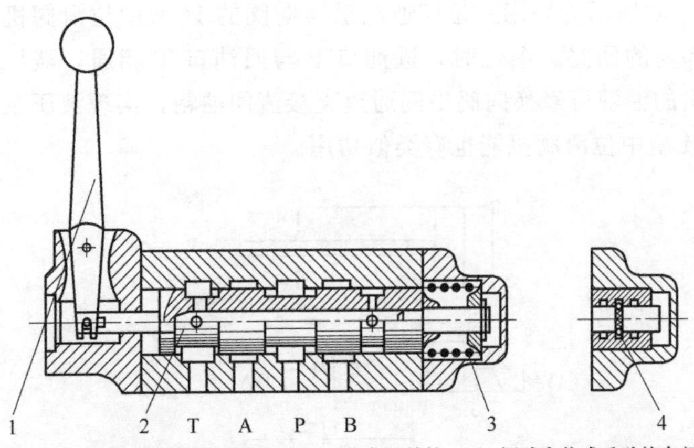

(a) 自动复位式(弹簧复位式)手动换向阀结构　(b) 钢球定位式手动换向阀结构(部分)

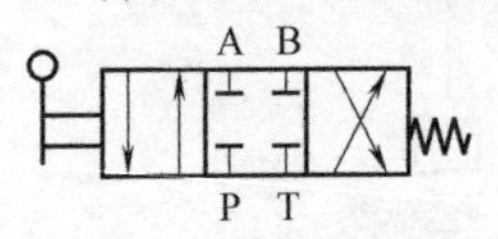

(c) 自动复位式(弹簧复位式)三位四通手动换向阀图形符号

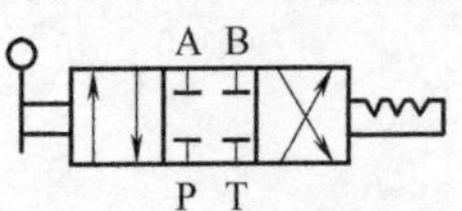

(d) 钢球定位式三位四通手动换向阀图形符号

图 4-27　三位四通手动换向阀的结构及图形符号

1—手柄；2—阀芯；3—弹簧；4—钢球

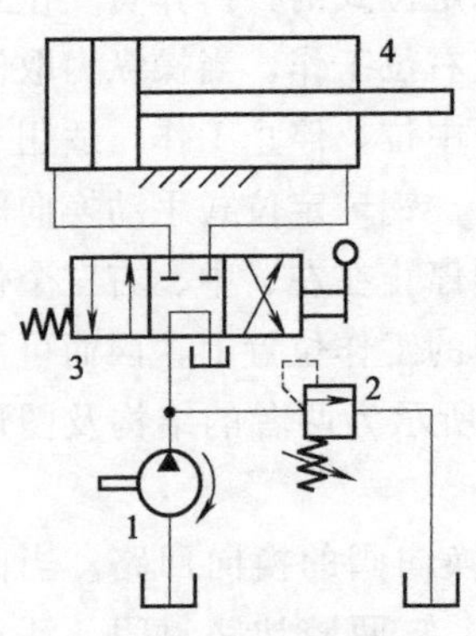

图 4-28　采用三位四通手动换向阀的换向回路

1—液压泵；2—溢流阀；3—手动换向阀；4—液压缸

⑤ 三位四通液动换向阀　液动换向阀利用控制油路的压力油推动阀芯实现换向，因此它可以制造成流量较大的换向阀。图 4-30 所示为三位四通液动换向阀的结构及图形符号。当其两端控制油口 K_1 和 K_2 均不通入压力油时，阀芯在两端弹簧的作用下处于中位；当 K_1 口进压力油，K_2 口接油箱时，阀芯移至右端，P 口与 A 口相通，B 口与 T 口相通；反之，K_2 口进压力油，K_1 口接油箱时，阀芯移至左端，P 口与 B 口相通，A 口与 T

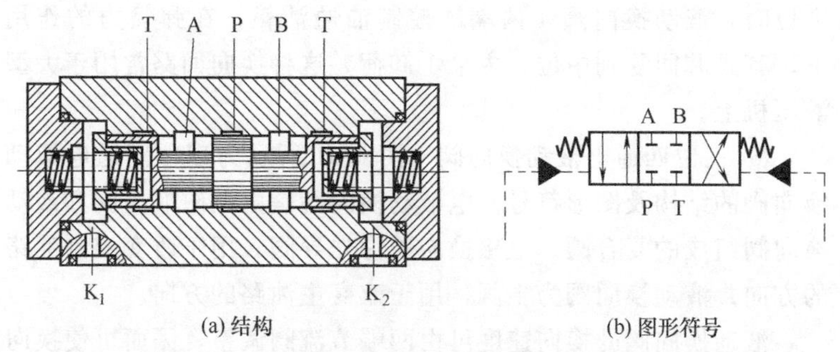

(a) 结构　　(b) 图形符号

图 4-29　三位四通液动换向阀的结构及图形符号

口相通。

图 4-30 所示为手动转阀（先导阀）控制液动换向阀的换向回路。回路中用辅助泵 2 提供低压控制油，通过手动先导阀 3 来控制液动换向阀 4 的阀芯移动，实现主油路的换向。当转阀 3 在右位时，控制油进入液动换向阀 4 的左端，右端的油液经转阀回油箱，使液动换向阀 4 左位工作，活塞下移。当转阀 3 切换至左位时，控制油使液动换向阀 4 换向，活塞向上退回。当转阀 3 在

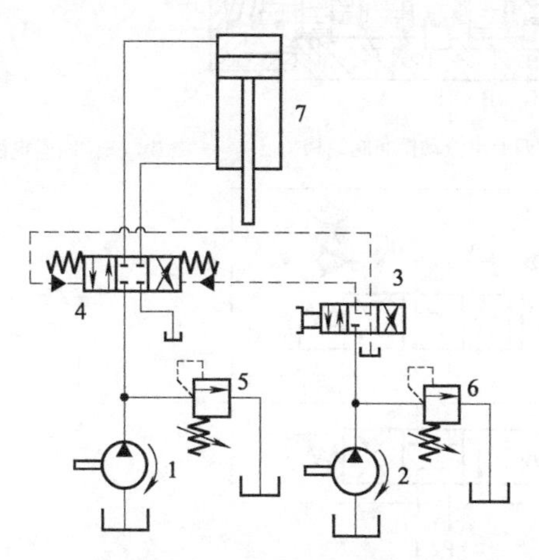

图 4-30　手动转阀（先导阀）控制液动换向阀的换向回路

1,2—液压泵；3—手动换向阀（转阀）；
4—液动换向阀；5,6—溢流阀；7—液压缸

中位时，液动换向阀 4 两端的控制油通油箱，在弹簧力的作用下，其阀芯回复到中位，主泵 1 卸荷。这种换向回路常用于大型液压机上。

⑥ 三位四通电液动换向阀　图 4-31 所示为三位四通电液动换向阀的结构及图形符号。电液动换向阀是由电磁换向阀和液动换向阀组成的复合阀。电磁换向阀为先导阀，用于改变控制油路的方向；液动换向阀为主阀，用于改变主油路的方向。

液动换向阀的换向速度可由两端节流阀调整，因而可使换向平稳，无冲击。这种阀综合了电磁换向阀和液动换向阀的优点，具有控制方便、流量大的特点。

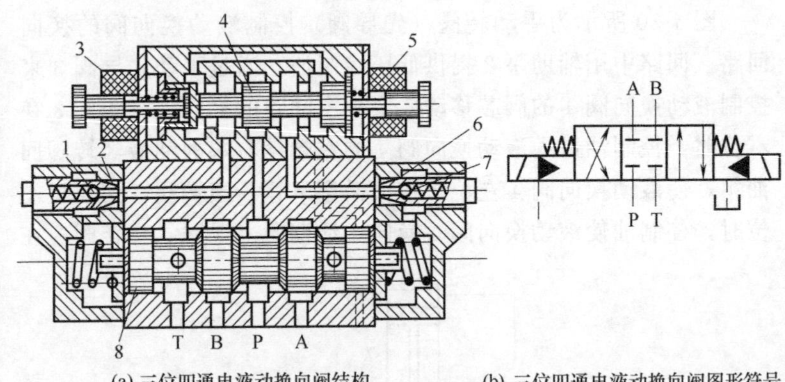

(a) 三位四通电液动换向阀结构　　(b) 三位四通电液动换向阀图形符号

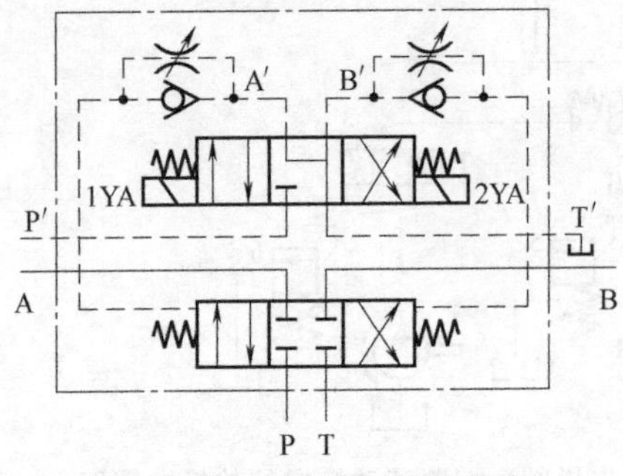

(c) 三位四通电液动换向阀详细符号

图 4-31　三位四通电液动换向阀的结构及图形符号

1,7—单向阀；2,6—节流阀；3,5—电磁铁；4—电磁换向阀阀芯；8—液动换向阀阀芯

4.2 压力阀

在液压传动系统中，控制油液压力高低的液压阀称为压力阀。这类阀的共同点是利用作用在阀芯上的液压力和弹簧力相平衡的原理工作。常见的压力阀有溢流阀、减压阀、顺序阀、压力继电器等。

4.2.1 溢流阀

溢流阀的主要作用是对液压系统定压或进行安全保护。几乎在所有的液压系统中都需要用到它，其性能好坏对整个液压系统的正常工作有很大影响。常用的溢流阀分为直动式和先导式两种。

4.2.1.1 直动式溢流阀

(1) 基本结构及工作原理

直动式溢流阀是依靠系统中的压力油直接作用在阀芯上与弹簧力等相平衡，以控制阀芯的启闭动作。图 4-32 所示为直动式溢流阀，P 为进油口，T 为回油口。进油口 P 的压力油经阀芯 3 上的阻尼孔 a 通入阀芯底部，阀芯的下端面便受到压力为 p 的油液的作用，作用面积为 A，压力油作用于该端面上的力为 pA，调压弹簧 2 作用在阀芯上的预紧力为 F_s。当进油压力较小，即 $pA<F_s$ 时，阀芯处于下端（图示）位置，关闭回油口 T，P 口与 T 口不通，不溢流，即为常闭状态。随着进油压力升高，当 $pA>F_s$ 时，弹簧被压缩，阀芯上

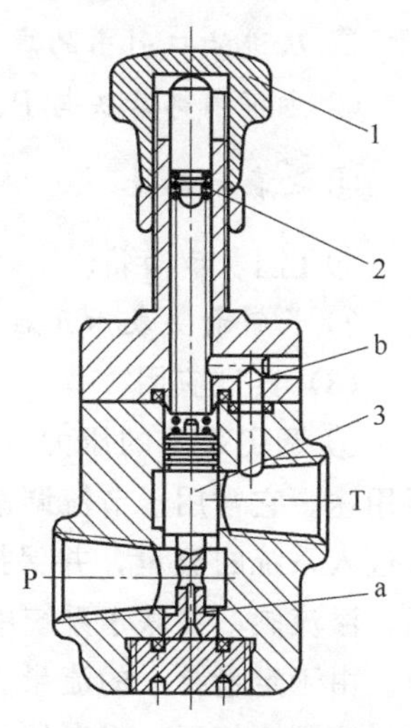

图 4-32 直动式溢流阀

1—调节螺母；2—弹簧；3—阀芯

移，打开回油口T，P口与T口接通，溢流阀开始溢流，油液溢流回油箱。此时，进口压力与弹簧力相平衡，进口压力基本保持恒定。

实际系统中，旋转调节螺母1改变弹簧2的预压缩量，可获得不同的开启压力。

直动式溢流阀的特点是结构简单，灵敏度高，但压力受溢流的流量影响较大，即静态调压偏差大，动态特性因结构而异。锥阀式和球阀式反应较快，动作灵敏，但稳定性较差，噪声大，常作安全阀及压力阀的先导阀；而滑阀式动作反应慢，压力超调大，但稳定性好。

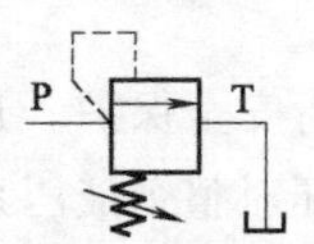

图 4-33 直动式溢流阀的图形符号

(2) 图形符号及识别技巧

直动式溢流阀的图形符号如图 4-33 所示。

图形符号识别技巧如下。

① 方框表示阀体，方框中的箭头表示阀芯，方框外部的实线段表示外部油路。

② 从进油口引出的虚线表示液控线。

③ 方框内部箭头与P、T油口不共线，表示常闭。

④ 弹簧符号表示弹簧。

⑤ 油箱符号表示油箱。

⑥ 长斜箭头表示开启压力可调节。

(3) 典型应用

① 调定系统的压力　在液压系统中维持定压是溢流阀的主要用途。它常用于节流调速系统中，与流量控制阀配合使用，调节进入系统的流量，并保持系统的压力基本恒定。如图 4-34 所示，溢流阀2并联于系统中，进入液压缸4的流量由节流阀3调节。由于定量泵1的流量大于液压缸4所需的流量，油压升高，将溢流阀2打开，多余的油液经溢流阀2流回油箱。因此，在这里溢流阀的功用就是在不断溢流的过程中保持系统压力基本

不变。

② 限制系统的最大压力　溢流阀用于过载保护时一般称为安全阀。如图 4-35 所示，在正常工作时，安全阀（溢流阀）2 关闭，不溢流，只有在系统发生故障，压力升至安全阀的调定值时，安全阀 2 的阀口才打开，使变量泵排出的油液经安全阀 2 流回油箱，限制系统的最大压力，以保证整个液压系统的安全。

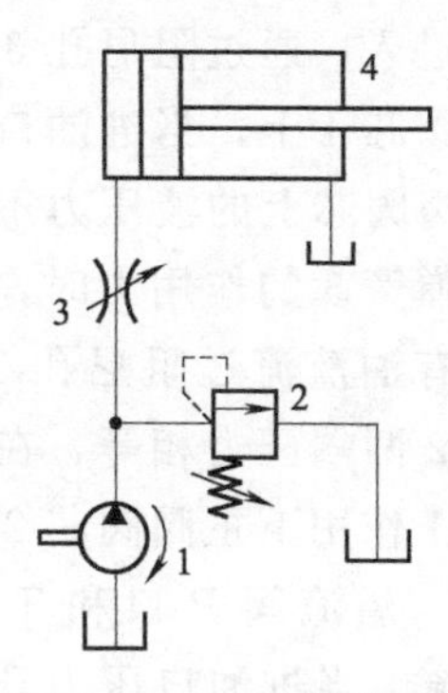

图 4-34　节流调速回路

1—定量泵；2—溢流阀；3—节流阀；4—液压缸

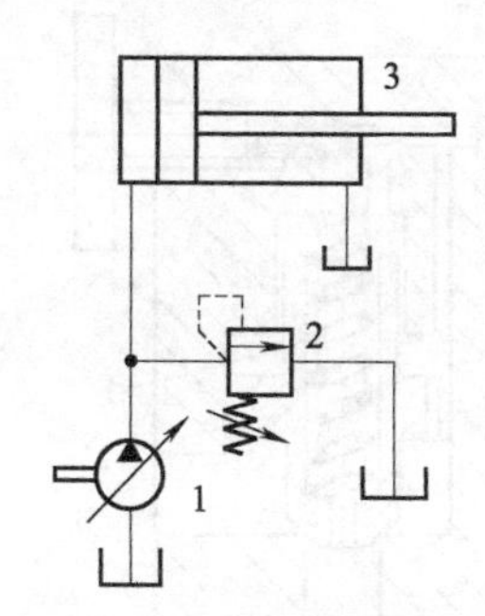

图 4-35　容积调速回路

1—变量泵；2—溢流阀；3—液压缸

③ 用作背压阀　溢流阀用在回油路上可以用作背压阀。如图 4-36 所示，该回路通过改变变量液压泵的排量来实现调速，

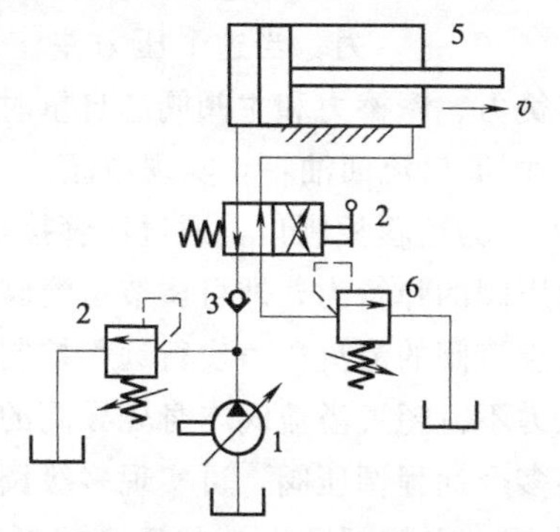

图 4-36　变量泵-液压缸的容积调速回路

1—单向变量泵；2,6—溢流阀；3—单向阀；4—换向阀；5—液压缸

其中液压缸5的运动速度 v 由单向变量泵1调节，溢流阀2为安全阀，用于防止系统过载，二位四通手动换向阀4用于液压缸5的换向，溢流阀6在回油路上用作背压阀。

4.2.1.2 先导式溢流阀

(1) 基本结构及工作原理

图4-37所示为先导式溢流阀，它由先导阀和主阀构成。压力油从P口进入，通过阻尼孔3后作用在先导阀阀芯4上，当进油口压力较低，先导阀阀芯上的液压力不足以克服先导阀弹簧5的作用力时，先导阀关闭，没有油液流过阻尼孔3，所以主阀阀芯2两端压力相等，在较软的主阀弹簧1作用下主阀阀芯2处于最下端位置，溢流阀P口和T口隔断，没有溢流。当进油口压力升高到作用在先导阀阀芯上的液压力大于先导阀弹簧5的作用力时，先导阀打开，压力油通过阻尼孔3后经先导阀流回油箱，由于阻尼孔3的作用，使主阀阀芯上端液压力小于下端液压力，当这个压力差作用在主阀阀芯上的力超过主阀弹簧力、摩擦力和主阀阀芯自重时，主阀开启，油液从P口流入，由T口流回油箱，实现溢流。

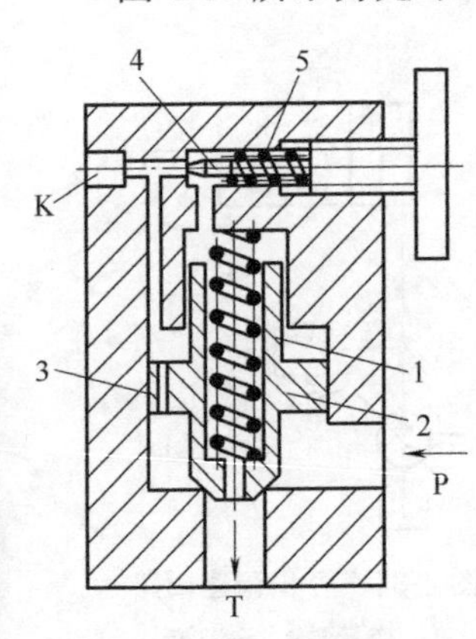

图4-37 先导式溢流阀
1—主阀弹簧；2—主阀阀芯；3—阻尼孔；4—先导阀阀芯；5—先导阀弹簧

图4-37中K口为远程控制口，通过油管接至一远程调压阀，通过调节远程调压阀的弹簧力，即可调节溢流阀主阀阀芯上端的液压力，从而对溢流阀的溢流压力实行远程控制，远程调压阀所能调节的最高压力不得超过溢流阀本身先导阀的调整压力；通过电磁换向阀外接多个远程调压阀，可实现多级调压；通过电磁换向阀将K口接油箱，主阀阀芯上端的压力很低，系统的油液在低压下通过溢流阀流回油箱，实现卸荷。

转动旋钮，改变先导阀弹簧 5 的预压缩量，即可调节先导式溢流阀的开启压力。

先导式溢流阀的调压弹簧不是很硬，因此压力调整比较轻便，控制压力较高。但是先导式溢流阀只有先导阀和主阀都动作后才能起控制作用，因此反应不如直动式溢流阀灵敏。

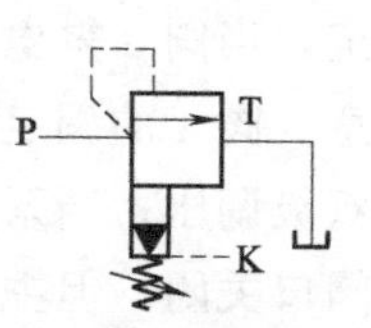

图 4-38　先导式溢流阀的图形符号

(2) 图形符号及识别技巧

先导式溢流阀的图形符号如图 4-38 所示。

图形符号识别技巧如下。

① 方框表示阀体，方框中的箭头表示主阀的阀芯，方框外部的实线段表示外部油路。

② 通常，P 表示进油口，T 表示回油口，接油箱。

③ 从进油口引出的虚线表示控制先导阀阀芯动作的液控线。

④ 方框内部箭头与 P、T 油口不共线，表示常闭。

⑤ 表示弹簧。

⑥ 长斜箭头表示开启压力可调节。

⑦ 表示油箱。

⑧ 表示液压先导控制。

(3) 典型应用

① 双级调压回路　如图 4-39 所示，该回路可实现两种不同

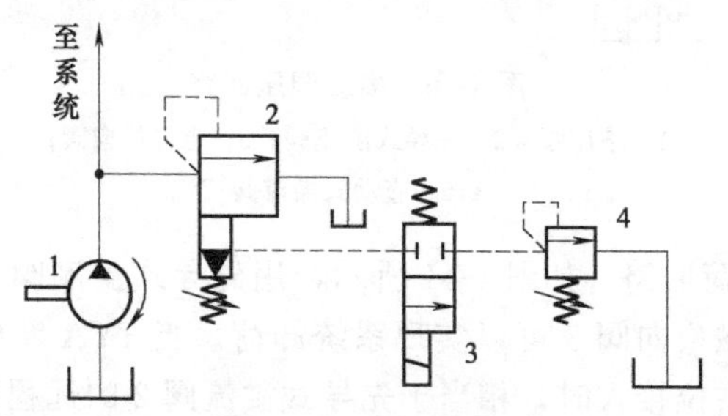

图 4-39　双级调压回路

1—液压泵；2—先导式溢流阀；3—电磁换向阀；4—直动式溢流阀

的系统压力控制。由先导型溢流阀 2 和直动式溢流阀 4 各调一级，当二位二通电磁换向阀 3 处于图示位置时系统压力由阀 2 调定，当阀 3 得电后处于右位时，系统压力由阀 4 调定。但要注意，阀 4 的调定压力一定要小于阀 2 的调定压力，否则不能实现双级调压；当系统压力由阀 4 调定时，先导型溢流阀 2 的先导阀阀口关闭，但主阀开启，液压泵的溢流流量经主阀回油箱，这时阀 4 也处于工作状态，并有油液通过。

② 多级调压回路　如图 4-40 所示，当 1YA 通电，电磁换向阀 3 的左位接入时，系统的压力由直动式溢流阀 4 调定；当 2YA 通电，电磁换向阀 3 的右位接入时，系统的压力由直动式溢流阀 5 调定；当 1YA、2YA 均断电，电磁换向阀 3 的中位接入时，系统的压力由先导式溢流阀 2 调定。这样，通过控制电磁换向阀 3 的两个电磁铁通断电，可使系统获得三种不同的调定压力。

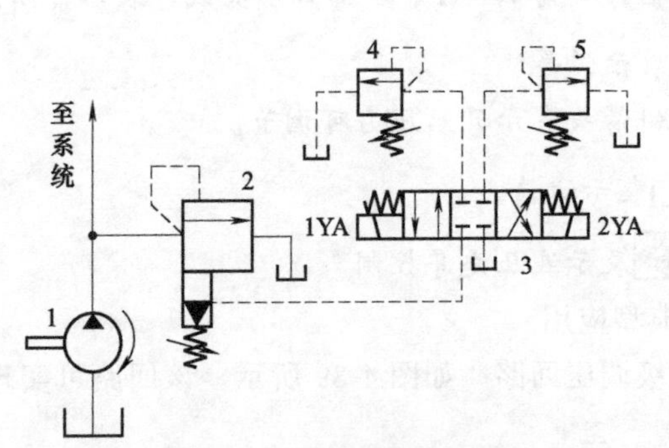

图 4-40　多级调压回路

1—液压泵；2—先导式溢流阀；3—电磁换向阀；4,5—直动式溢流阀

③ 卸荷回路　如图 4-41 所示，用先导式溢流阀 2 调压，同时配合电磁换向阀 3 可以实现系统卸荷。当 1YA 断电，电磁换向阀 3 的右位接入时，相当于先导式溢流阀 2 的远程控制口被堵住，先导式溢流阀 2 用于调压，当电磁换向阀 3 的电磁铁 1YA 通电，左位接入时，相当于把先导式溢流阀 2 的远程控制口直通

油箱，此时液压泵 1 卸荷。

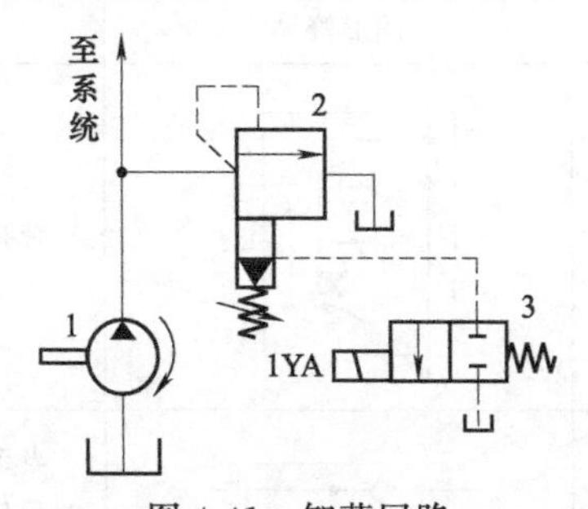

图 4-41　卸荷回路

1—液压泵；2—先导式溢流阀；3—电磁换向阀

4.1.2.3　常见溢流阀的图形符号

常见溢流阀的图形符号见表 4-8。

表 4-8　常见溢流阀的图形符号

类型		图形符号	说明
直动式溢流阀	内部压力控制		直动式，开启压力由弹簧调节
	外部压力控制		直动式，由外部压力开启
先导式溢流阀		P　T	液压先导控制
防气蚀溢流阀			可以保护两条供给管道

续表

类型	图形符号	说明
蓄能器充液阀		带有固定开关压差
卸荷溢流阀		当系统压力达到溢流阀的开启压力时，溢流阀开启，泵卸荷；当系统压力降至溢流阀的关闭压力时，溢流阀关闭，泵向系统加载
双向溢流阀		直动型，外部泄油
先导型电磁溢流阀		先导式，电气操纵预设定压力

4.2.2 减压阀

减压阀是使出口压力（二次压力）低于进口压力（一次压力）的一种压力控制阀。其作用是降低液压系统中某一回路的油液压力，使用一个油源能同时提供两个或几个不同压力的输出。减压阀在各种液压设备的夹紧系统、润滑系统和控制系统中应用较多。此外，当油液压力不稳定时，在回路中串入一减压阀可得到一个稳定的较低的压力。根据减压阀所控制的压力不同，可分为定值减压阀、定差减压阀和定比减压阀。

4.2.2.1　直动式减压阀

（1）基本结构及工作原理

图 4-42 所示为直动式减压阀，阀上开有三个油口，P_1 为一次压力油口，P_2 为二次压力油口，L 为外泄油口。来自高压油路的一次压力油从 P_1 口经滑阀阀芯 3 下端圆柱台肩与阀孔间形成的常开阀口，然后从二次油口 P_2 流向低压支路，同时通过流道 a 反馈在阀芯 3 底部面积上，产生一个向上的液压作用力，该力与调压弹簧的预压力相比较。当二次压力未达到阀的设定值时，阀芯 3 处于最下端，阀口全开；当二次压力达到阀的设定值时，阀芯 3 上移，阀口开度减小实现减压，以维持二次压力恒定，不随一次压力的变化而变化。不同的二次压力可通过调节螺钉 7 改变调压弹簧 4 的预压力来设定。由于二次油口不接回油箱，所以外泄油口 L 必须单独接回油箱。

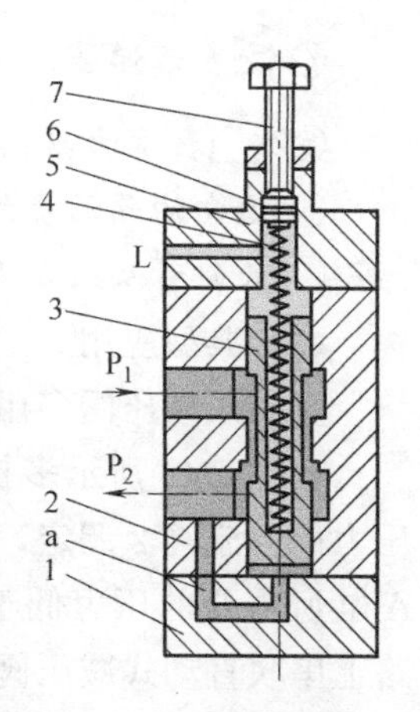

图 4-42　直动式减压阀
1—下盖；2—阀体；3—阀芯；4—调压弹簧；5—上盖；6—弹簧座；7—调节螺钉

旋转调节螺钉 7 调节调压弹簧 4 的预压缩量，可以获得不同的开启压力。直动式减压阀结构简单，只用于低压系统或用于产生低压控制油液，其性能不如先导式减压阀。

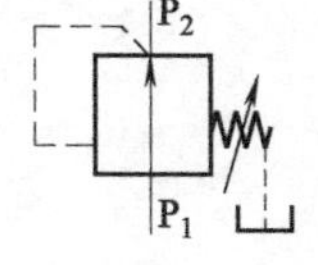

图 4-43　直动式减压阀的图形符号

（2）图形符号及识别技巧

直动式减压阀的图形符号如图 4-43 所示。

图形符号识别技巧如下。

① 方框表示阀体，方框内部的箭头表示阀芯，方框外部的实线段表示油路。

② 从出油口引出的虚线表示液控线。

③ 内部箭头与 P、T 油口共线，表示常开。

④ 表示弹簧。

⑤ 表示油箱。

⑥ 通向油箱的虚线表示泄油路；

⑦ 长斜箭头表示开启压力可调节。

(3) 典型应用

直动式减压阀多用在减压、稳压的场合。

在图 4-44 所示多执行元件的减压回路中，整个系统的工作压力由溢流阀 2 调定，回路中有 A 缸和 B 缸两个执行元件，当 A 缸所需要的压力低于溢流阀 2 的调定压力时，在 A 缸的进油路上串联直动式减压阀 1。

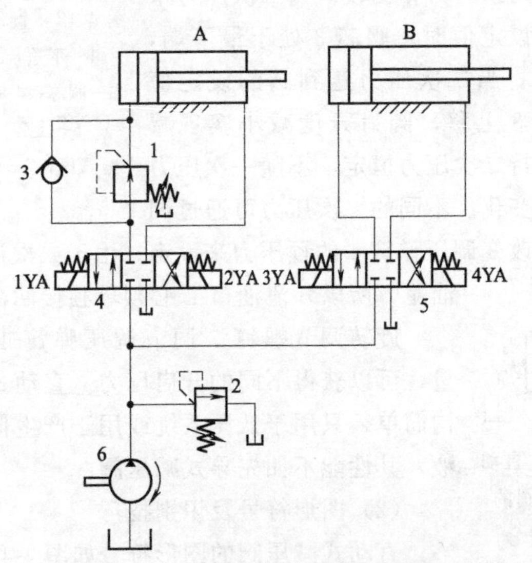

图 4-44　多执行元件的减压回路

1—直动式减压阀；2—溢流阀；3—单向阀；4,5—电磁换向阀；6—液压泵

在一些液压系统中，各液压支路根据工作需要压力不同。在图 4-45 所示多支路的减压回路中，溢流阀 3 用于调定整个系统压力，而供油系统以及控制系统中所需要的压力低于溢流阀 3 所调定的系统压力，并且两支路之间所需要的压力也不同，可以在

两支路上分别串联直动式减压阀，分别调定两支路所需要的压力。

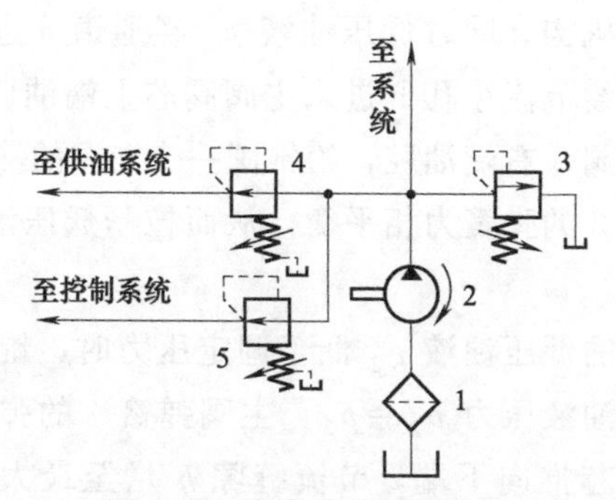

图 4-45　多支路的减压回路

1—滤油器；2—液压泵；3—溢流阀；4,5—直动式减压阀

4.2.2.2　先导式减压阀

(1) 基本结构及工作原理

先导式减压阀如图 4-46 所示，它主要利用油液通过缝隙时

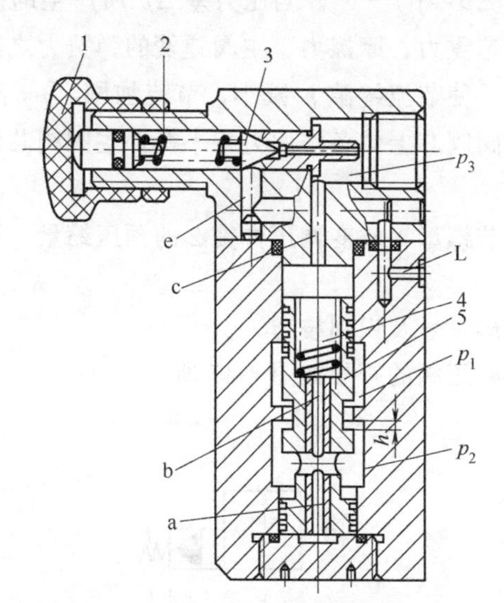

图 4-46　先导式减压阀

1—调节螺母；2—调压弹簧；3—锥阀；4—主阀弹簧；5—主阀阀芯

的液阻降压。液压系统主油路的高压油液 p_1 从进油口进入减压阀，经节流缝隙 h 减压后的低压油液 p_2 从出油口输出，经分支油路送往执行机构。同时低压油液 p_2 经通道 a 进入主阀阀芯 5 下端油腔，又经节流小孔 b 进入主阀阀芯上端油腔，且经通道 c 进入先导阀锥阀 3 右端油腔，给锥阀一个向左的液压力。该液压力与调压弹簧 2 的弹簧力相平衡，从而控制低压油液 p_2 基本保持调定压力。

当出油口的低压油液 p_2 低于调定压力时，锥阀关闭，主阀阀芯上端油腔油液压力 $p_2=p_3$，主阀弹簧 4 的弹簧力克服摩擦阻力将主阀阀芯推向下端，节流缝隙 h 增至最大，减压阀处于不工作状态，即常开状态。

当分支油路负载增大时，p_2 升高，p_3 随之升高，在 p_3 超过调定压力时，锥阀打开，少量油液经锥阀阀口、通道 e，由泄油口 L 流回油箱。由于这时有油液流过节流小孔 b，使 $p_3<p_2$，产生压力降 $\Delta p=p_2-p_3$。当压力差 Δp 所产生的向上的作用力大于主阀阀芯重力、摩擦力、主阀弹簧的弹簧力之和时，主阀阀芯向上移动，使节流缝隙 h 减小，节流加剧，p_2 随之下降，直到作用在主阀阀芯上的各作用力相平衡，主阀阀芯便处于新的平衡位置。

调整调节螺母 1 改变调压弹簧 2 的预压缩量，即可改变开启压力。

(2) 图形符号及识别技巧

先导式减压阀的符号如图 4-47 所示。

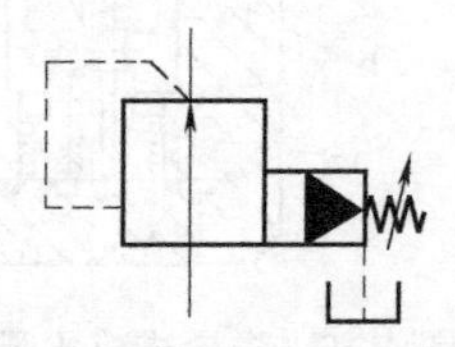

图 4-47　先导式减压阀的图形符号

图形符号识别技巧如下。

① 方框表示阀体，方框内部的箭头表示阀芯，方框外部的实线段表示油路。

② 通向油箱的虚线表示泄油路。

③ 从出油口引出的虚线表示液控线。

④ 内部箭头与外部油路共线，表示常开。

⑤ 表示弹簧。

⑥ 表示油箱。

⑦ 表示液压先导控制。

⑧ 长斜箭头表示开启压力可调节。

(3) 典型应用

先导式减压阀可用于需要减压的回路中。图 4-48 所示为多级减压回路，整个系统压力由溢流阀 5 调定，先导式减压阀 1 用于减小它所在低压支路的压力。当电磁换向阀 3 的左位接入时，低压支路的压力由减压阀 1 调定；当电磁换向阀 3 的右位接入时，低压支路的压力由溢流阀 2 调定。这样，通过控制电磁换向阀 3 的电磁铁通断电，可以使低压支路获得两种不同的调定压力。

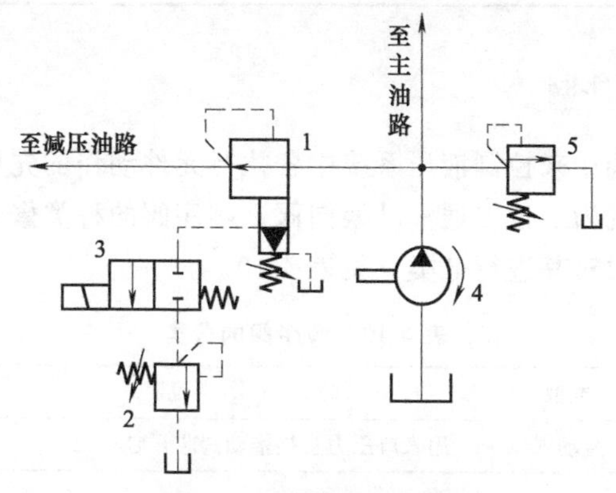

图 4-48 多级减压回路

1—先导式减压阀；2,5—溢流阀；3—电磁换向阀；4—液压泵

4.2.2.3 常见减压阀的图形符号

常见减压阀的图形符号见表 4-9。

表 4-9 常见减压阀的图形符号

类型	图形符号	说明
直动式减压阀	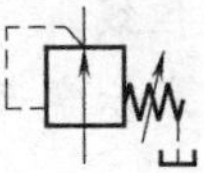	直动式,开启压力由弹簧调节
先导式减压阀	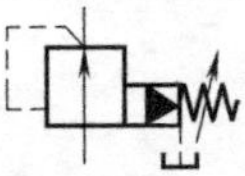	液压先导控制
三通减压阀	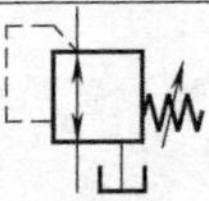	油液可双向流动,具有溢流功能
定比减压阀	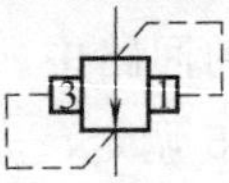	使出口压力与进口压力的比值保持为 1/3
定差减压阀	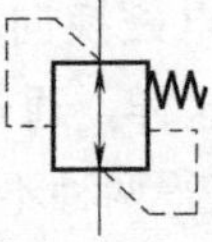	使进口和出口的压力差保持为定值

4.2.3 顺序阀

顺序阀用来控制液压系统中各执行元件动作的先后顺序，顺序阀也可视为二位二通液动换向阀。顺序阀的种类繁多，可以按照不同方式对其进行分类，见表 4-10。

表 4-10 顺序阀的分类

分类依据	类型	说明
工作原理	直动式	用入口压力直接推动阀芯开启
	先导式	先用入口压力推动先导阀阀芯开启,使主阀阀芯两端压力失去平衡,主阀阀芯再开启

续表

分类依据	类型	说明
控制方式	内控式	用阀的进口压力油控制阀芯的启闭
	外控式	用外来的控制压力油控制阀芯的启闭

4.2.3.1 直动式顺序阀

(1) 基本结构及工作原理

图 4-49 所示为直动式内控外泄顺序阀的基本结构及工作原理。阀的进口压力油通过阀内部流道，作用于阀芯下部柱塞面积 A 上，产生一个向上的液压力。当液压泵启动后，压力油首先克服液压缸Ⅰ的负载使其先行运动。当液压缸Ⅰ运动到位后，压力 p_1 将随之上升。当压力 p_1 上升到作用于柱塞面积 A 上的液压力超过弹簧预紧力时，阀芯上移，接通 P_1 口和 P_2 口。压力油经顺序阀阀口后克服液压缸Ⅱ的负载使其运动。这样利用顺序阀实现了液压缸Ⅰ和液压缸Ⅱ的顺序动作。

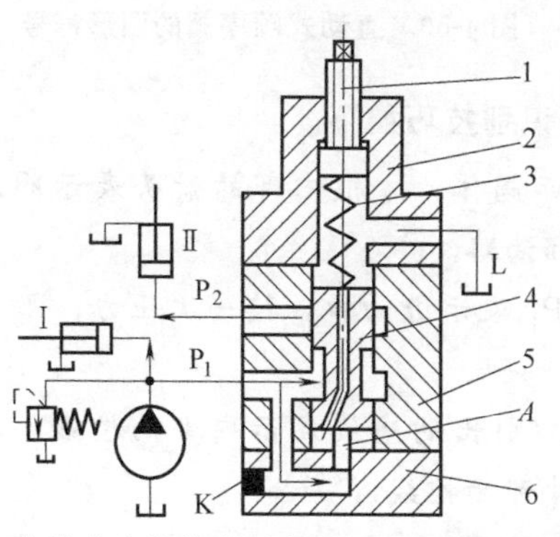

图 4-49 直动式内控外泄顺序阀的基本结构及工作原理

1—调压螺钉；2—阀盖；3—调压弹簧；4—阀芯；5—阀体；6—端盖

旋转调压螺钉 1，改变调压弹簧 3 的预压缩量，可以改变顺序阀的开启压力。图 4-49 所示的顺序阀属于内控式，将端盖 6 旋转 90°或 180°时，当把 K 口处螺塞打开接外部压力时，就变成外控式，外控式顺序阀是否开启与一次压力即入口压力无关，仅取决于外部控制压力的大小。图 4-49 中泄油口通过单独的油道接通油箱，属于外泄式，当泄油口通向阀的出油口并且泄油与阀的出油一起流回油箱，则变成内泄式。

直动式顺序阀结构简单、动作灵敏，但由于弹簧设计的限制，尽量采用小直径控制活塞结构，弹簧刚度仍较大，故调压偏差较大，限制了压力的提高，因而压力较高的场合常采用先导式顺序阀。

(2) 图形符号及识别技巧

直动式顺序阀的符号如图 4-50 所示。

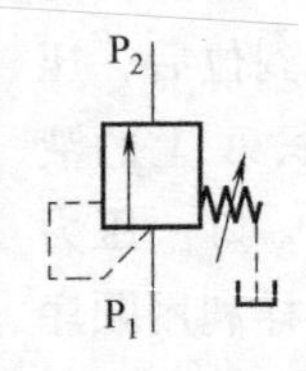

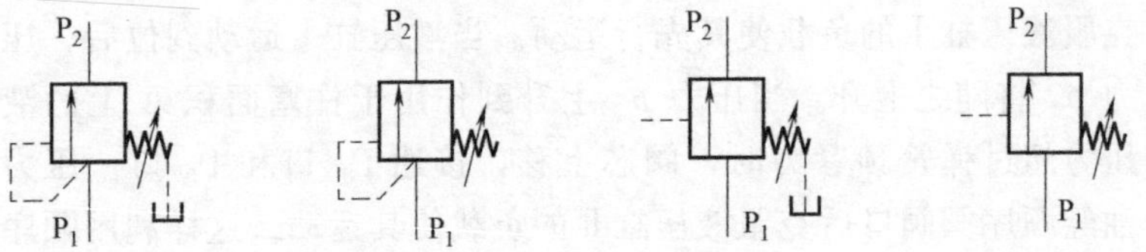

(a) 内控外泄式

(b) 内控内泄式

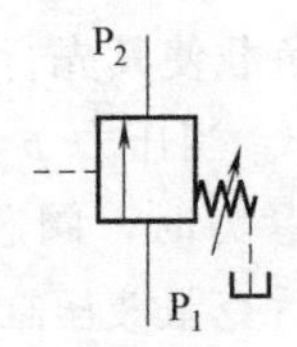

(c) 外控外泄式

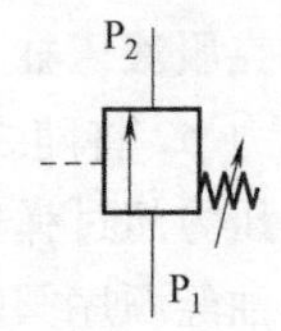

(d) 外控内泄式

图 4-50　直动式顺序阀的图形符号

图形符号识别技巧如下。

① 方框表示阀体，方框内部的箭头表示阀芯，方框外部的实线段表示外部油路。

② 通常，P_1 表示进油口，接一次压力，P_2 表示出油口，接二次压力。

③ 从进油口引出的虚线表示内部油控线，不是从进油口引出的虚线表示外部油控线。

④ 内部箭头与 P_1、P_2 油口不共线，表示常闭。

⑤ 表示弹簧。

⑥ 表示油箱。

⑦ 通向油箱的虚线表示泄油路。

⑧ 长斜箭头表示开启压力可调节。

(3) 典型应用

顺序阀可用于多元件的顺序动作控制、系统保压、立置液压缸的平衡、系统卸荷以及用作背压阀等。

顺序阀可与单向阀组成平衡阀，用于立置液压缸的平衡回路中。图 4-51 所示为采用内控式平衡阀的平衡回路，当换向阀 2 切换至左位时，活塞向下运动，缸下腔的油液经平衡阀 3 中的顺序阀流回油箱。调整顺序阀，使其开启压力与液压缸下腔作用面积的乘积稍大于垂直运动部件的重力。当活塞下行时，由于回油路上存在一定的背压来支承重力负载，只有在活塞的上部具有一定压力时活塞才会平稳下落。当换向阀处于中位时，活塞停止运动，不再继续下行。

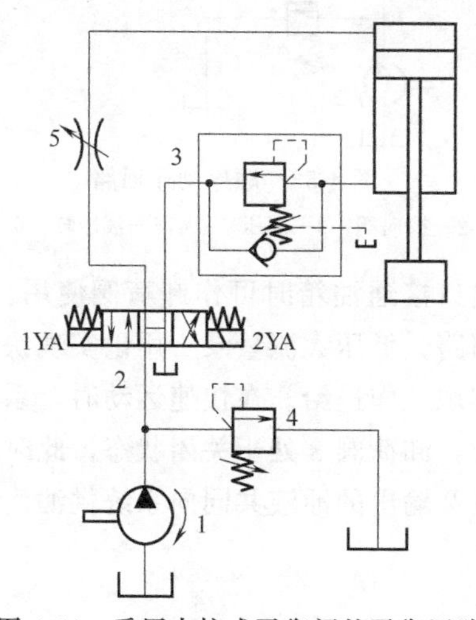

图 4-51　采用内控式平衡阀的平衡回路

1—液压泵；2—换向阀；3—内控式平衡阀；4—溢流阀；5—节流阀

顺序阀也可用在多执行元件的回路中，实现多执行元件的顺序动作。图 4-52 所示为顺序动作回路，系统压力由溢流阀 1 调定，当换向阀处于图示位置时，当单向顺序阀 6 中的顺序阀的开启压力大于液压缸 4 的负载压力时，液压缸 4 的活塞先向右运动，液压缸 5 的活塞仍处于停止状态，当液压缸 4 的活塞向右运动到终点时，其左腔压力逐渐升高，当液压缸 4 的左腔压力升高到单向顺序阀 6 的开启压力时，液压缸 5 的活塞才开始向右运动。

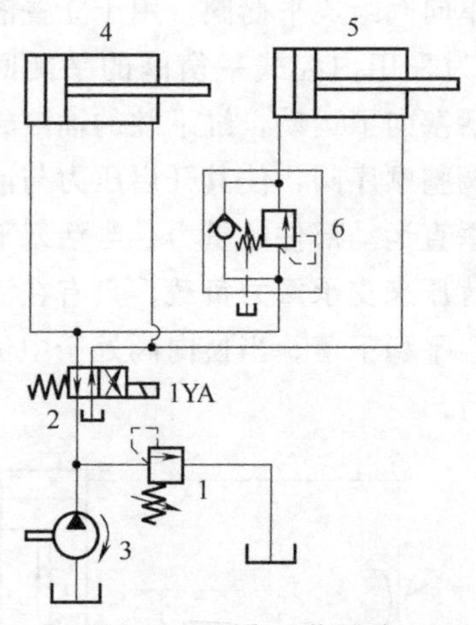

图 4-52　顺序动作回路

1—溢流阀；2—换向阀；3—液压泵；4,5—液压缸；6—单向顺序阀

顺序阀的出口接通油箱时可作卸荷阀使用。图 4-53 所示为双泵供油快速回路，低压大流量泵 1 用以实现快速运动，高压小流量泵 2 用以实现工作进给。在快速运动时，系统压力低于卸荷阀 3 的开启压力，卸荷阀 3 处于关闭状态，此时泵 1 输出的油液经单向阀 4 与泵 2 输出的油液共同向系统供油。工作行程时，系

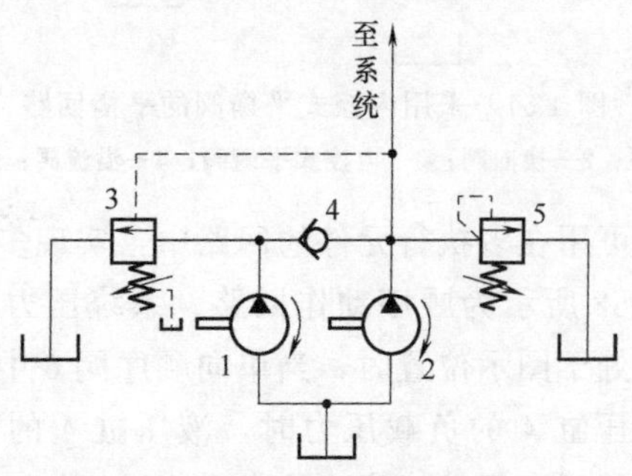

图 4-53　双泵供油快速回路

1—低压大流量泵；2—高压小流量泵；3—卸荷阀；4—单向阀；5—溢流阀

统压力升高，当系统压力达到卸荷阀 3 的开启压力时，打开卸荷阀 3 使大流量泵 1 卸荷，单向阀 4 在系统压力下关闭，由泵 2 向系统单独供油。溢流阀 5 用于调定系统的压力。

4.2.3.2 先导式顺序阀

(1) 基本结构及工作原理

图 4-54 所示为先导式顺序阀。当一次压力油液由 P_1 口进入时，一次压力经过阻尼孔 3 直接作用在先导阀阀芯 5 上，当一次压力大小不足以克服调压弹簧 6 的作用而打开先导阀阀芯 5 时，由于主阀阀芯 2 的上下受力平衡，主阀阀芯 2 不运动，油液就不会从 P_2 口流出，顺序阀关闭。

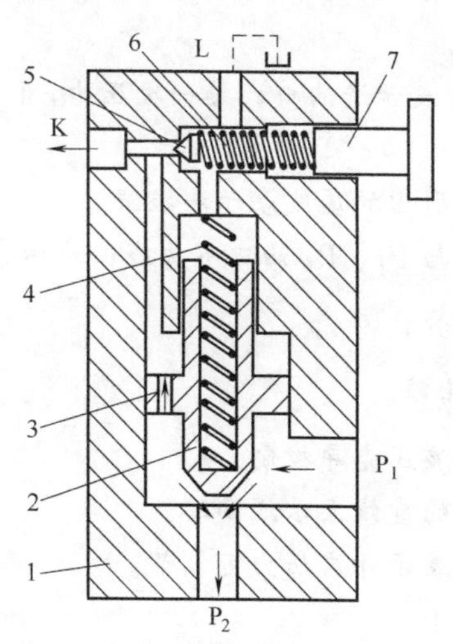

图 4-54 先导式顺序阀

1—主阀阀体；2—主阀阀芯；3—阻尼孔；4—复位弹簧；5—先导阀阀芯；6—调压弹簧；7—调压螺钉

当一次压力升高到足以打开先导阀阀芯时，油液经过泄油口 L 流回油箱，主阀阀芯 2 上端的压力突然下降，由于阻尼孔 3 的作用，在主阀阀芯 2 的两端产生压力差，主阀阀芯 2 向上运动，油液便从 P_2 口流出，顺序阀开启。

调节调压螺钉 7，改变调压弹簧的预压缩量就可以改变开启压力。

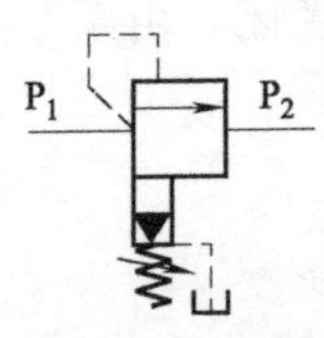

图 4-55 先导式顺序阀的图形符号

远程控制口 K 的作用与先导式溢流阀中的远程控制口相同，当 K 口用螺塞堵上，则开启压力由先导阀调定；当 K 口接通其他压力阀时，则可以远程或多级调定开启压力；当 K 口接通油箱时，则开启压力为零。

(2) 图形符号及识别技巧

先导式顺序阀的图形符号如图 4-55 所示。

图形符号识别技巧如下。

① 方框表示阀体，方框内部的箭头表示阀芯，方框外部的实线段表示油路。

② 通常，P_1 表示进油口，接一次压力，P_2 表示出油口，接二次压力。

③ 从进油口引出的虚线表示液控线。

④ 内部箭头与 P_1、P_1 油口不共线，表示常闭。

⑤ 表示弹簧。

⑥ 表示油箱。

⑦ 表示液压先导控制。

⑧ 通向油箱的虚线表示泄油路。

⑨ 长斜箭头表示开启压力可调节。

(3) 典型应用

先导式顺序阀可以和直动式顺序阀一样使用。图 4-56 所示为采用两个单向顺序阀的压力控制顺序动作回路。液压缸 4 和液压缸 5 的动作顺序为①→②→③→④，其中单向顺序阀 3 控制两液压缸前进时的先后顺序，单向顺序阀 2 控制两液压缸后退时的先后顺序。当电磁换向阀 1YA 通电时，压力油进入液压缸 4 的左腔，液压缸 4 右腔的油液经阀 2 中的单向阀回油，此时由于压力较低，单向顺序阀 3 关闭，缸 1 的活塞先动。当液压缸 1 的活塞运动至终点时，油压升高，达到单向顺序阀 3 的调定压力时，顺序阀开启，压力油进入液压缸 5 的左腔，右腔直接回油，缸 5 的活塞向右移动。当液压缸 5 的活塞右移达到终点后，电磁换向阀 2YA 通电，此时压力油进入液压缸 5 的右腔，液压缸 5 左腔经阀 3 中的单向阀回油，使缸 5 的活塞向左返回，到达终点时，压力升高打开单向顺序阀 2，再使液压缸 4 的活塞返回。

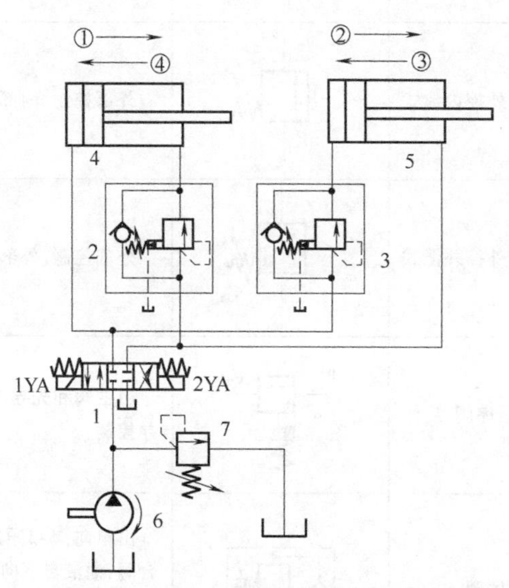

图 4-56　顺序阀控制的顺序动作回路

1—电磁换向阀；2,3—单向顺序阀；4,5—液压缸；6—液压泵；7—溢流阀

4.2.3.3　常见顺序阀的图形符号

常见顺序阀的图形符号见表 4-11。

表 4-11　常见顺序阀的图形符号

类型		图形符号	说明
直动式顺序阀	内控内泄式		内部控制,内部泄油

续表

类型		图形符号	说明
直动式顺序阀	内控外泄式		内部控制，外部泄油
	外控内泄式		外部控制，内部泄油
	外控外泄式		外部控制，外部泄油
先导式顺序阀		P1 P2	由主阀和先导阀组成，液压先导控制
单向顺序阀			由单向阀和顺序阀组成的复合阀，油液自下向上流动时起顺序阀的作用，油液自上向下流动时起单向阀的作用

4.2.4 压力继电器

(1) 基本结构及工作原理

压力继电器是一种将油液的压力信号转换成电信号的电液控制元件，当油液压力达到压力继电器的调定压力时，即发出电信号，以控制电磁铁、电磁离合器、继电器等元件动作，使油路泄压、换向、执行元件实现顺序动作，或关闭电动机，使系统停止工作，起安全保护作用等。压力继电器有柱塞式、膜片式、弹簧管式和波纹管式四种类型。

图 4-57 所示为柱塞式压力继电器。当从压力继电器下端进油口通入的油液压力达到调定压力时，推动柱塞 1 上移，通过杠杆 2 推动微动开关 4 动作。通过调节螺钉 3 改变弹簧的压缩量即可调节压力继电器的动作压力。图中 L 为泄油口。

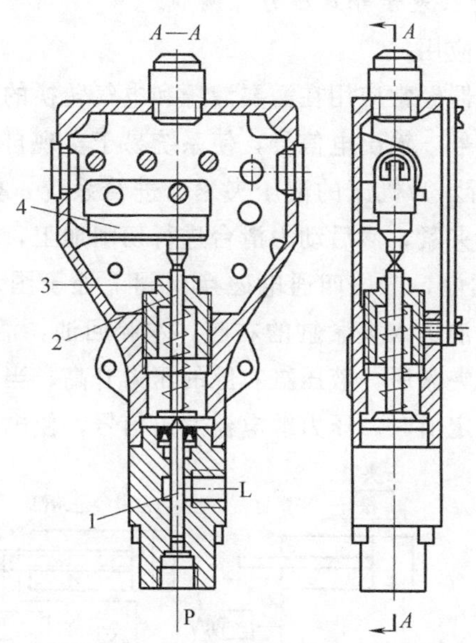

图 4-57　柱塞式压力继电器

1—柱塞；2—顶杆；3—调节螺钉；4—微动开关

(2) 图形符号及识别技巧

压力继电器的图形符号如图 4-58 所示。

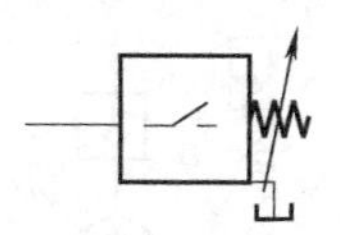

图 4-58　压力继电器的图形符号

图形符号识别技巧如下。

① 方框表示继电器的底座，方框左边的实线段表示外部油路。

② 方框内部的直线段及斜线段表示电气开关。

③ 表示复位弹簧。

④ 表示油箱。

⑤ 长斜箭头表示开启压力可调节。

（3）典型应用

压力继电器经常应用在需要液压和电气转换的回路中，接收回路中压力信号，输出电信号，使系统易于实现自动化。

图 4-59 所示为机床的液压夹紧、进给系统，要求的动作顺序是先将工件夹紧，然后动力滑台进行切削加工，动作循环开始时，1YA 不通电，二位四通电磁换向阀 7 处于图示位置，液压泵输出的压力油进入夹紧缸的右腔，左腔回油，活塞向左移动，将工件夹紧。夹紧后，液压缸右腔的压力升高，当油压超过压力继电器 6 的调定值时，压力继电器发出信号，使电磁阀的电磁铁

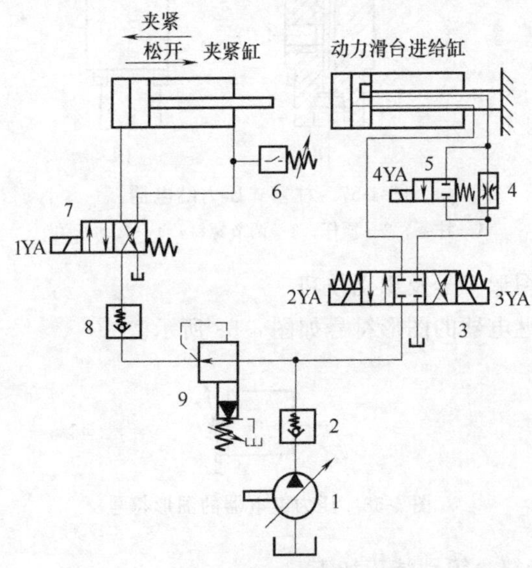

图 4-59 压力继电器控制的顺序动作回路

1—变量泵；2，8—液控单向阀；3，5，7—电磁换向阀；4—调速阀；6—压力继电器；9—先导式减压阀

2YA、4YA 通电，进给缸动作。

油路中要求先夹紧后进给，工件没有夹紧则不能进给，这一严格的顺序是由压力继电器保证的。压力继电器的调整压力应比减压阀的调整压力低。

由于夹紧缸比进给缸所需要的工作压力低，减压阀 9 的作用是减小夹紧缸所在支路的压力。液控单向阀 2 放在泵 1 的出口，可以使液压泵免受液压冲击。液控单向阀 8 主要是在夹紧结束后，给夹紧缸保压。

4.3 流量阀

液压系统中执行元件运动速度的大小，由输入执行元件的油液流量的大小来确定。用来控制油液流量的元件称为流量阀。流量阀是依靠改变阀口通流面积（节流口局部阻力）的大小或通流通道的长短来控制流量的液压阀。常用的流量阀有节流阀、调速阀和分流集流阀等。

4.3.1 节流阀

（1）基本结构及工作原理

节流阀是普通节流阀的简称，图 4-60 所示为节流阀，它主要由阀体、阀芯、推杆、手柄和弹簧等组成。阀芯 2 的左端开有轴向三角槽节流口。压力油从进油口 P_1 流入，经阀芯 2 左端的节流沟槽，从出油口 P_2 流出。转动手柄 4，通过推杆 3 使阀芯 2 作轴向移动，可改变节流口通流面积，实现流量的调节。弹簧 5 的作用是使阀芯 2 向右抵紧在推杆 3 上。

普通节流阀结构简单，制造容易，体积小，但负载和温度的变化对流量的稳定性影响较大，因此只适用于负载和温度变化不大或执行机构速度稳定性要求较低的液压系统。

（2）图形符号及识别技巧

节流阀的图形符号如图 4-61 所示。

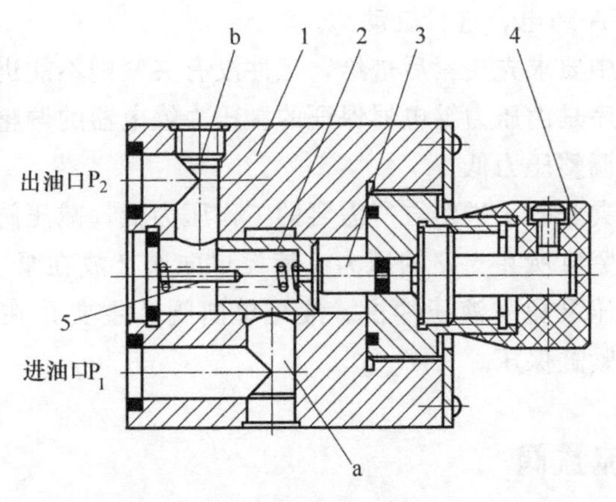

图 4-60 节流阀

1—阀体；2—阀芯；3—推杆；4—手柄；5—弹簧；

a—进油通道；b—回油通道

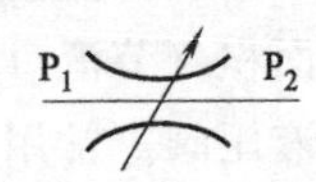

图 4-61 节流阀的图形符号

图形符号识别技巧如下。

① 中间的直线表示油路。

② 油路两侧两条相背的弧线表示节流，相当于一个节流口。

③ 长斜箭头表示节流口大小可调节。

④ 通常，P_1 表示进油口，P_2 表示出油口。

(3) 典型应用

① 进油节流调速 图 4-62 所示为节流阀用于进油节流调速回路。三位四通电磁换向阀 4 用于液压缸 3 的换向，当电磁换向阀 4 的 1YA 通电左位接入时，液压缸 3 的左腔进油，活塞向右运动，节流阀 1 处于液压缸 3 的进油路上，通过调节节流阀 1 的通流面积，就可调节液压缸 3 活塞向右运动的速度。由于液压缸 3 活塞向右运动时，回油直通油箱，所以这种调速回路不能承受超越负载。

当电磁换向阀 4 的 2YA 通电右位接入时，液压缸 3 活塞向左运动，左腔的回油经单向阀 5 以及换向阀 4 流回油箱，此时节流阀不起作用。

溢流阀 2 用于调定系统压力，使系统压力基本保持恒定。

② 回油节流调速　图 4-63 所示为节流阀用于回油节流调速回路。回路采用单向定量泵，将节流阀 2 串联在液压缸 4 的回油路上，用来控制流出液压缸 4 的流量，达到调速目的。溢流阀 3 仍起溢流调压的作用。

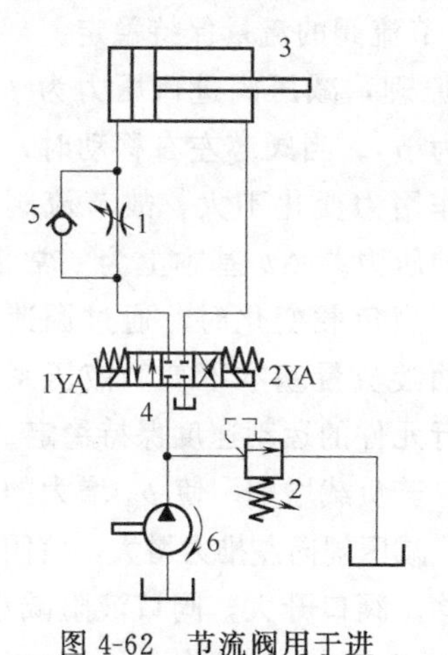

图 4-62　节流阀用于进油节流调速回路

1—节流阀；2—溢流阀；3—液压缸；4—电磁换向阀；5—单向阀；6—液压泵

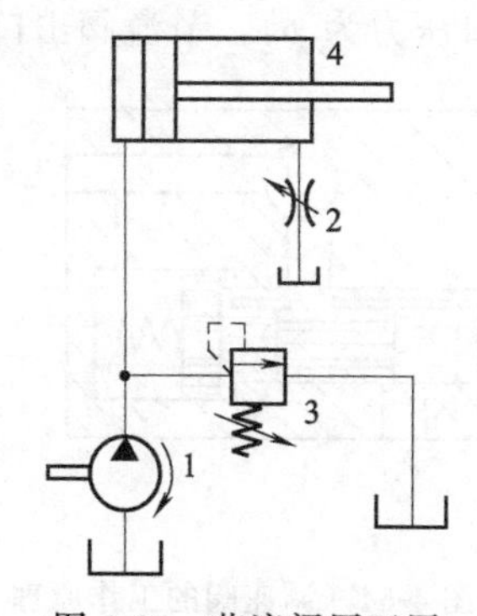

图 4-63　节流阀用于回油节流调速回路

1—液压泵；2—节流阀；3—溢流阀；4—液压缸

与进油节流调速相比，回油节流调速能承受超越负载，且通过节流阀的热油直接排回油箱，有利于散热。另外，节流阀 2 在回油路上也能起到背压阀的作用，对液压缸 4 运行过程中的稳定性更有利。

4.3.2　调速阀

（1）基本结构及工作原理

普通节流阀在工作时，若作用于执行元件上的负载发生变化，将会引起节流阀两端的压力差变化，从而导致流过节流阀的流量随之变化，最终引起执行元件的速度随负载变化而变化。为了使执行元件的速度不随负载的变化而变化，就需要采取措施，使流量阀节流口两端的压力差不随负载而变。调速阀即是一种常用的可保持流量基本恒定的流量控制阀。

调速阀由一个定差减压阀和一个节流阀串联组合而成。节流阀用来调节流量，定差减压阀用来保证节流阀前后的压力差 Δp 不受负载变化的影响，从而使通过节流阀的流量保持稳定。

图 4-64 所示为调速阀的工作原理，减压阀进口压力为 p_1，出口压力为 p_2，节流阀出口压力为 p_3。当阀芯左右移动时，弹簧作用力变化不大，故节流阀前后的压力差 Δp 基本上为一常量，亦即当负载变化时，通过调速阀的油液流量基本不变，液压系统执行元件的运动速度保持稳定。

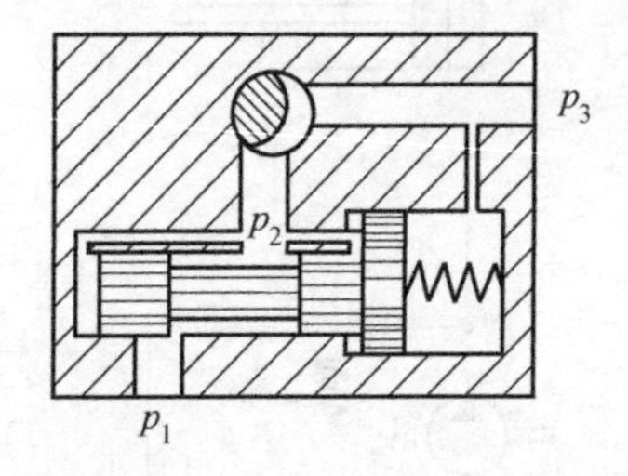

图 4-64 调速阀的工作原理

若负载增加，使 p_3 增大的瞬间，减压阀向左推力增大，使阀芯左移，阀口开大，阀口液阻减小，使 p_2 也增大，其差值（$\Delta p = p_2 - p_3$）基本保持不变。同理，当负载减小，p_3 减小时，减压阀阀芯右移，p_2 也减小，其差值亦不变。因此调速阀适用于负载变化较大、速度平稳性要求较高的液压系统。

（2）图形符号及识别技巧

调速阀的图形符号如图 4-65 所示。

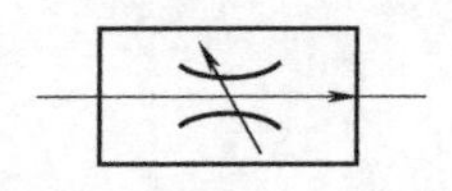

图 4-65 调速阀的图形符号

图形符号识别技巧如下。

① 矩形边框表示整个阀，中间的直线表示油路。

② 表示油路的直线上的箭头表示油液的流动方向。

③ 直线两侧的两条相背的弧线表示节流口。

④ 长斜箭头表示节流口大小可调节。

（3）典型应用

调速阀的主要功用还是用于调速，可以用单个调速阀调速，也可以将两个调速阀串联或并联在一起使用，实现两种工进速度的换接。

图 4-66 所示为用调速阀控制工进速度的回路，在图示位置液压缸 3 右腔的回油可经行程阀（机动换向阀）4 和手动换向阀 2 流回油箱，使活塞快速向右运动。当快速运动到达所需位置时，活塞杆上的挡块压下行程阀 4，将其通路关闭，这时液压缸 3 右腔的回油就必须经过调速阀 6 流回油箱，活塞的运动转换为工进速度。调速阀 6 的作用是调定工进速度。当操纵手动换向阀

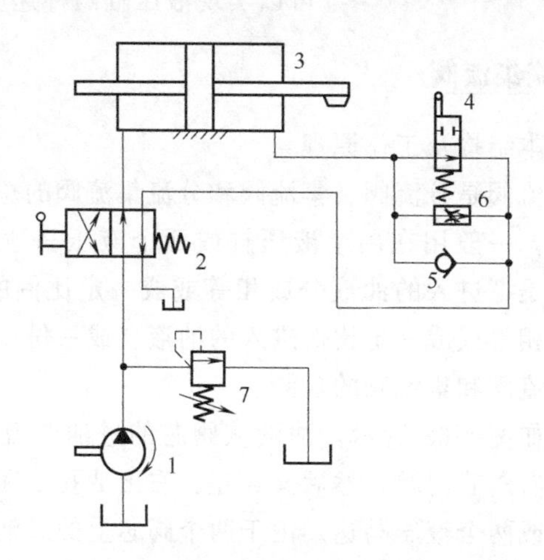

图 4-66　用调速阀控制工进速度的回路

1—液压泵；2—手动换向阀；3—液压缸；4—机动换向阀；5—单向阀；6—调速阀；7—溢流阀

2使活塞换向后，压力油可经手动换向阀2和单向阀5进入液压缸3右腔，使活塞快速向左退回。

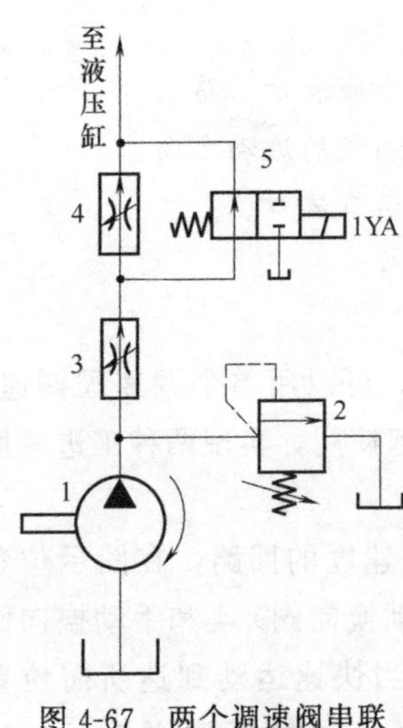

图4-67 两个调速阀串联的速度换接回路

1—液压泵；2—溢流阀；3,4—调速阀；5—换向阀

图4-67所示为两个调速阀串联的速度换接回路。单向定量液压泵1为系统的动力源，溢流阀2用于调定系统的压力，使系统的压力基本维持恒定。调速阀3、4串联用于调定液压缸的两种速度，当二位二通电磁换向阀5的电磁铁断电时，液压缸的速度由调速阀3调定，当二位二通电磁换向阀5的电磁铁得电时，液压缸的速度由调速阀3、4一起调定。这样，通过控制二位二通电磁换向阀5的电磁铁通断电，可以实现液压缸两种速度的换接。

4.3.3 分流集流阀

(1) 基本结构及工作原理

分流集流阀是分流阀、集流阀和分流集流阀的总称，都属于流量控制阀，一般用在两个液压缸或两个液压马达的同步系统中。分流阀是把进入的油液分成相等或成一定比例的两份流出；集流阀是把相等或成一定比例进入的油液合成一份流出；分流集流阀兼有分流阀和集流阀的功能。

分流阀如图4-68所示，油液从阀芯的进油节流孔4和6分别流入左、右阀芯内腔，然后又经左、右出油孔2和8分别流入两个液压缸或两个液压马达。由于两个阀芯上的进油节流孔的液阻相同，所以油流分成两路，以相同的流量流入两个液压缸或两个液压马达，并使其同步运动。如果左侧的液压缸或液压马达由于负荷小而导致出油口2压力降低，引起节流孔4压力差增加而使流量增加，但与此同时，又由于左阀芯两端压力差增加而推动左阀芯（同时也带动右阀芯）向左移动，使出油口 2 的开口量减小，出油口 8 的开口量增加，从而可自动恢复到原来均分的流量。

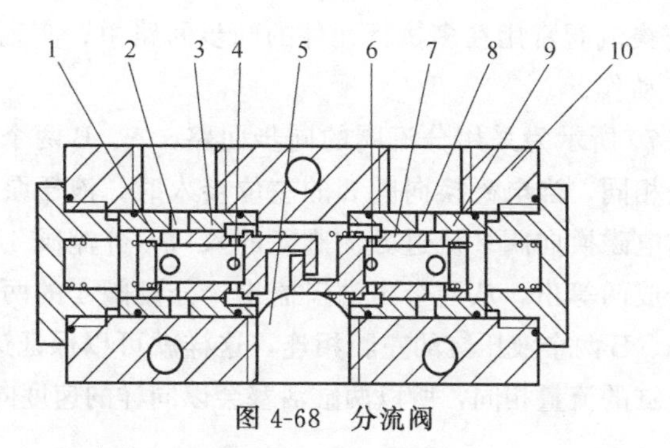

图 4-68　分流阀

1,7—阀芯；2,8—出油口；3,9—阀套；4,6—进油节流孔；5—进油口；10—阀体

（2）图形符号及识别技巧

分流集流阀的图形符号如图 4-69 所示。

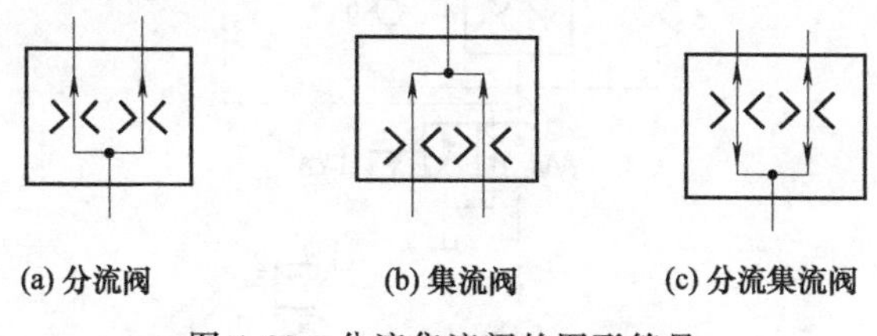

图 4-69　分流集流阀的图形符号

图形符号识别技巧如下。

① 矩形框表示阀，矩形框外部的实线段表示外部油路。

② 矩形框内与边框相交的三条线段表示三个油道。

③ 与三个油道同时垂直的小横线和黑色小圆点表示三个油道是连通的，其中小横线表示连接通道。

④ 箭头表示油液的流向，箭头沿油道指向连接通道即为集流阀，箭头所在的油道为进油道；箭头的指向远离连接通道的即

为分流阀，箭头所在的油道为出油道；箭头是双向的即为分流集流阀。

⑤ 油道两侧两条背向的折线或弧线表示固定节流口。

(3) 典型应用

分流集流阀常用在多执行元件的同步回路中，实现多执行元件的同步动作。

图 4-70 所示为采用分流阀的同步回路，A、B 两个液压缸的尺寸完全相同，当电磁换向阀 3 的左位接入时，液压泵 1 输出的油液经过电磁换向阀 3 流进分流阀 4 的入口，分流阀 4 可把流入的油液分成两等份，从两个出油口流出，分流阀 4 的两个出油口分别与 A、B 两个液压缸的左腔相连，这样就可以保证进入 A、B 两个液压缸的流量相同，所以两缸活塞会以同样的速度向右运动。

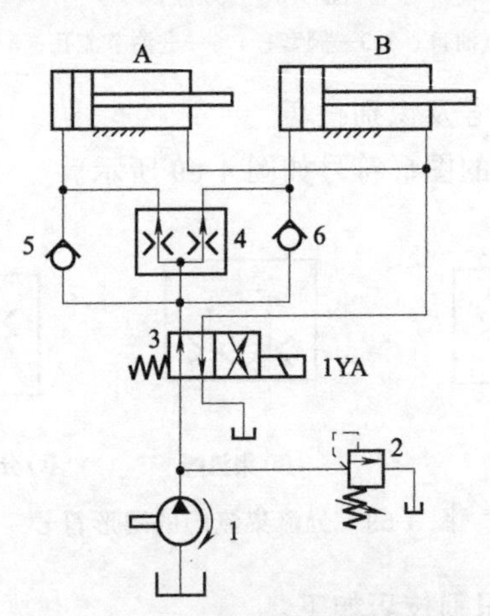

图 4-70　采用分流阀的同步回路

1—液压泵；2—溢流阀；3—电磁换向阀；4—分流阀；5,6—单向阀

使用分流集流阀，只能保证速度同步，同步精度一般为 2%～5%。由于阀内压降较大，一般不宜使用在低压系统中。

4.3.4　常见流量阀的图形符号

常见流量阀的图形符号见表 4-12。

表 4-12　常见流量阀的图形符号

类型		图形符号	说明
节流阀	可调节流阀	 P_1 P_2	节流口大小可以调节，流量可以调节
	不可调节流阀		节流口大小不可以调节，流量不可以调节
	截止阀		控制油液的通断，相当于一个开关
	可调单向节流阀		由可调节流阀和单向阀组合而成。油液自下向上流动时，节流阀起作用；油液自上向下流动时，单向阀起作用
	行程节流阀	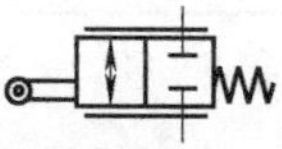	通过滚轮杠杆操纵，控制流量，弹簧复位
	三通流量控制阀	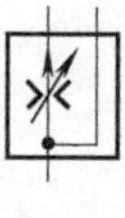	可调节，可将输入流量分成固定流量和剩余流量
调速阀	普通调速阀		由定差减压阀和节流阀串联而成，利用定差减压阀保证节流阀的前后压力差稳定，以保证流量稳定
	温度补偿型调速阀		可以补偿温度对流量稳定性的影响的一类调速阀
	旁通型调速阀	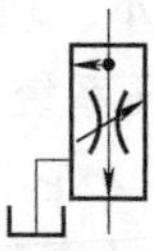	通过压力补偿来稳定流量的一类调速阀

续表

类型		图形符号	说明
分流集流阀	分流阀		使液压系统中由同一个压力源向两个执行元件供应相同流量或按一定比例的油液，实现两个执行元件的速度同步或成定比关系
	集流阀		从两个执行元件中收集等流量或成一定比例的回流量，实现两个执行元件的速度同步或成定比关系
	分流集流阀		兼有分流和集流的功能

4.4 其他液压阀

4.4.1 插装阀

(1) 基本结构及工作原理

插装阀是将其基本组件插入特定的阀体内，配以盖板、先导阀等的一种多功能复合阀，插装阀的主流产品是二通盖板式插装阀。

插装阀基本组件有阀芯、阀套、弹簧和密封圈，与普通液压阀组合使用时，才能实现对系统油液方向、压力和流量的控制。插装阀的阀芯结构简单，动作灵敏，与普通液压阀相比具有通流能力大、密封性好、泄漏小、功率损失小、易于实现集成等优点，特别适用于大流量液压系统。

插装阀如图 4-71 所示，它由插装块体（通道块）、插装单元（由阀套、阀芯、弹簧及密封件组成）、控制盖板和先导阀组成。图 4-71 所示的插装阀相当于一个液控单向阀，A 和 B 为主油路的两个工作油口，X 为控制油口（与先导阀相接）。当 X 口没有压力油作用时，阀芯受到的向上的液压力大于弹簧力，阀芯开启，A 口与 B 口相通，至于液流的方向，视 A 口、B 口的压力大小而定。反之，当 X 口有压力油作用，且 X 口的液压力大于 A 口和 B 口的液压力时，才能保证 A 口与 B 口之间切断。

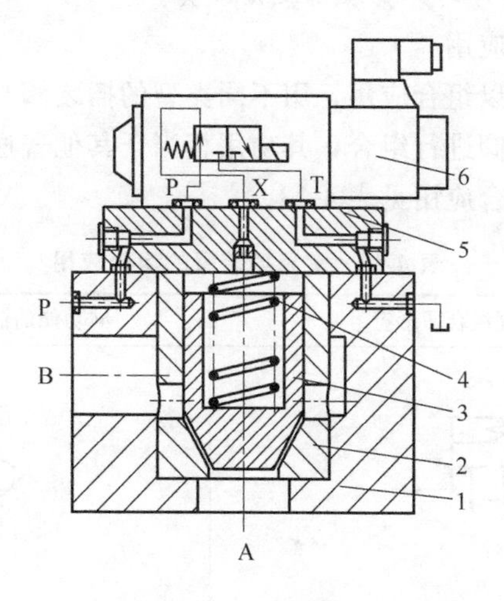

图 4-71　插装阀

1—通道块；2—阀套；3—阀芯；4—弹簧；5—控制盖板；6—先导阀

(2) 图形符号及识别技巧

插装阀的图形符号如图 4-72 所示。

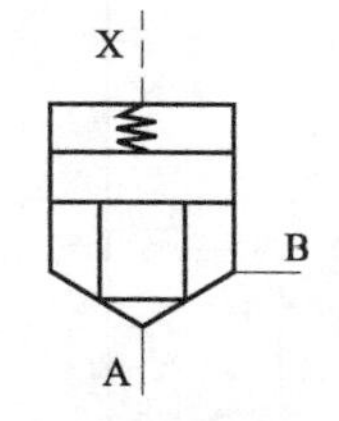

图 4-72　插装阀的图形符号

图形符号识别技巧如下。

① 带锥形的边框表示阀体。

② 阀体外部的线段表示油路，实线段为主油路，虚线段为控制油路。

③ A、B 为主油路连接口，X 为控制油口。

④ 边框内部的矩形表示主阀芯。

⑤ 阀体内部的弹簧表示反馈弹簧。

(3) 典型应用

插装阀可以组合应用，用不同类型的插装阀与插装阀或插装阀与普通液压阀进行组合，其功用相当于其他普通的液压阀，常见插装阀的组合应用见表 4-13。

表 4-13　常见插装阀的组合应用

插装阀组合图形符号	同功能的液压阀符号
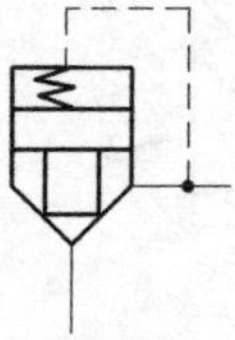	
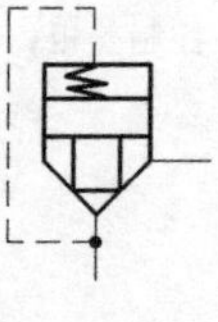	
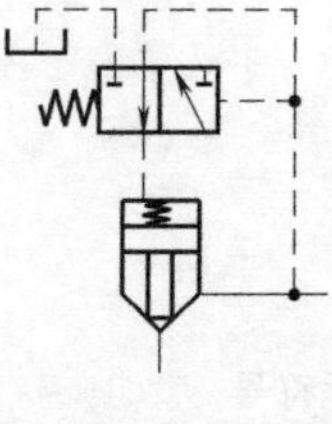	

续表

插装阀组合图形符号	同功能的液压阀符号
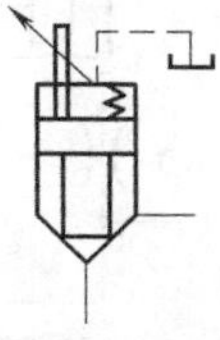	
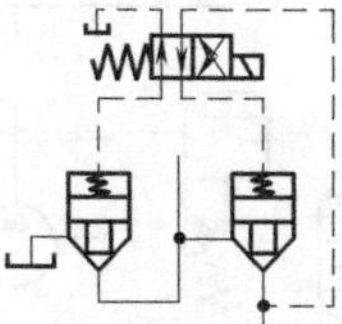	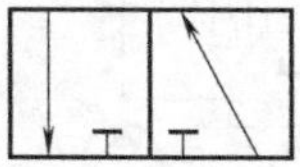
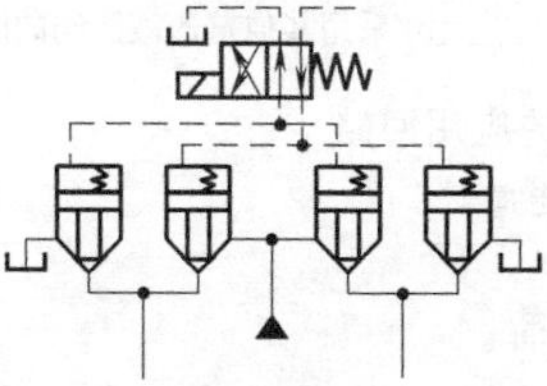	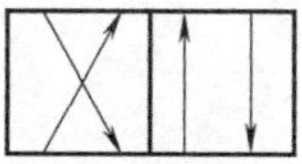
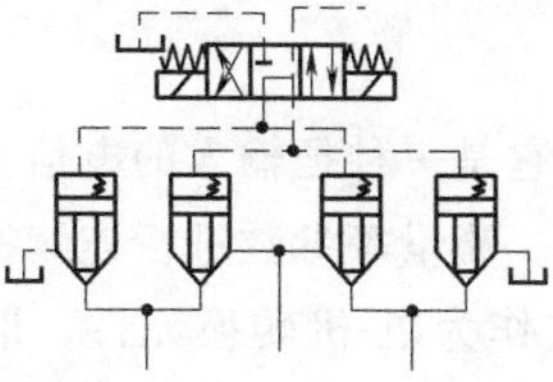	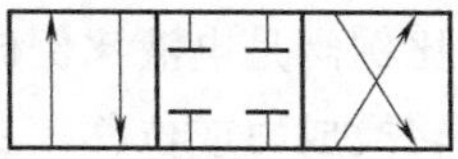

图 4-73（a）、（b）两个回路分别采用不同的阀组成，但两者实现的功能是相同的。图 4-73（a）是采用插装阀的回路，图 4-73（b）是采用其他普通液压阀的回路。图 4-73（a）中插装阀 1、2、3、4 与三位四通电磁换向阀组成换向回路，用于液压缸的换向。阀 1、2 组成单向节流阀，与溢流阀共同作用，用于调节液压缸的工作速度；阀 3、4 与远程调压阀组成单向顺序阀，用作单向背压阀；阀 5 与二位三通电磁换向阀和远程调压阀组成

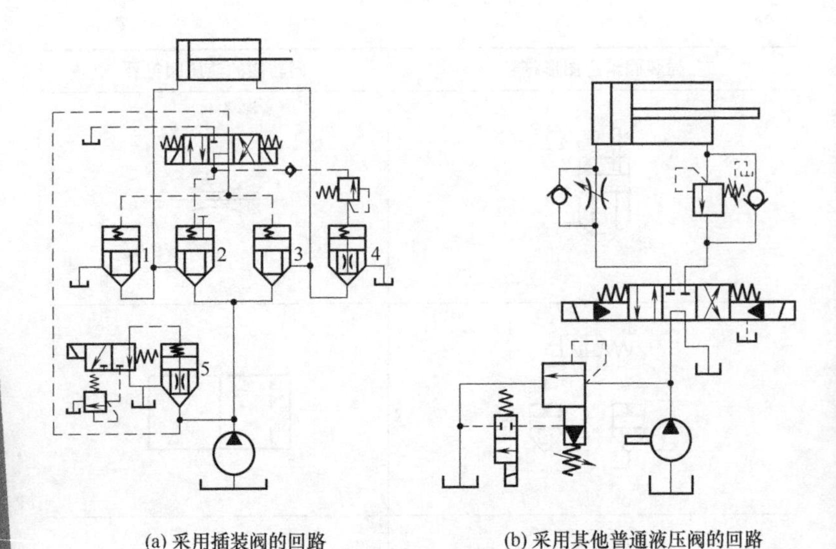

图 4-73 插装阀的应用回路

1～5—插装阀

电磁溢流阀，用于系统的调压和卸荷。

4.4.2 比例阀

比例阀是电液比例阀的简称，它是一种把输入的电信号按比例地转换成力或位移，从而对压力、流量等参数进行连续控制的液压阀。比例阀是采用比例电磁铁作为电-机转换元件，取代原来阀的手动调节器或普通的开关电磁铁。它根据输入的电信号产生相应动作，使工作阀阀芯产生位移，阀口尺寸发生改变，并以此完成与输入电信号成比例的压力、流量输出。

比例阀由直流比例电磁铁与液压阀两部分组成。其液压阀部分与一般液压阀差别不大，而直流比例电磁铁和一般电磁阀所用的电磁铁不同，比例电磁铁要求吸力（或位移）与输入电流成比例。比例阀按用途和结构不同可分为比例压力阀、比例流量阀、比例方向阀三大类。

(1) 基本结构及工作原理

图 4-74 所示为先导式比例溢流阀。当输入电信号（通过线圈 2）时，比例电磁铁 1 便产生一个相应的电磁力，它通过推杆 3 和弹簧作用于先导阀阀芯 4，从而使先导阀的控制压力与电磁力成比例，即与输入信号电流成比例。通过溢流阀主阀阀芯 6 上的受力分析可知，进油口压力和控制压力、弹簧力等相平衡（其受力情况与普通溢流阀相似），因此比例溢流阀进油口压力的升降与输入信号电流的大小成比例。若输入信号电流是连续、按比例地或按一定程序变化，则比例溢流阀所调节的系统压力也连续按比例地或按一定程序地进行变化。

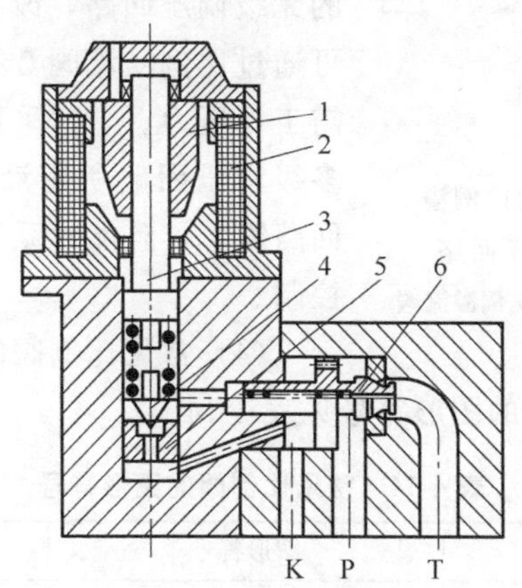

图 4-74　先导式比例溢流阀

1—比例电磁铁；2—线圈；3—推杆；4—先导阀阀芯；
5—先导阀阀座；6—主阀阀芯

(2) 图形符号及识别技巧

以比例溢流阀为例，比例溢流阀的图形符号如图 4-75 所示。

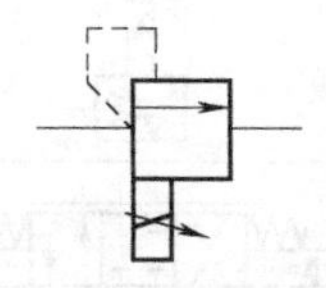

图 4-75　比例溢流阀的图形符号

图形符号识别技巧如下。

① [比例电磁铁符号]表示比例电磁铁。

② 左、右实线段表示阀的接口。

③ 虚线表示进口压力控制。

(3) 典型应用

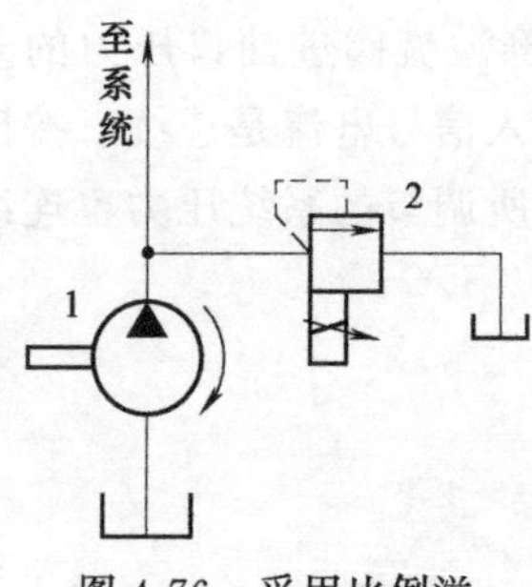

图 4-76 采用比例溢流阀无级调压回路

1—液压泵；2—比例溢流阀

比例阀广泛应用于要求对液压参数连续控制或程序控制，但不需要很高控制精度的液压系统中。

图 4-76 所示为采用比例溢流阀的无级调压回路，改变输入电流，即可通过比例溢流阀 2 控制系统获得所需工作压力。它比采用普通溢流阀的多级调压回路所用液压元件数量少，回路简单，且能对系统压力进行连续控制。

(4) 常见比例阀的图形符号

常见比例阀的图形符号见表 4-14。

表 4-14 常见比例阀的图形符号

类型		图形符号	说明
比例压力阀	比例溢流阀		可根据输入的电信号无级调压
	比例减压阀	5	可根据输入的电信号无级减压
比例流量阀	比例调速阀		可以根据输入的电信号无级调速
比例方向阀	比例方向流量阀		既可控制方向也可控制流量

4.4.3 数字阀

(1) 基本结构及工作原理

数字阀是电液数字阀的简称，它是用计算机数字信号直接控制油液压力、流量和方向的一类阀。按功用可分为数字流量阀、数字压力阀、数字方向阀；按控制方式可分为增量式数字阀和脉宽调制式数字阀。

增量式数字阀由步进电动机作为电-机械转换器来驱动液压阀阀芯工作。图 4-77 所示为数字流量阀，步进电动机 1 直接用数字控制，计算机发出信号后，步进电动机 1 转动，滚珠丝杠 2 将转动转化为轴向位移，带动节流阀阀芯 3 移动，实现对流量的控制。

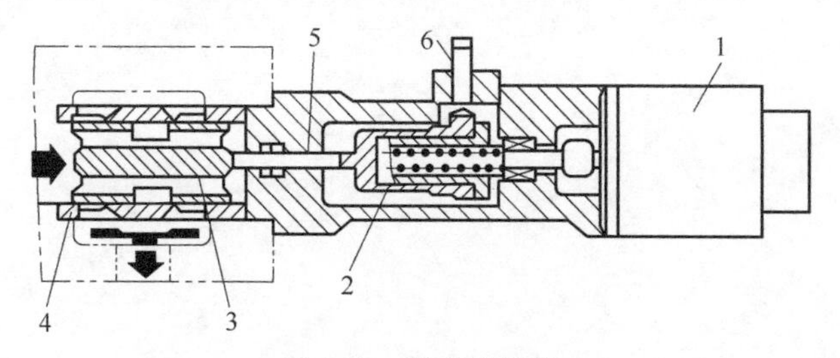

图 4-77 数字流量阀

1—步进电动机；2—滚珠丝杠；3—阀芯；
4—阀套；5—连杆；6—位移传感器

(2) 图形符号及识别技巧

以数字节流阀为例，数字节流阀的图形符号如图 4-78 所示。

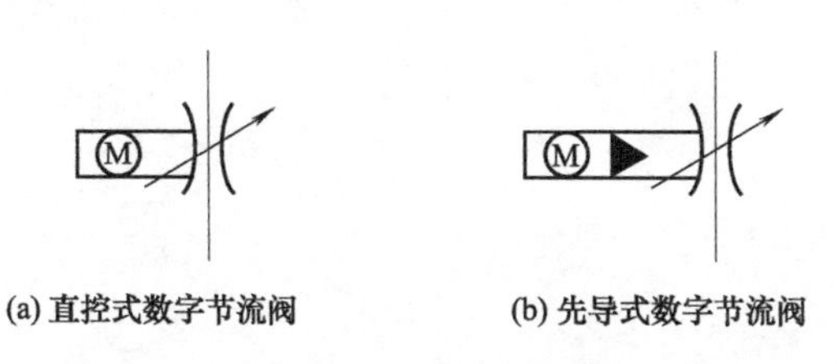

图 4-78 数字节流阀的图形符号

图形符号识别技巧如下。

① Ⓜ 表示直控式数字控制。

② Ⓜ ▶ 表示先导式数字控制。

③ 其他同普通液压阀。

第5章　液压辅助元件的图形符号

液压系统中的辅助装置，如油箱、过滤器、蓄能器、热交换器、管件等，对系统的动态性能、工作稳定性、工作寿命、噪声和温升等都有直接影响，必须予以重视。其中油箱需根据系统要求自行设计，其他辅助装置则制成标准件，供设计时选用。

5.1 油箱

5.1.1　油箱的功用和类型

油箱的功用主要是储存油液，此外还起着散发油液中热量（在周围环境温度较低的情况下则是保持油液中热量）、释放出混在油液中的气体、沉淀油液中污物等作用。

液压系统中的油箱按工作原理分有开式和闭式两类；按结构特征分有整体式和分离式两类。整体式油箱利用主机的内腔作为油箱，这种油箱结构紧凑，各处漏油易于回收，但增加了设计和制造的复杂性，维修不便，散热条件不好，且会使主机产生热变形。分离式油箱单独设置，与主机分开，减少了油箱发热和液压源振动对主机工作精度的影响，因此得到了普遍的采用。

开式油箱的典型结构如图 5-1 所示。油箱内部用隔板 7、9 将吸油管 1 与回油管 4 隔开。顶部、侧部和底部分别装有过滤器 3、液位计 6 和排放污油的放油阀 8。液压泵及其驱动电机安装

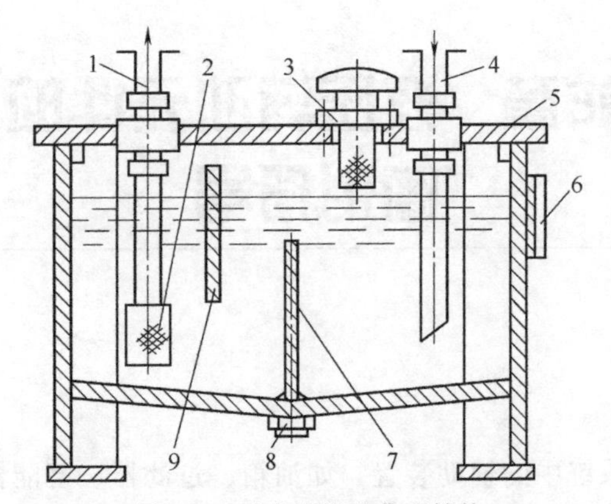

图 5-1 开式油箱的典型结构

1—吸油管；2—网式过滤器；3—空气过滤器；4—回油管；
5—顶盖；6—液位计；7,9—隔板；8—放油阀

在顶盖 5 上。

闭式油箱是整个封闭的。充气式的闭式油箱顶部有一充气管，可送入 0.05～0.07MPa 经过滤后纯净的压缩空气。空气或者直接与油液接触，或者被输入到蓄能器式的皮囊内不与油液接触。这种油箱的优点是改善了液压泵的吸油条件，但它要求系统中的回油管、泄油管承受背压。油箱本身还需配置安全阀、压力表等元件以稳定充气压力，因此它只在特殊场合下使用。

5.1.2 油箱的图形符号及识别技巧

常用油箱的图形符号见表 5-1。

表 5-1 常用油箱的图形符号

类型	图形符号	说明
开式油箱		管端在油面以上
		管端在油面以下，带过滤器

续表

类型	图形符号	说明
开式油箱	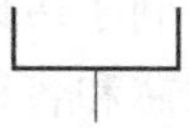	管端连接于油箱底部
		局部泄油或回油，虚线表示泄油，实线表示回油
闭式油箱	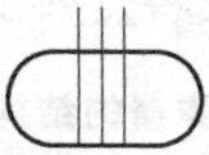	加压油箱，三条管道

图形符号识别技巧如下。

① 开口向上的半矩形框表示开式油箱。

② 囊形结构表示闭式油箱。

③ 竖直的实线段表示管路。

5.2 过滤器

5.2.1 过滤器的功用和类型

过滤器的功用是过滤混在液压油液中的杂质，降低进入系统中油液的污染度，保证系统正常工作。过滤器按其滤芯材料的过滤机制来分，有表面型过滤器、深度型过滤器和吸附型过滤器三种。

表面型过滤器的过滤作用是由一个几何面来实现的。滤下的污染杂质被截留在滤芯元件靠油液上游的一面。在这里，滤芯材料具有均匀的标定小孔，可以滤除比小孔尺寸大的杂质。由于污染杂质积聚在滤芯表面，因此滤芯很容易被阻塞。编网式滤芯、线隙式滤芯属于这种类型。

深度型过滤器　滤芯材料为多孔可透性材料，内部具有曲折迂回的通道。大于表面孔径的杂质直接被截留在外表面，较小的污染杂质进入滤材内部，撞到通道壁上，由于吸附作用而得到滤除。滤材内部曲折的通道也有利于污染杂质的沉积。纸芯、毛毡滤芯、烧结金属滤芯、陶瓷滤芯和各种纤维制品滤芯等属于这种类型。

吸附型过滤器　滤芯材料把油液中的有关杂质吸附在其表面上。磁芯即属于这种类型。

常见过滤器的结构简图及特点列于表 5-2 中。

表 5-2　常见过滤器的结构简图及特点

类型	名称及结构简图	特点说明
表面型	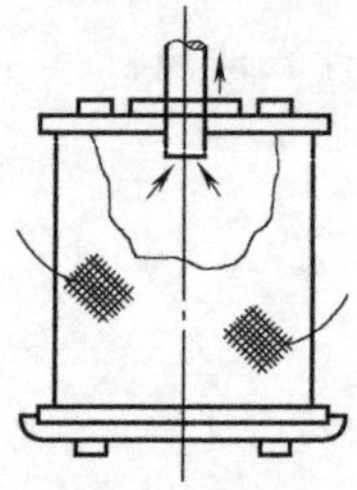 网式过滤器	过滤精度与铜丝网层数及网孔大小有关 压力损失不超过 0.004MPa 结构简单，通流能力大，清洗方便，但过滤精度低
	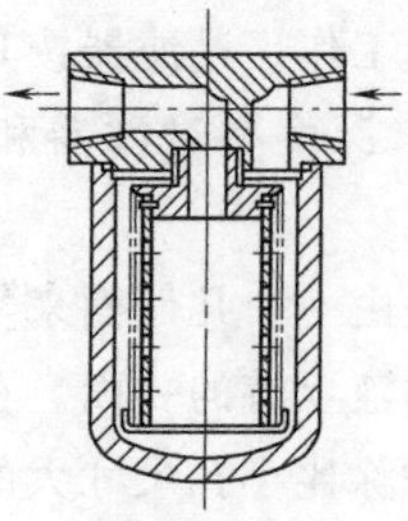 线隙式过滤器	滤芯由绕在芯架上的一层金属线组成，依靠线间微小间隙阻挡油液中的杂质 压力损失为 0.03～0.06MPa 结构简单，通流能力大，过滤精度高，但滤芯材料强度低，不易清洗 用于低压管道中，当用在液压泵吸油管上时，它的流量规格宜选得比泵大

续表

类型	名称及结构简图	特点说明
深度型	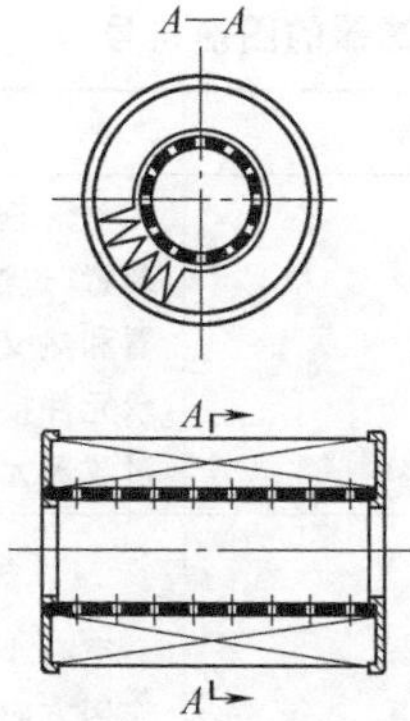 A—A A A 纸芯式过滤器	结构与线隙式相同，但滤芯为平纹或波纹的木浆微孔滤纸制成的纸芯。为了增大过滤面积，纸芯常制成折叠形 压力损失为0.01～0.04MPa 过滤精度高，但堵塞后无法清洗，必须更换纸芯 通常用于精过滤
	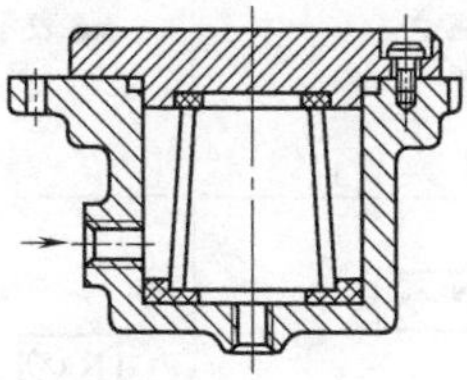 烧结式过滤器	滤芯由金属粉末烧结而成，利用金属颗粒间的微孔阻挡油中杂质。改变金属粉末的颗粒大小，就可以制出不同过滤精度的滤芯 压力损失为0.03～0.2MPa 过滤精度高，滤芯能承受高压，但金属颗粒易脱落，堵塞后不易清洗 适用于精过滤
吸附型	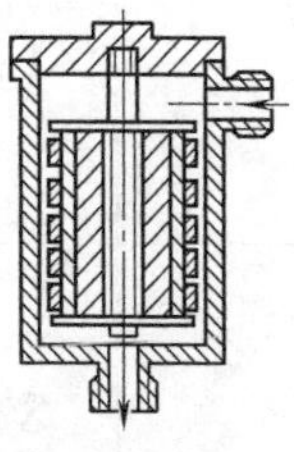 磁性过滤器	滤芯由永久磁铁制成，能吸住油液中的铁屑、铁粉、带磁性的磨料； 常与其他型的滤芯合起来制成复合式过滤器 对加工钢铁件的机床液压系统特别适用

5.2.2 过滤器的图形符号及识别技巧

常用过滤器的图形符号见表5-3。

表5-3 常用过滤器的图形符号

名称	图形符号	说明
一般过滤器		菱形框线表示流体处理装置(过滤器、分离器、油雾器和热交换器),两竖线表示元件接口,中间虚线表示过滤器元件
油箱通气过滤器		空心小三角表示气压力作用方向
磁性过滤器		表示永久磁铁
带光学阻塞指示器的过滤器		表示光学指示器
带压力表的过滤器		表示压力表
带污染指示器的过滤器		⊗表示光学指示器元件

续表

名称	图形符号	说明
带旁路节流的过滤器		节流器与过滤器并联
带旁路单向阀的过滤器		单向阀与过滤器并联
带旁路单向阀和数字显示器的过滤器		单向阀与过滤器并联，右上角为数字显示器
带旁路单向阀、光学阻塞指示器与电气触点的过滤器		单向阀与过滤器并联，右上角为光学指示器和电气触点
带光学压差指示器的过滤器		过滤器与光学压差指示器并联
带压差指示器与电气触点的过滤器		中间为压力表，右侧为电气触点
离心式分离器		中间弧线表示离心式分离器元件

续表

名称	图形符号	说明
带手动切换功能的双过滤器		表示三向旋塞阀

图形符号识别技巧如下。

① 菱形框表示过滤器。

② 菱形框中的虚线表示过滤器元件滤芯。

③ 菱形框外面的直线表示过滤器与管路的接口。

④ 滤芯上的半矩形框 ⊔ 表示磁性滤芯。

⑤ ⊗表示光学指示器元件。

⑥ 菱形框中的弧线表示离心式分离器元件。

⑦ 可在普通过滤器上并联节流器、单向阀、压力表、电气触点等。

⑧ 表示三向旋塞阀，可与双过滤器连接。

5.2.3 过滤器的典型应用

过滤器在液压系统中的安装位置通常有以下几种。

(1) 安装在泵的吸油口处

液压泵的吸油管路上一般都安装有表面型过滤器，如图 5-2 所示，目的是滤去较大的杂质颗粒以保护液压泵，此处过滤器的过滤能力应为泵流量的两倍以上，压力损失小于 0.02MPa。

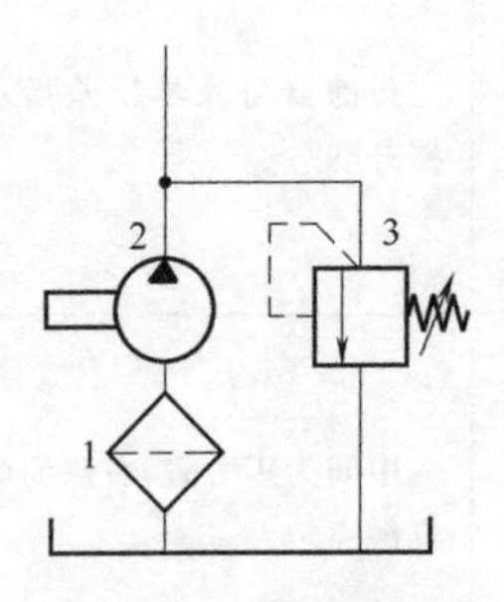

图 5-2 过滤器安装在泵的吸油口处

1—过滤器；2—液压泵；3—溢流阀

（2）安装在泵的出口油路上

如图5-3所示，安装过滤器3的目的是用来滤除可能侵入阀类等元件的污染物。其过滤精度应为10～15μm，且能承受油路上的工作压力和冲击压力，压力降应小于0.35MPa。同时应安装安全阀以防过滤器堵塞。

（3）安装在系统的回油管路上

如图5-4所示，这种安装起间接过滤作用。一般与过滤器并连安装一背压阀2，当过滤器堵塞达到一定压力值时，背压阀打开。

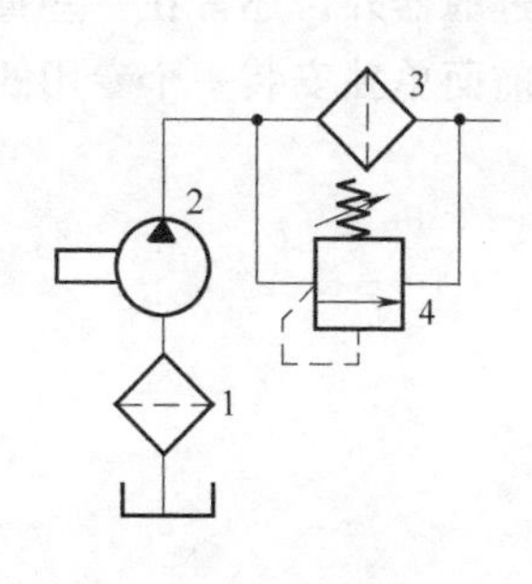

图5-3　过滤器安装在泵的出口油路上

1,3—过滤器；2—液压泵；4—溢流阀（安全阀）

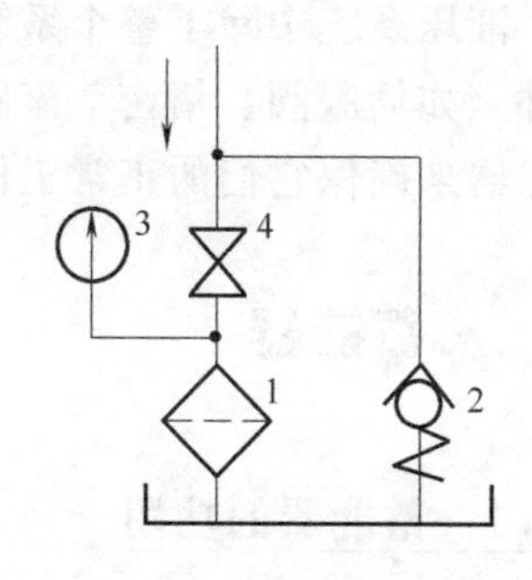

图5-4　过滤器安装在系统的回油管路上

1—过滤器；2—单向阀（背压阀）；3—压力表；4—截止阀

（4）安装在系统的分支油路上

如图5-5所示，把过滤器安装在经常只通过泵流量20%～30%流量的分支油路上，这种方式称为局部过滤，可起到间接保护系统的作用。

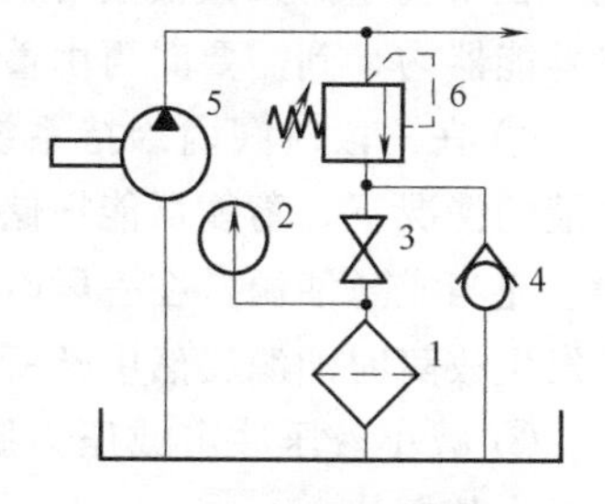

图5-5　过滤器安装在系统的分支油路上

1—过滤器；2—压力表；3—截止阀；4—单向阀；5—单向定量泵；6—溢流阀

（5）独立油液过滤回路

大型液压系统可专设一液压泵和过滤器组成独立油液过滤回路，如图5-6所示。

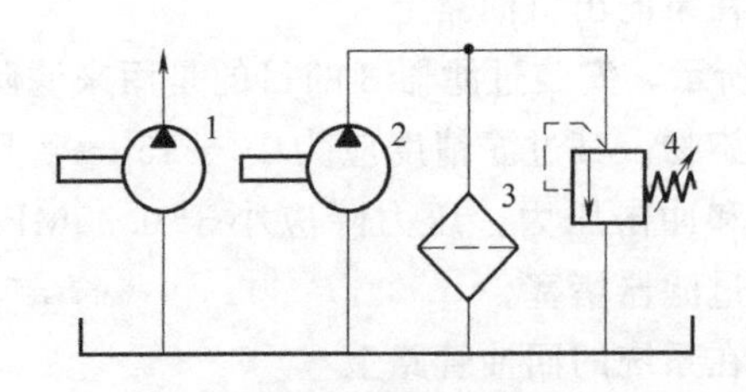

图 5-6　独立油液过滤回路

1,2—单向定量泵；3—过滤器；4—溢流阀

液压系统中除了整个系统所需的过滤器外，还常在一些重要元件（如伺服阀、精密节流阀等）的前面单独安装一个专用的精过滤器来确保它们的正常工作。

5.3 蓄能器

5.3.1 蓄能器的功用

蓄能器的功用主要是储存油液多余的压力能，并在需要时释放出来，具体功用如下。

① 在短时间内供应大量压力油：实现周期性动作的液压系统，在系统不需大量油液时，可把液压泵输出的多余压力油储存在蓄能器内，到需要时再由蓄能器快速释放给系统。

② 在一段时间内维持系统压力：在液压泵停止向系统提供油液的情况下，蓄能器能把储存的压力油供给系统，补偿系统泄漏或充当应急油源，在一段时间内维持系统压力，避免停电或系统发生故障时油源突然中断所造成的机件损坏。

③ 减小液压冲击或压力脉动：蓄能器能吸收液压冲击，大大减小其幅值。

5.3.2 蓄能器的种类

蓄能器主要有弹簧式、充气式，其中充气式又包括气瓶式、活塞式和气囊式三种。

(1) 弹簧式蓄能器

弹簧式蓄能器如图5-7所示，它利用弹簧的压缩能来储存能量，产生的压力取决于弹簧的刚度和压缩量。它的特点是结构简单、反应较灵敏，但容量小、有噪声，使用寿命取决于弹簧的寿命。所以不宜用于高压和循环频率较高的场合，一般在小容量或低压系统中作缓冲之用。

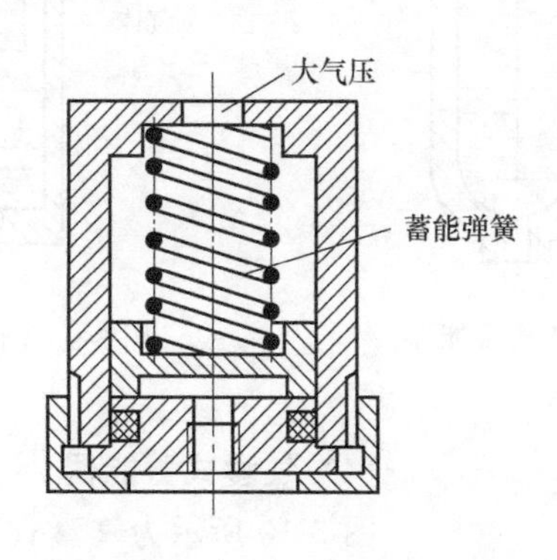

图5-7　弹簧式蓄能器

(2) 气瓶式蓄能器

图5-8所示为气瓶式蓄能器，气体和油液在蓄能器中直接接触，故又称气液直接接触式（非隔离式）蓄能器。这种蓄能器容量大、惯性小、反应灵敏、外形尺寸小，没有摩擦损失。但气体易混入（高压时溶入）油液中，影响系统工作平稳性，而且耗气量大，必须经常补气。气瓶式蓄能器适用于中、低压大流量系统。

(3) 活塞式蓄能器

图5-9所示为活塞式蓄能器。这种蓄能器利用活塞将气体和油液隔开，属于隔离式蓄能器。其特点是气液隔离、油液不易氧化、结构简单、工作可靠、寿命长、安装和维护方便，但由于活

塞惯性和摩擦阻力的影响，导致其反应不灵敏，容量较小，对缸筒加工和活塞密封性能要求较高。一般用来储能或供高、中压系统作吸收脉动之用。

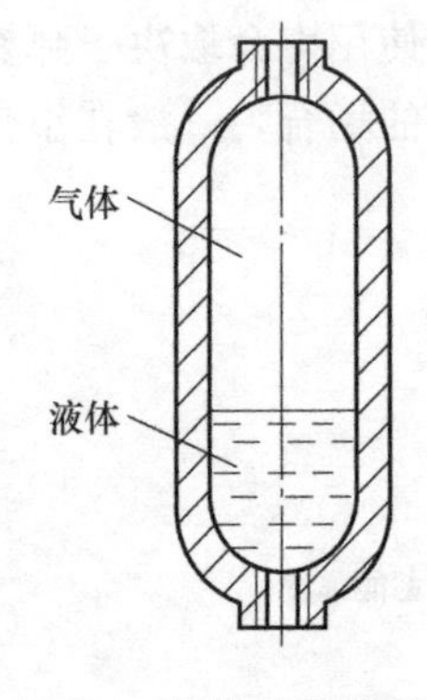

图 5-8　气瓶式蓄能器

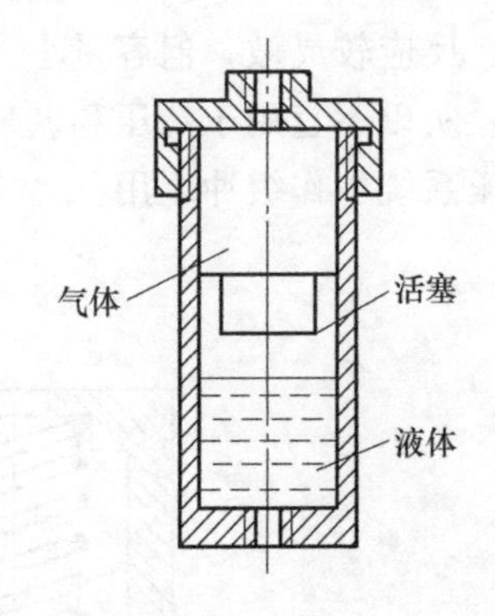

图 5-9　活塞式蓄能器

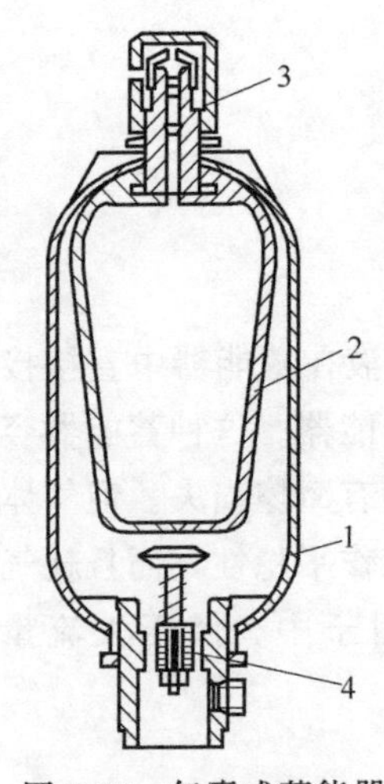

图 5-10　气囊式蓄能器

1—壳体；2—皮囊；3—充气阀；4—进油阀

（4）气囊式蓄能器

图 5-10 所示为气囊式蓄能器。这种蓄能器主要由壳体、皮囊、进油阀和充气阀等组成，气体和液体由皮囊隔开。壳体是一个无缝耐高压的外壳，皮囊用特殊耐油橡胶作原料与充气阀一起压制而成。进油阀是一个由弹簧加载的提升阀，它的作用是防止油液全部排出时气囊被挤出壳体。充气阀只在蓄能器工作前用来为皮囊充气，蓄能器工作时则始终关闭。这种蓄能器具有惯性小、反应灵敏、尺寸小、重量轻、安装容易、维护方便等优点。

5.3.3　蓄能器的图形符号及识别技巧

常用蓄能器的图形符号见表 5-4。

表 5-4　常用蓄能器的图形符号

名称	图形符号	说明
重锤式蓄能器		用重锤的势能变化来储存和释放能量
弹簧式蓄能器		用弹簧的压缩来储存能量
气瓶式蓄能器		结构简单，容量大、惯性小、反应灵敏，没有摩擦损失
活塞式蓄能器		利用压缩空气（通常为氮气）储存能量，气液隔离、工作可靠、寿命长
隔膜式蓄能器		气液不接触，油液不易氧化，不影响油液的工作性能
气囊式蓄能器		气体和油液用皮囊隔开，惯性小、反应灵敏
带下游气瓶的活塞式蓄能器		增大气容，储能效果好

图形符号识别技巧如下。

① 囊形表示元件（如压力容器、压缩空气储气罐、蓄能器、气瓶、波纹管执行器、软管气缸等），在液压传动系统中表示蓄能器。

② 囊形内部的矩形框（两条横线）代表活塞。

③ 空心等边三角形表示气压力作用方向。

④ 囊形下方的直线表示元件接口。

⑤ 内部一条横线加上一个 W 形折线表示弹簧式。

⑥ 内部一条横线加上一个正方形表示重锤式。

5.3.4 蓄能器的典型应用

（1）恒压控制

如图 5-11 所示，蓄能器可以补偿泵供油不足的部分，或在泵停机后短时间内为系统提供动力，控制回路压力恒定。蓄能器本身具有储能的功能，在一定油量范围内，可近似保持压力恒定。

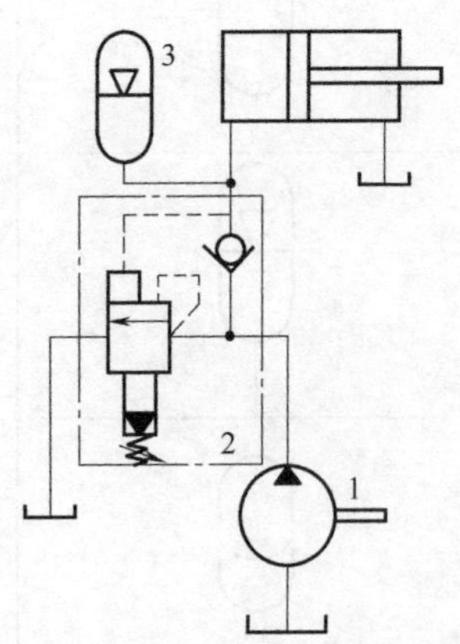

图 5-11　采用蓄能器的恒压控制回路

1—液压泵；2—卸荷溢流阀；3—蓄能器

（2）保压回路

① 夹紧缸保压回路　利用蓄能器使夹紧缸保压的回路如

图 5-12 所示，当主换向阀 6 在左位工作时，液压缸 7 的活塞向右运动压紧工件，进油路压力升高至调定值，压力继电器 4 动作使换向阀 8 的电磁铁通电，泵即卸荷，单向阀 2 自动关闭，液压缸则由蓄能器 5 保压。缸压不足时，压力继电器复位使泵重新向系统供油。保压时间的长短取决于蓄能器容量，调节压力继电器的工作区间即可调节缸中压力的最大值和最小值。

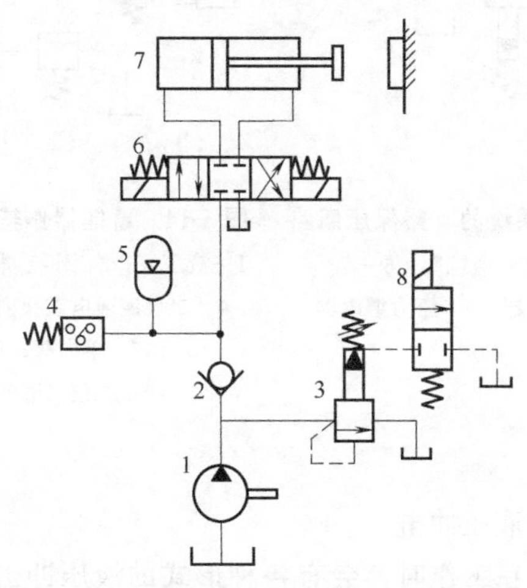

图 5-12　利用蓄能器使夹紧缸保压的回路

1—液压泵；2—单向阀；3—溢流阀；4—压力继电器；5—蓄能器；6—三位四通电磁换向阀；7—液压缸；8—二位二通电磁换向阀

② 多缸系统的支路保压回路　图 5-13 所示为多缸系统中的支路保压回路，这种回路当主油路压力降低时，单向阀 3 关闭，支路由蓄能器保压补偿泄漏，压力继电器 5 的作用是当支路压力达到预定值时发出信号，使主油路开始动作。

(3) 作辅助动力源

图 5-14 所示为蓄能器作辅助动力源的回路。活塞运行到终点时，压力油使液控换向阀 9 右位接通，蓄能器储存能量；电磁换向阀 4 换向后，蓄能器输出压力能，与液压泵一起向系统供油。

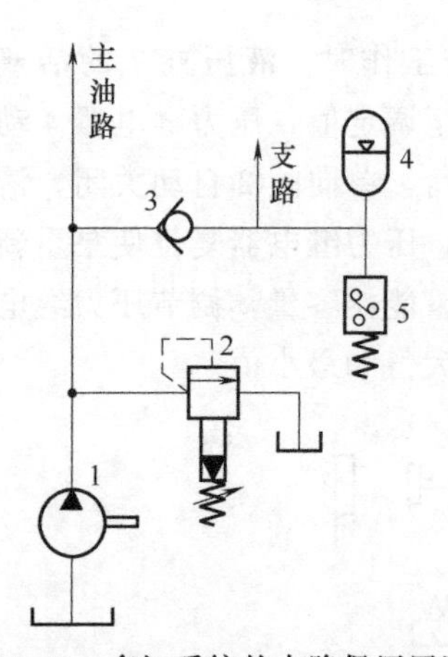

图 5-13　多缸系统的支路保压回路

1—液压泵；2—溢流阀；3—单向阀；4—蓄能器；5—压力继电器

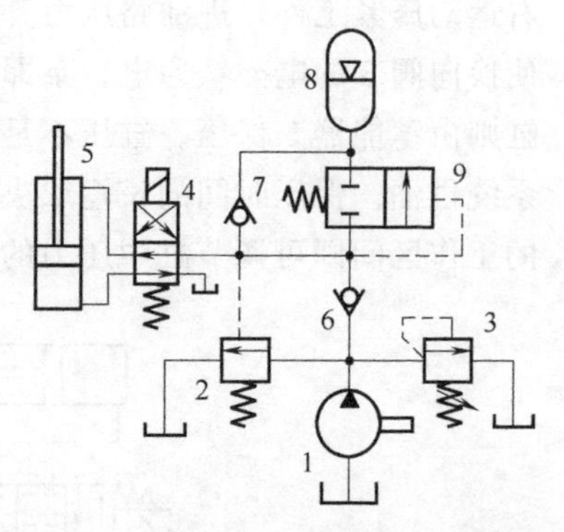

图 5-14　蓄能器作辅助动力源的回路

1—液压泵；2—外控顺序阀；3—溢流阀；4—二位四通电磁换向阀；5—液压缸；6,7—单向阀；8—蓄能器；9—二位二通液控换向阀

(4) 吸收液压冲击

液压系统在工作时，会有各种形式的液压冲击和压力脉动。图 5-15 所示的系统中，在主油路上接入蓄能器，可有效吸收液压冲击并减小压力脉动。

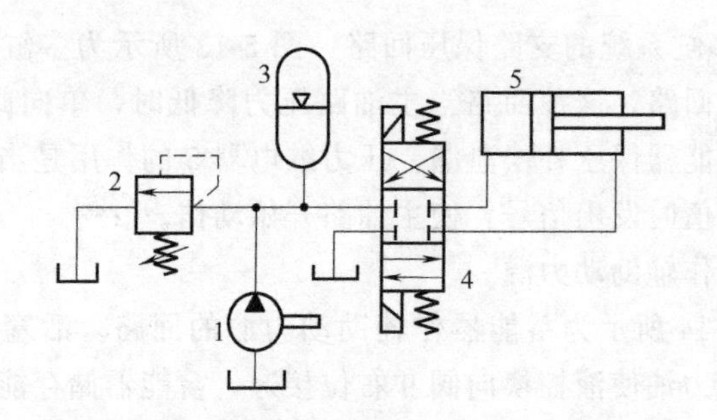

图 5-15　利用蓄能器吸收压力冲击的回路

1—液压泵；2—溢流阀；3—蓄能器；4—换向阀；5—液压缸

5.4 热交换器

液压系统的工作温度一般希望保持在 30～50℃的范围内，最高不超过 65℃，最低不低于 15℃。液压系统如依靠自然冷却仍不能使油温控制在上述范围内时，就需安装冷却器；反之，如环境温度太低无法使液压泵启动或正常运转时，就需安装加热器。

5.4.1 冷却器

液压系统中最简单的是蛇形管冷却器，如图 5-16 所示，它直接装在油箱内，冷却水从蛇形管内部通过，带走油液中的热量。这种冷却器结构简单，但冷却效率低，耗水量大。

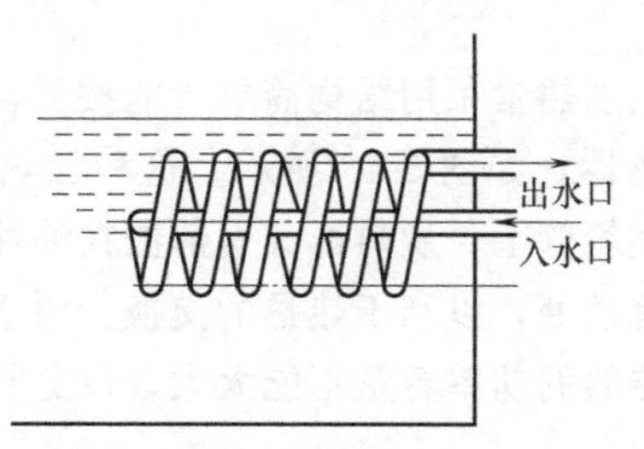

图 5-16 蛇形管冷却器

液压系统中用得较多的冷却器是强制对流式多管冷却器，如图 5-17 所示。油液从进油口流入，从出油口流出；冷却水从进水口流入，通过多根水管后由出水口流出。油液在水管外部流动时，它的行进路线因冷却器内设置了隔板而加长，因而增加了热交换效果。水管外面增加了许多横向或纵向散热翅片的翅片管式冷却器，进一步扩大了散热面积和热交换效果。

冷却器一般应安放在回油管或低压管路上，如溢流阀的出口，系统的主回流路上或单独的冷却系统中。冷却器所造成的压力损失一般为 0.01～0.1MPa。

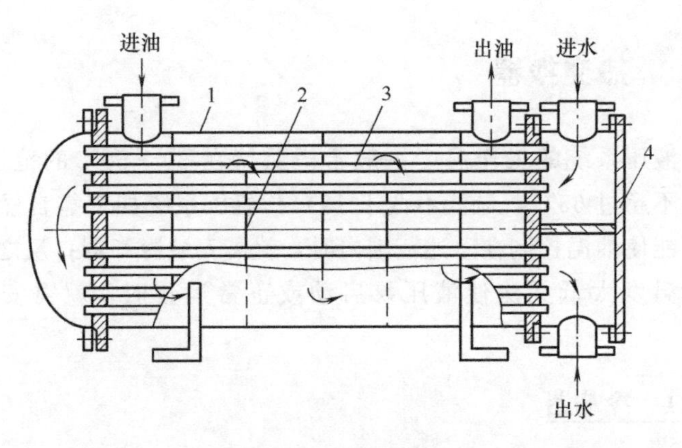

图 5-17　多管冷却器

1—壳体；2—隔板；3—冷却水管；4—端盖

5.4.2　加热器

液压系统的加热常采用结构简单、能按需自动调节最高和最低温度的电加热器，如图 5-18 所示。这种加热器的安装方式是用法兰盘横装在箱壁上，发热部分全部浸在油液内。加热器应安装在箱内油液流动处，以利于热量的交换。由于油液是热的不良导体，单个加热器的功率容量不能太大，以免其周围油液过度受热后发生变质。

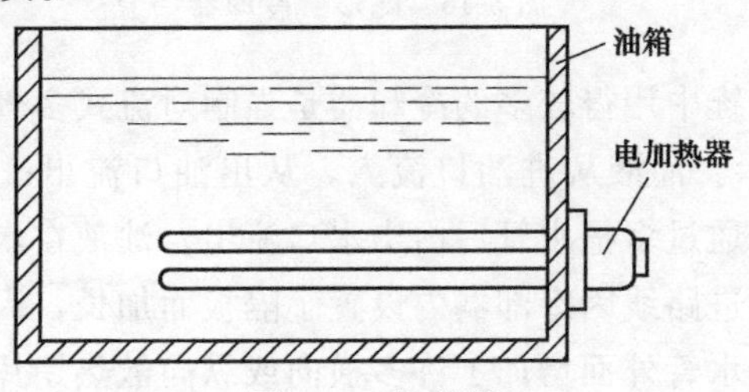

图 5-18　加热器

5.4.3　热交换器的图形符号及识别技巧

常见热交换器的图形符号见表 5-5。

表 5-5 常见热交换器的图形符号

名称	图形符号	功能	说明
冷却器一般符号	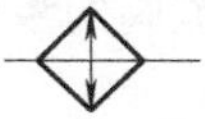	风冷或水冷，防止系统温度过高	向外的箭头表示热量向外散失
液体冷却的冷却器	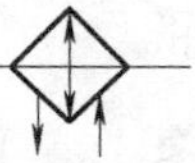	使用液体冷却防止温度过高	菱形外的带有箭头的直线表示冷却液管路
电动风扇冷却的冷却器	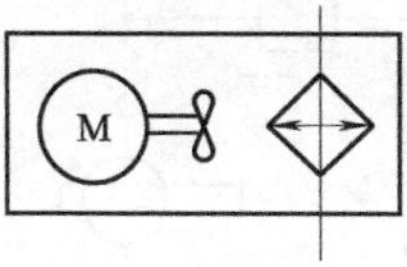 M	使用气体冷却	 ∞表示风扇，M 表示电动机
加热器		低温时将油箱中的液压油加热或将液压油加热到一定温度	向内的箭头表示热量向内
温度调节器	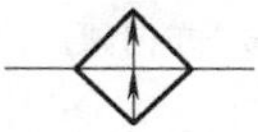	根据需要调节温度，使之在一个合理的范围内	一个箭头向内，一个箭头向外表示可以根据需要加热或散热

图形符号识别技巧如下。

① 菱形表示冷却器或加热器。

② 贯穿菱形的水平直线表示液压油路。

③ 与管路垂直的双箭头向外为冷却器。

④ 与管路垂直的双箭头向内为加热器。

⑤ 与管路垂直的两个箭头一个向内，一个向外表示既可加热，又能冷却，为温度调节器。

⑥ 菱形外的两个箭头表示冷却液管路。

5.4.4 热交换器的典型应用

冷却器一般安装在回油路或溢流阀的溢流管路上，也可组成独立的冷却回路。

图 5-19 所示为安装在主溢流阀溢流口的冷却器，溢流阀产生的热油直接得到冷却，与冷却器并联的单向阀起保护作用，截止阀可在启动时使液压油直接回油箱。

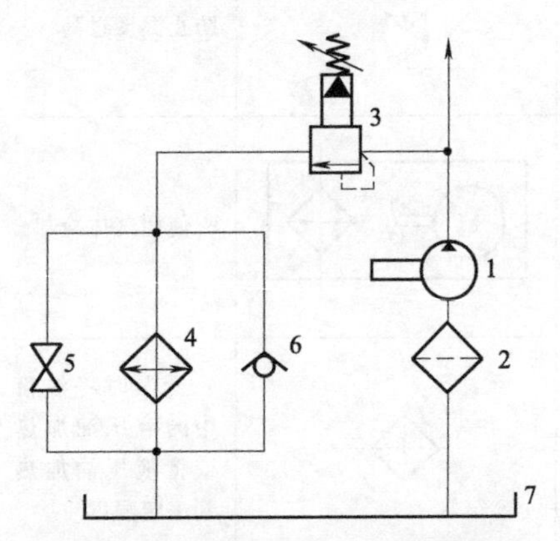

图 5-19 冷却器安装在主溢流阀溢流口

1—单向定量泵；2—过滤器；3—溢流阀；4—冷却器；5—截止阀；6—单向阀；7—油箱

图 5-20 所示为直接安装在主。油路上的冷却器，冷却速度

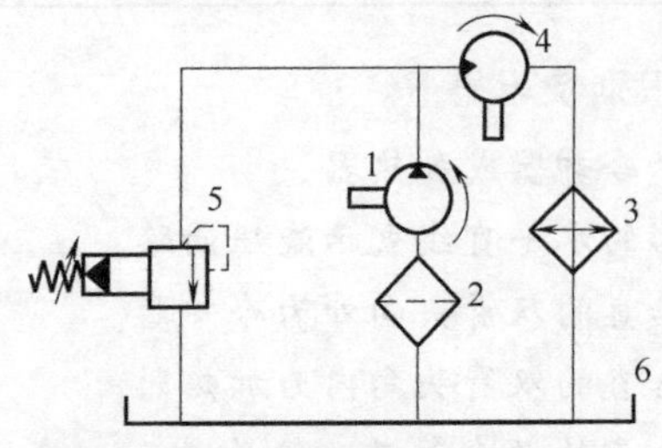

图 5-20 冷却器安装在主回油路上

1—单向定量泵；2—过滤器；3—冷却器；4—液压马达；5—溢流阀；6—油箱

轻松识别液压气动图形符号

快，但是系统回路有冲击压力时，要求冷却器能承受较高的压力。

图 5-21 所示为独立冷却回路，有单独的液压泵将热的工作油液通过冷却器冷却，这种冷却器不受液压冲击的影响。

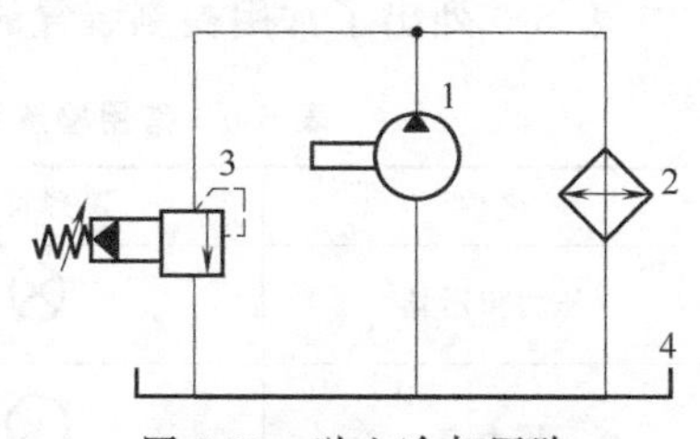

图 5-21 独立冷却回路

1—单向定量泵；2—冷却器；3—溢流阀；4—油箱

图 5-22 所示为油温自动控制回路。溢流阀排出的油和系统回油均经过冷却器 1 回油箱，温度传感器 2 检测到温度信号后和温度调定值比较，再经放大和处理来控制水阀 3 的开度，从而改变水的流量。当油温达到调定值时，水阀 3 保持一定开度。由于其他原因油温偏离调定值时，水阀 3 可自动加大或减小开度，使油温基本上保持调定值。若将水阀 3 关死，则控制系统不起作用，可人工操纵水阀 4 控制油温。

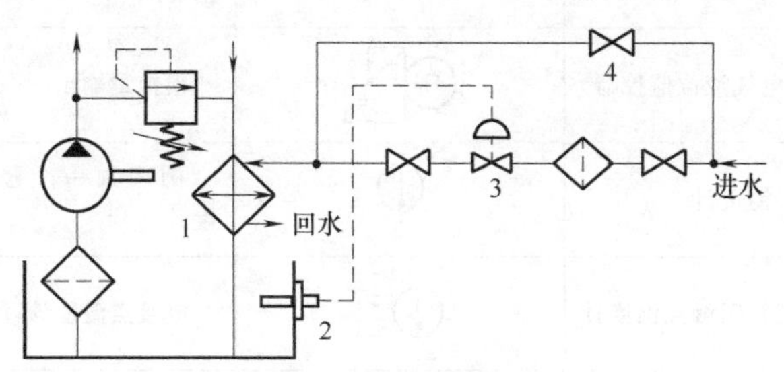

图 5-22 油温自动控制回路

1—冷却器；2—温度传感器；3,4—水阀

5.5 液压检测装置

液压检测装置是用来检测液压系统的压力、流量、温度、转速等指标的，主要有压力表、液位计、流量计等。

表 5-6 列出了常用检测装置的图形符号。

表 5-6　常用检测装置的图形符号

名称	图形符号	说明
压力指示器		圆内加一个斜“十”字
压力表		圆内加一个小斜箭头
多功能压力表		左端为手动调节装置
压差表		比压力表多一条外接管路
液位计		测量液位
液位开关		数字表示触点个数，四常闭触点
数字式电气液位监控器		模拟量输出
温度计		圆内加一个竖直的温度计
可调电气常闭触点温度计		电接点温度计，测量温度
流量指示器		圆内加两段左右弯曲的弧线
累计流量计		比流量计多一个“Σ”符号
数字式流量计		测量流量

续表

名称	图形符号	说明
转速仪		圆内加一个带箭头的圆
转矩仪		测量转矩
压力继电器		功能参数可调节
压力转换器	P	输出开关信号，可电子调节
压力传感器	P	模拟信号输出

图形符号识别技巧如下。

① 中型圆表示监测仪表。

② 圆外的直线表示液压连接管路。

③ 转速仪、转矩仪符号圆外的双线表示转轴。

④ 在液压系统中压力指示器、压力表、压差表、液位计、温度计、检流计一般竖直安装。

5.6 液压油管和管接头

5.6.1 液压油管

（1）种类、特点和应用场合

液压系统中使用的油管种类很多，有钢管、铜管、尼龙管、塑料管、橡胶管等。需按照安装位置、工作环境和工作压力来正确选用液压油管。

油管的特点及其适用范围见表 5-7 所示。

表 5-7　液压系统中使用的油管

种类		特点和适用场合
硬管	钢管	能承受高压，价格低廉，耐油，抗腐蚀，刚性好，但装配时不能任意弯曲，常在装拆方便处用作压力管道，中、高压系统用无缝管，低压系统用焊接管
	铜管	易弯曲成各种形状，但承压能力一般为 6.5～10MPa，抗振能力较弱，又易使油液氧化，通常用在液压装置内配接不便之处
软管	尼龙管	乳白色半透明，加热后可以随意弯曲成形，冷却后又能定形不变，承压能力因材质而异，自 2.5MPa 至 8MPa 不等
	塑料管	质轻耐油，价格便宜，装配方便，但承压能力低，长期使用会变质老化，只宜用作压力低于 0.5MPa 的回油管、泄油管等
	橡胶管	高压管由耐油橡胶夹几层钢丝编织网制成，钢丝网层数越多，耐压越高，价昂，用作中、高压系统中两个相对运动件之间的压力管道。低压管由耐油橡胶夹帆布制成，可用作回油管道

(2) 图形符号和识别技巧

常见液压油管的图形符号见表 5-8。

表 5-8　常见液压油管的图形符号

名称	图形符号	说明
连接管路		管路之间油流相通
交叉管路		交叉但不连接
柔性管路		弧线部分表示柔性管路

图形符号识别技巧如下。

① 直线表示刚性管路。

② 弧线表示柔性管路。

③ 线与线连接处的黑点表示管接头。

④ 管路与接头一般不单独存在，要注意在回路图或系统原理图中予以识别。

5.6.2 管接头

管接头是油管与油管、油管与液压件之间的可拆式连接件，它必须具备装拆方便、连接牢固、密封可靠、外形尺寸小、通流能力大、压降小、工艺性好等各项条件。

管接头的种类很多，液压系统中常用的管接头见表5-9。

液压系统中的泄漏问题大部分都出现在管路系统中的接头上，为此对管材的选用，接头类型的确定，管系的设计以及管道的安装等，都要审慎从事，以免影响整个液压系统的使用质量。

表5-9 液压系统中常用的管接头

名称	结构简图	特点
焊接式管接头	球形头	连接牢固，利用球面进行密封，简单可靠 焊接工艺必须保证质量，必须采用厚壁钢管，拆装不便
卡套式管接头	油管 卡套	用卡套卡住油管进行密封，轴向尺寸要求不严，拆装简便 对油管径向尺寸精度要求较高，为此要采用冷拔无缝钢管
扩口式管接头	油管 管套	用油管管端的扩口在管套的压紧下进行密封，结构简单 适用于铜管、薄壁钢管、尼龙管和塑料管等低压管道的连接

续表

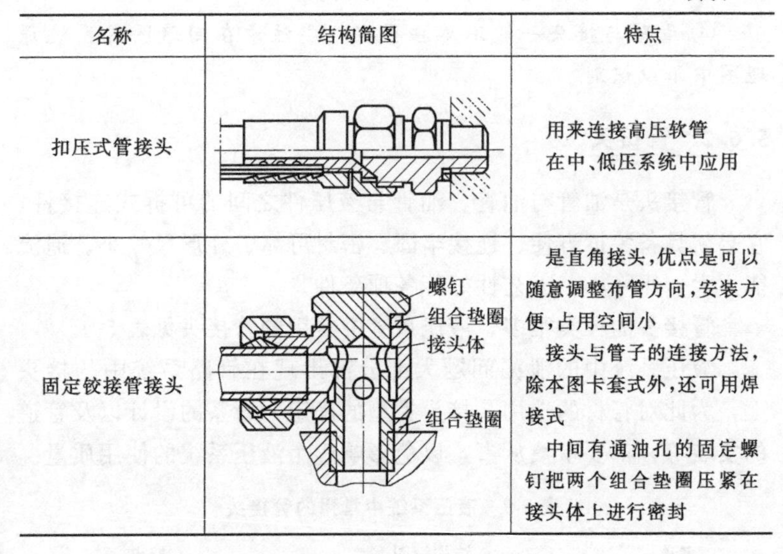

名称	结构简图	特点
扣压式管接头		用来连接高压软管 在中、低压系统中应用
固定铰接管接头	螺钉 组合垫圈 接头体 组合垫圈	是直角接头，优点是可以随意调整布管方向，安装方便，占用空间小 接头与管子的连接方法，除本图卡套式外，还可用焊接式 中间有通油孔的固定螺钉把两个组合垫圈压紧在接头体上进行密封

常见管接头的图形符号见表5-10。

表5-10　常见管接头的图形符号

名称		图形符号	说明
快换接头	不带单向阀的快换接头，断开状态		⊥表示封闭管路或接口
	不带单向阀的快换接头，连接状态		快换接头的拆装不需要拆装工具，用于经常拆装的场合
	带一个单向阀的快换接头，断开状态		○表示单向阀阀芯，∨表示单向阀阀座

续表

名称		图形符号	说明
快换接头	带一个单向阀的快换接头，连接状态		接头中带有单向阀，以实现管路锁闭
	带两个单向阀的快换接头		断开状态
	带两个单向阀的快换接头		连接状态
旋转接头	单通旋转接头		单路通或断
	三通旋转接头	1 2 3 1 2 3	三路通或断

第6章 气源装置和气动辅助元件的图形符号

6.1 气源装置

用于产生、处理和储存压缩空气的设备称为气源装置。气源装置的功能是为气动系统提供满足一定质量要求的清洁、干燥的压缩空气。

气源装置的组成如图 6-1 所示，气源装置一般由空气压缩机及空气冷却、净化、干燥、储存装置等组成。

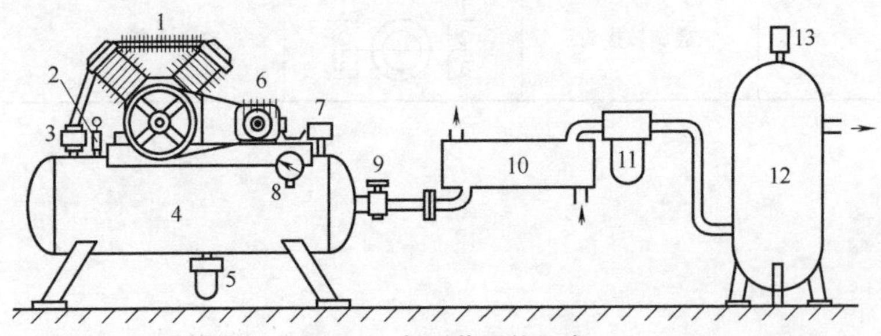

图 6-1 气源装置的组成

1—空气压缩机；2,13—安全阀；3—单向阀；4—小气罐；5—排水器；6—电动机；7—压力开关；8—压力表；9—截止阀；10—后冷却器；11—油水分离器；12 —大气罐

6.1.1 空气压缩机

空气压缩机功能是将原动机（电动机或内燃机）输出的机械

能转变成气体的压力能，从而为气动系统提供动力源。根据生成压缩空气的方式，空气压缩机有容积式和动力式之分，容积式空气压缩机又有活塞式、膜片式、叶片式和螺杆式之分，动力式空气压缩机又有离心式和轴流式之分。

如图 6-2 所示，活塞式空气压缩机气源装置一般由电动机、空气压缩机、压力表、安全阀、储气罐、排水阀、排水截止阀等组成。在电动机的驱动下，空气压缩机将空气压缩成较高压力的压缩气体，输送给气动系统。压力开关根据储气罐内压力的大小来控制电动机的启动和停转，当储气罐内压力上升到调定的最高压力时，电动机停止运转；当储气罐内压力降至调定的最低压力时，电动机又重新启动。当储气罐内压力超过允许限度时，安全阀自动打开向外排气，以保证空气压缩机的安全运行。

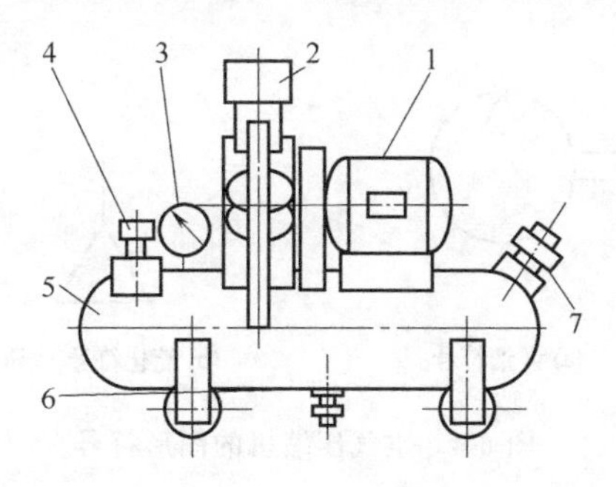

图 6-2　活塞式空气压缩机气源装置的典型结构

1—电动机；2—空气压缩机；3—压力表；4—安全阀；5—储气罐；6—排水阀；7—排水截止阀

活塞式空气压缩机的工作过程可分为吸气过程和排气过程，如图 6-3 所示。

吸气过程：曲柄 8 回转带动活塞 3 作直线往复运动，当活塞 3 向右运动时，气缸 2 内容积增大形成局部真空，在大气压力作用下，吸气阀 9 打开，大气进入气缸 2。

排气过程：当活塞向左运动时，气缸 2 内容积缩小，气体被

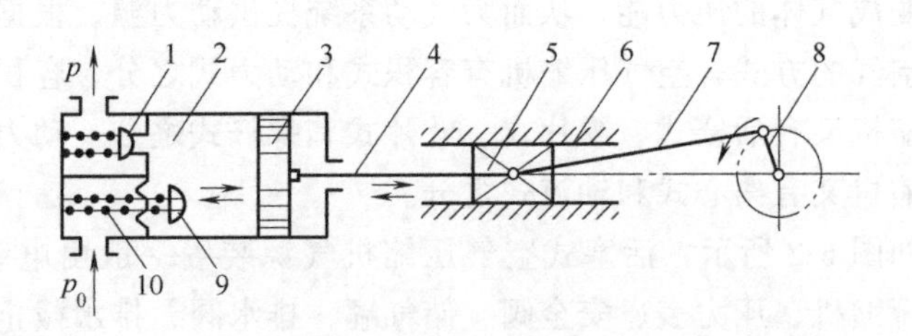

图 6-3　活塞式空气压缩机的工作原理

1—排气阀；2—气缸；3—活塞；4—活塞杆；5—滑块；
6—滑道；7—连杆；8—曲柄；9—吸气阀；10—弹簧

压缩，压力升高，排气阀 1 打开，压缩空气排入储气罐。

空气压缩机的图形符号如图 6-4 所示。

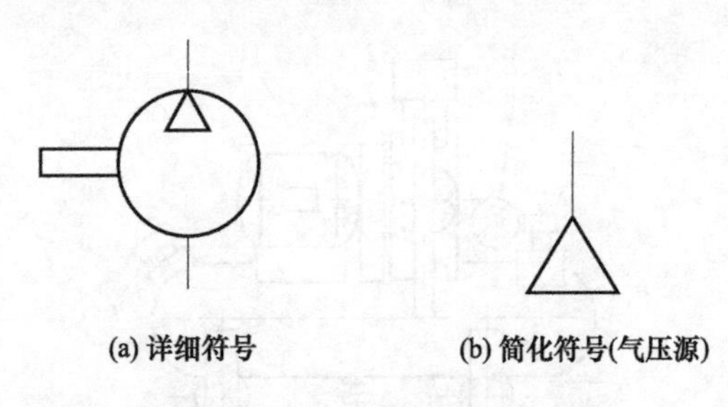

图 6-4　空气压缩机的图形符号

图形符号识别技巧如下。

① 简化符号代表了气动系统中的动力源，它可以是空气压缩机中的任意一种或其他。

② 圆代表回转构件。

③ 圆左侧的矩形代表输出轴。

④ 圆内的空心三角表明它是空气动力源而非液压动力源(液压为实心三角)。

⑤ 圆内的空心三角下大上小，表明空气的体积变化由大到小，进行的是空气压缩，区别于气马达。

6.1.2　空气净化处理元件

气动系统的工作介质是压缩空气，但实际上由压缩机产生的压缩空气必须经过适当的处理后才能送到气动装置中使用，否则会产生故障。气动系统必须设置净化装置。

（1）冷却器

冷却器的功能是对压缩机产生的压缩空气进行降温处理。一般从空气压缩机输出的压缩空气温度很高，压缩空气中所含的油、水均以气态的形式存在，为防止气态的油和水对储气罐或气动设备的腐蚀和损害，需在压缩机出口之后安装后冷却器，使压缩空气降温至40～50℃，使其中的大部分油雾、水蒸气凝结成油滴和水滴后分离。小型压缩机常与气罐装在一起，靠气罐表面冷却进行油和水的分离。而对大中型压缩机，其后常装有后冷却器。

冷却器按冷却方式不同一般分为风冷式和水冷式两种。

风冷式冷却器如图6-5所示，由风扇将冷空气吹向管道，从压缩机输出的压缩空气进入冷却器后，经过较长的散热管道进行冷却。

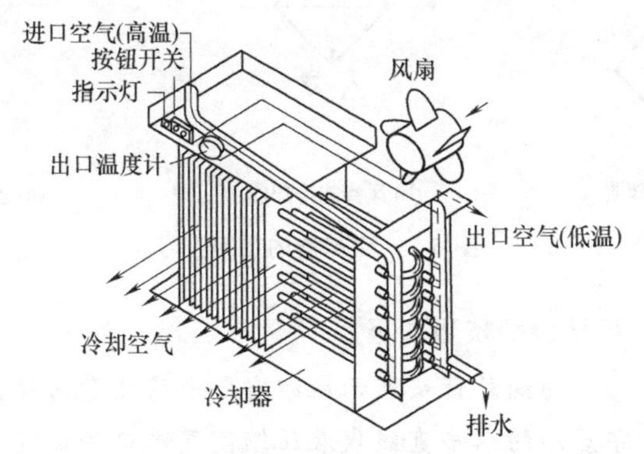

图6-5　风冷式冷却器

水冷式冷却器常用于大中型压缩机。图6-6所示为水冷式冷却器，在工作时，一般是冷却水在管内流动，空气在管间流动，水与空气的流动方向相反。因为水冷式冷却器冷却介质为水，所以它的冷却效率较高。压缩空气在冷却过程中生成的冷凝液可通过排水器排出。

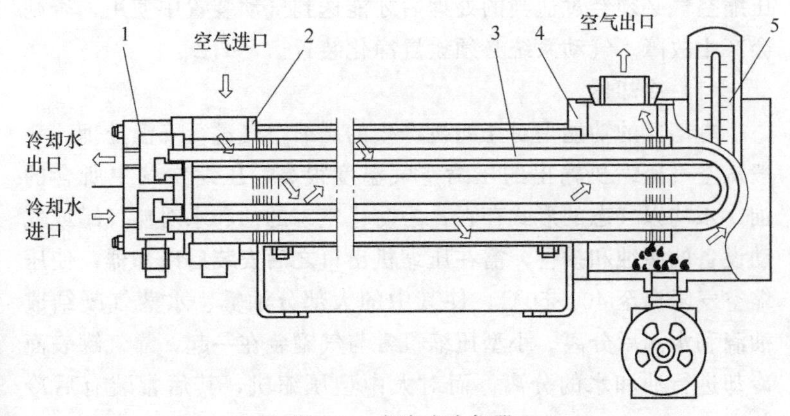

图 6-6　水冷式冷却器

1—水室盖；2—外筒；3—带散热片的管束；4—气室盖；5—出口温度计

冷却器的图形符号如图 6-7 所示。

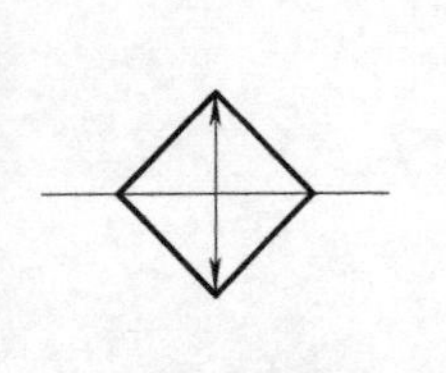

(a) 通用冷却器

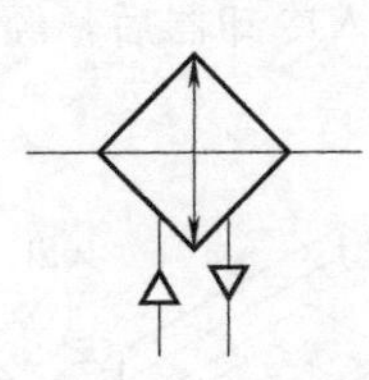

(b) 风冷式冷却器

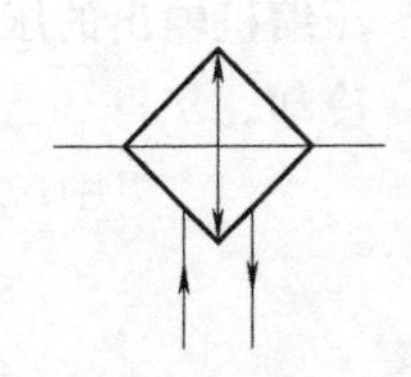

(c) 水冷式冷却器

图 6-7　冷却器的图形符号

图形符号识别技巧如下。

① 菱形中的向外箭头表示压缩空气中的热量向外散发。

② 贯穿菱形的水平直线代表压缩空气进口和出口管路接口。

③ 菱形下方的竖线代表冷却介质的管路，空心三角代表风冷，箭头代表水冷。

(2) 储气罐

储气罐的功能是减少气流的脉动，稳定气压，减少管道的振动，保证气流的连续性；储存一定量的压缩空气，以解决压缩机排气量和用户耗气量之间的不平衡，调节供气和稳定工作压力；进一步分离压缩空气中的油分、水分和杂质。

储气罐一般为圆筒形焊接结构，可分为立式储气罐和卧式储气罐。立式储气罐如图 6-8 所示。

储气罐的图形符号如图 6-9 所示。

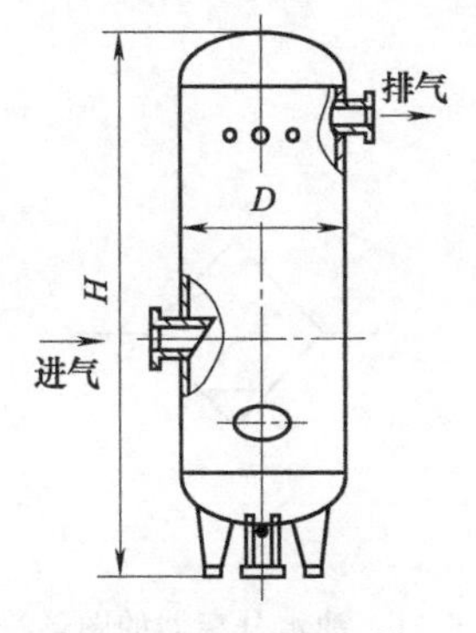

图 6-8　立式储气罐

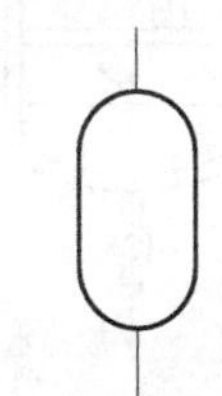

图 6-9　储气罐的图形符号

图形符号识别技巧如下。

① 图形符号是立式或卧式储气罐的抽象。

② 上下的竖线可视为进气和排气的管路接口。

③ 与液压系统中的蓄能器一般符号相同，在具体系统中要注意区分。

(3) 油水分离器

油水分离器功能是将压缩空气中的油分、水分和灰尘等分离出来。

油水分离器一般位于后冷却器后端的气源管路上，将压缩空气中的油分、水分和灰尘进行分离，从而实现对压缩空气的初步净化。油水分离器按结构可分为撞击挡板式、离心旋转式、水浴式等多种。撞击挡板式油水分离器如图 6-10 所示，当压缩空气由进气管进入分离器后，气流受到隔板的阻挡，速度和流向发生了急剧的变化，压缩空气中凝结的油滴、水滴、灰尘等杂质受到惯性力而被分离出来。

油水分离器的图形符号如图 6-11 所示。

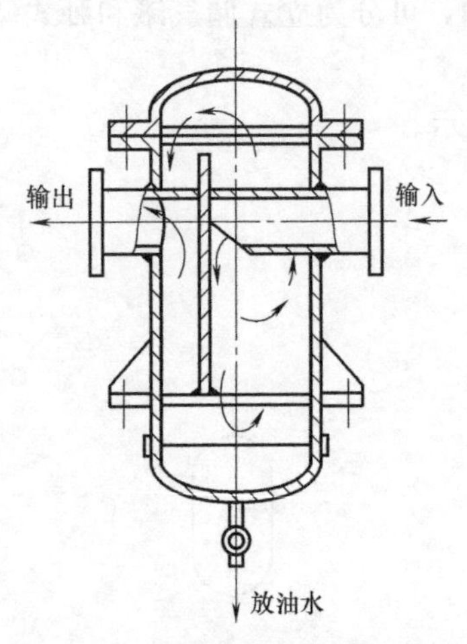

图 6-10 撞击挡板式油水分离器

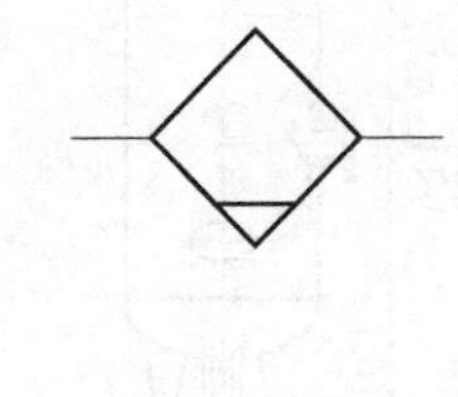

图 6-11 油水分离器的图形符号

图形符号识别技巧如下。

① 菱形代表油水分离器的容器。

② 菱形左右的横线代表进气和出气的管路接口。

③ 菱形内的横线代表分离出来的油水液面。

(4) 过滤器

过滤器的功能是除去压缩空气中的粉尘、水滴、油污及除臭等。常见的过滤器有分水滤气器、主管过滤器、除臭过滤器等。

图 6-12 所示为分水滤气器，其功能是分离水分、过滤杂质。从输入口流入的压缩空气经叶片的导流后形成旋转气流，在离心力的作用下，空气中所含的液态油、水和杂质被甩到滤杯的内壁上，并沿着杯壁流到底部。已去除液态油、水和杂质后的压缩空气从输出口流出。挡水板是防止积存在滤杯底部的液态油、水再次被卷入气流中。存水杯中的水需要及时排除。

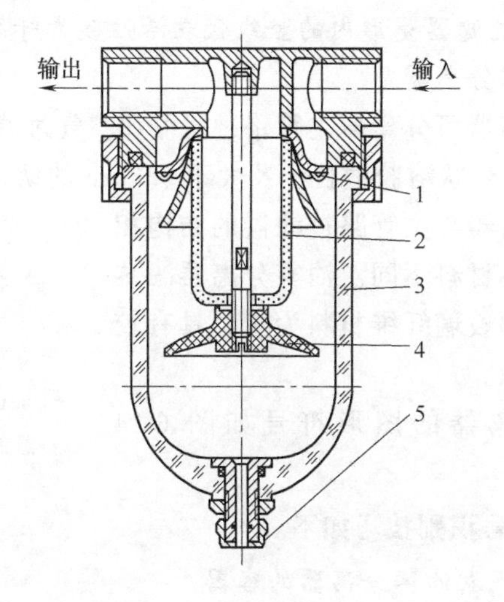

图 6-12　分水滤气器

1—旋风叶片；2—滤杯；3—存水杯；4—挡水板；5—放水阀

图 6-13 所示为过滤器的图形符号。

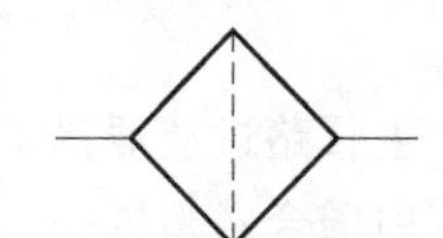

(a) 通用过滤器

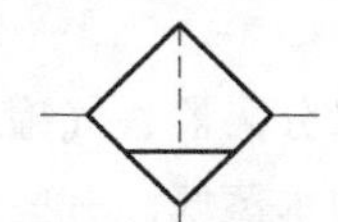

(b) 手动排水分水滤气器

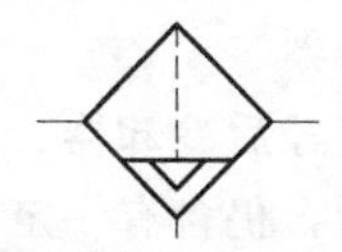

(c) 自动排水分水滤气器

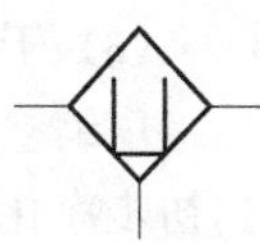

(d) 除臭过滤器

图 6-13　过滤器的图形符号

图形符号识别技巧如下。

① 菱形代表过滤器的容器。

② 菱形两侧的横线代表进气和排气的管路接口。

③ 中间的虚线表示滤芯。

④ 菱形中的横线表示滤出水分等的液面。

⑤ 菱形下端的竖线表示排水管路接口。

⑥ 自动排水分水滤气器图形符号菱形内的三角代表自动排水装置（如浮子）。

⑦ 除臭过滤器菱形内的竖线代表活性碳素纤维滤芯。

(5) 油雾分离器

油雾分离器可分离掉主管路过滤器和空气过滤器难以分离掉的0.3～5μm气状溶胶油粒子及大于0.3μm的锈末、炭粒等。

油雾分离器与主管路过滤器的结构相类似，仅滤芯材料不同。油雾分离器滤芯以超细纤维和玻璃纤维材料为主，具有较大的吸附面积。

油雾分离器的图形符号如图6-14所示。

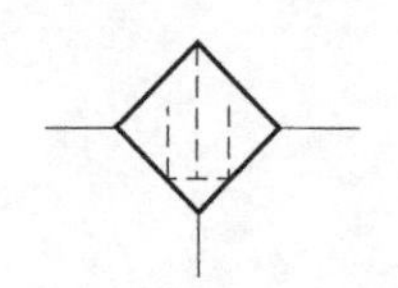

图6-14 油雾分离器的图形符号

图形符号识别技巧如下。

① 菱形代表油雾分离器的容器。

② 菱形两侧的横线代表进气和排气的管路接口。

③ 菱形中的虚线表示油雾分离器的滤芯。

④ 菱形下端的竖线表示排水管路接口。

⑤ 菱形中的横线表示滤出的水滴、油滴液面。

(6) 干燥器

压缩空气经后冷却器、油水分离器、气罐、主管路过滤器得到初步净化后，仍含有一定量的水蒸气。有些应用场合必须进一步清除水蒸气，干燥器就是用来进一步清除水蒸气的，但不能依靠它清除油分。

根据滤出水分的方法不同，干燥器分为冷冻式干燥器、吸附式干燥器、吸收式干燥器、中空膜式干燥器等。

吸附式干燥器的工作原理是利用某些具有吸附水分性能的吸附剂（如活性氧化铝、分子筛、硅胶等）来吸附压缩空气中的水分。如图6-15所示，潮湿的压缩空气从进气口1进入，经过上吸附层、滤网、上栅板、下吸附层后，在吸附剂的作用下，压缩空气中的水分被吸附剂所吸附从而成为干燥的空气，干空气通过滤网、栅板、毛毡层的进一步过滤，杂质和粉尘被过滤掉，干燥洁净的空气从排气口14排出。

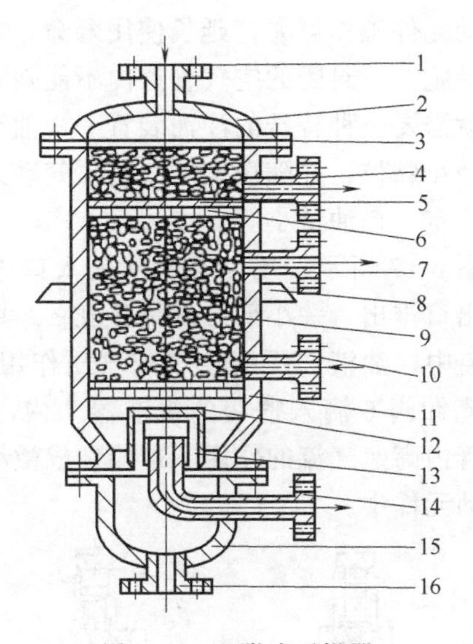

图 6-15 吸附式干燥器

1—湿空气进气口；2—上封头；3—密封；4,7—再生空气排气口；
5,13—钢丝滤网；6—上栅板；8—支撑架；
9—下吸附层；10—再生空气进气口；11—主体；12—毛毡层；
14—干空气排气口；15—下封头；16—排水口

图 6-16 所示为干燥器的图形符号。

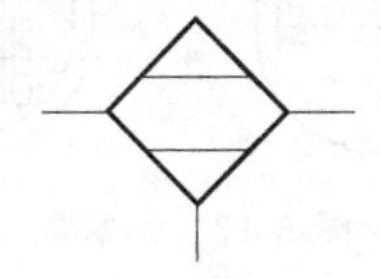

图 6-16 干燥器的图形符号

图形符号识别技巧如下。

① 菱形代表干燥器的容器。

② 菱形中间的两条横线代表干燥装置（干燥吸附剂）。

③ 两侧的横线代表进气和排气的管道接口。

④ 菱形下方的竖线代表排水管道接口。

（7）油雾器

为保证气动元件工作可靠，延长使用寿命，常常对控制阀和气缸采取润滑措施。在封闭的空气管道内不能随意向气动元件注入润滑油，这就需要一种特殊的注油装置——油雾器。润滑油被油雾器雾化为微小颗粒，并随压缩空气进入气动元件中。其特点是润滑均匀、稳定、耗油量小等。

油雾器如图 6-17 所示，压缩空气从输入口进入后，其中的大部分气体从出口排出，一小部分气体经孔 a、截止阀 2 进入油杯 3 的上方 c 腔中，油液在压缩空气的气压作用下沿吸油管 4、单向阀 5 和节流针阀 6 滴入透明的视油器 7 内，进而滴入主管内。油滴在主管内高速气流的作用下被撕裂成微小颗粒，随气流进入之后的气动元件中。

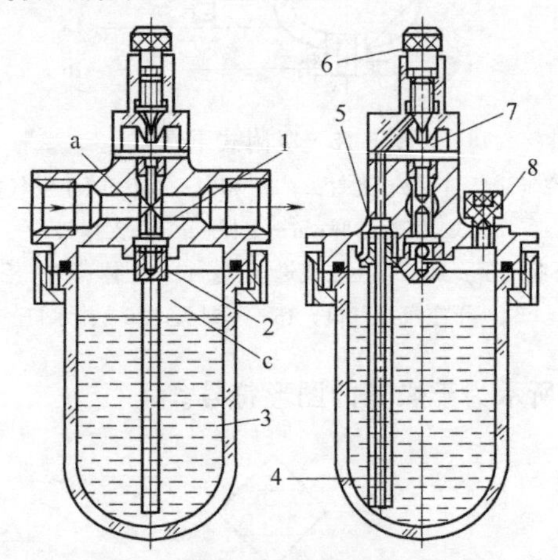

图 6-17　油雾器

1—立杆；2—截止阀；3—油杯；4—吸油管；5—单向阀；6—节流针阀；7—视油器；8—油塞

油雾器的图形符号如图 6-18 所示。

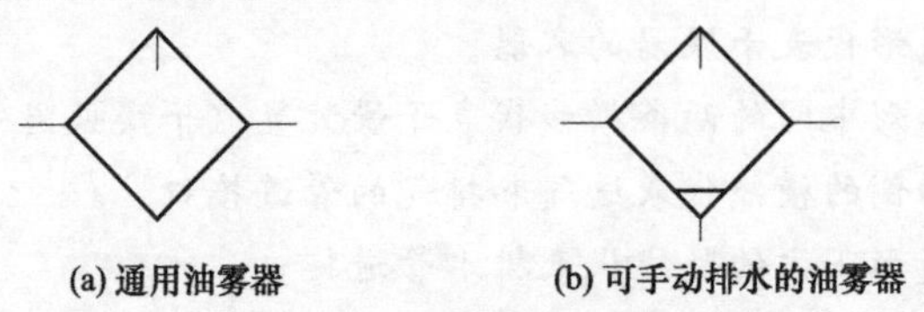

图 6-18　油雾器的图形符号

图形符号识别技巧如下。

① 菱形代表油雾器的容器。

② 菱形左右的横线代表进出油雾器的管路接口。

③ 菱形中的竖线表示滴油的油管。

④ 菱形中下方横线代表分离流体的液面。

⑤ 菱形下方竖线代表排水管路接口。

(8) 分水排水器

分水排水器用于排除管道低处以及油水分离器、储气罐等底部的冷凝水，按其工作方式可分为手动排水器和自动排水器。

自动排水器用于自动排除空气管道、储气罐、过滤器等处的积水。在具有自动排水机构的分水过滤器中的各种内置自动排水机构，都可以构成独立的自动排水器。自动排水器根据其结构原理有浮子式、弹簧式、压差式和电动式之分。浮子式自动排水器（图 6-19）最为常用。

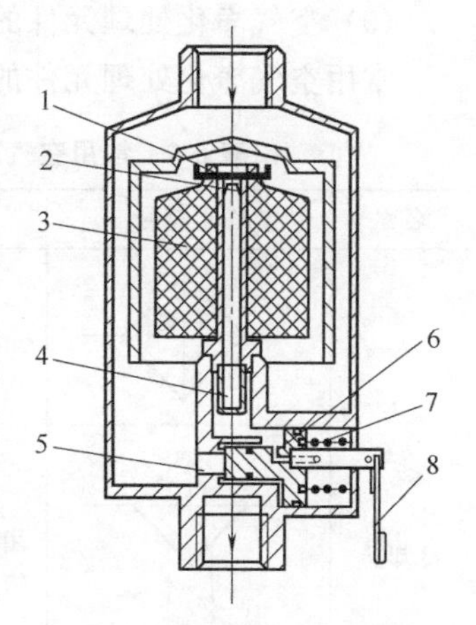

图 6-19 浮子式自动排水器

1—盖板；2—喷嘴；3—浮子；4—滤芯；5—排水口；6—溢流孔；7—弹簧；8—操纵杆

浮子式自动排水器的工作原理是当冷凝水积聚至一定水位时，由浮子的浮力启动排水机构进行自动排水。

分水排水器的图形符号如图 6-20 所示。

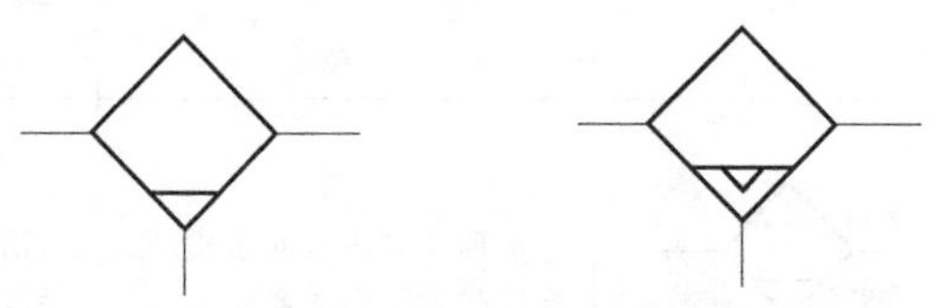

(a) 手动排水器　　(b) 自动排水器

图 6-20 分水排水器的图形符号

图形符号识别技巧如下。

① 菱形代表分水排水器的容器。

② 菱形左右的横线代表进出分水排水器管路接口。

③ 菱形中的横线代表容器内积水的液面。

④ 菱形下方的竖线代表排水管路接口。

⑤ 自动排水器菱形中的三角代表自动排水装置（如浮子）。

（9）空气净化处理元件的图形符号

常用空气净化处理元件的图形符号见表 6-1。

表 6-1 常用空气净化处理元件的图形符号

名称	图形符号	说明	功能
冷却器	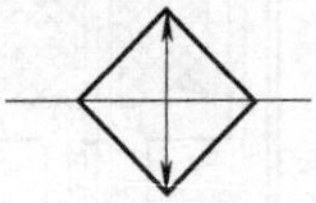	通用冷却器符号	冷却器的作用是对压缩机产生的压缩空气进行降温处理
	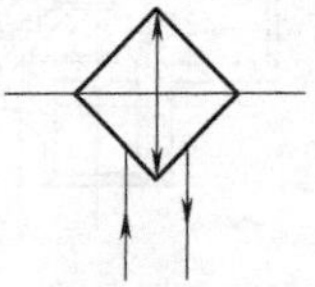	水冷式冷却器符号，比通用冷却器符号多了两条带箭头的线	
	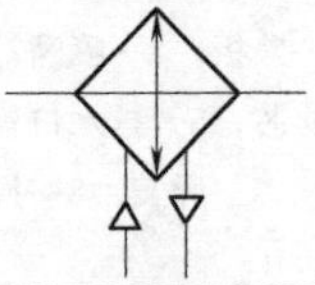	风冷式冷却器符号，比通用冷却器符号多了两条带空心三角的线	
油水分离器	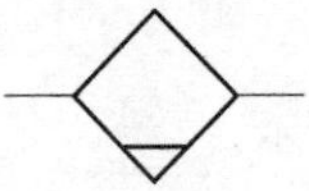	菱形符号内有一条象征液面的横线	将压缩空气中的油分、水分和灰尘等分离出来
干燥器	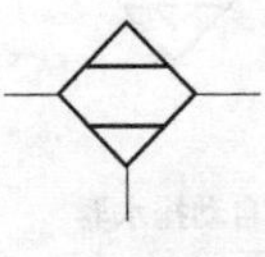	菱形符号内有两条横线，横线代表干燥装置	清除压缩空气中的水分

续表

名称	图形符号	说明	功能
过滤器	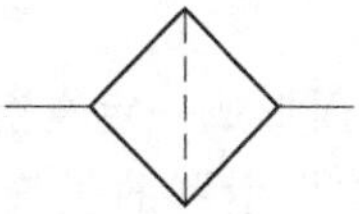	过滤器的通用符号，菱形中有一条象征滤芯的虚线	清除压缩空气中的油分、水分、杂质等，使压缩空气满足一定的质量要求
	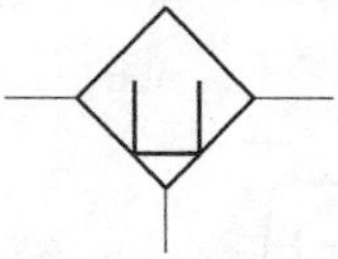	吸附式过滤器，菱形中有两条象征吸附装置的竖线和一条象征液面的横线	
分水排水器	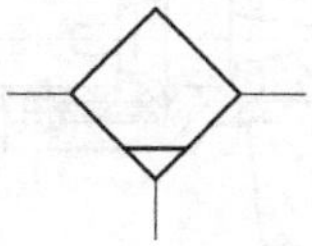	手动排水方式，菱形中有一条象征液面的横线	将管路低处或各类分离装置底部的油、水自动或手动排出
	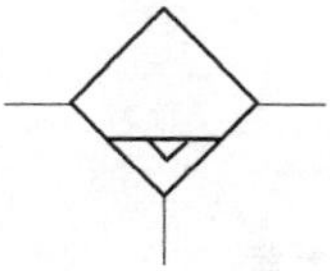	自动排水方式，菱形中有一条象征液面的横线和一个象征自动排水装置的三角	
油雾分离器	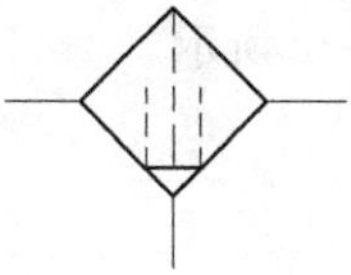	油雾分离器滤芯具有较大的吸附面积。其图形符号与一般过滤器相比滤芯增加了两条虚线，下面的横线象征了分离出的流体的液面	可分离过滤器难以分离掉的 0.3～5μm 气状溶胶油粒子及大于 0.3μm 的锈末、炭粒等
油雾器	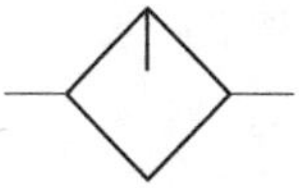	通用油雾器，菱形内有一条象征滴油管的短线	润滑油被油雾雾化为微小颗粒，并随压缩空气进入气动元件中
	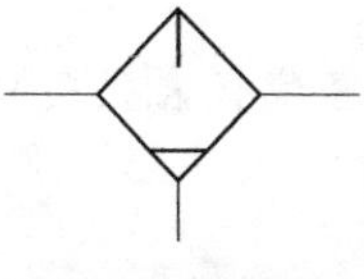	可手动排水的油雾器，比通用油雾器多了一条象征分离流体液面的横线	

6.1.3 真空元件

6.1.3.1 真空发生器

真空发生器是利用压缩空气的流动而形成一定真空度的气动元件。如图 6-21 所示，压缩空气从真空发生器的供气口 P 经喷管流向排气口 T 时，在真空口 A 产生真空。当 P 口无压缩空气输入时，抽吸过程停止，真空消失。

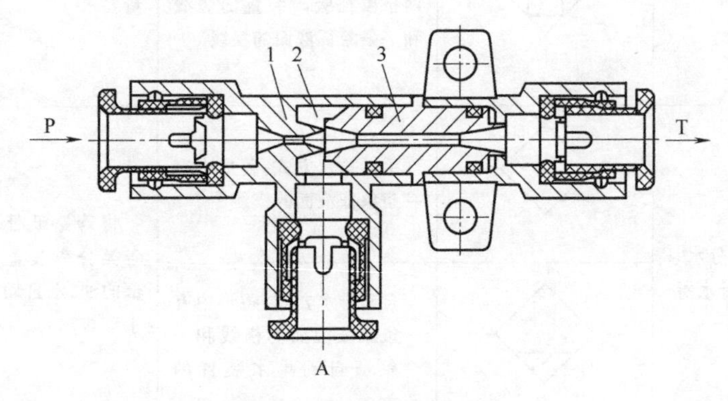

图 6-21 普通真空发生器

1—喷管；2—负压腔；3—接收管

普通真空发生器的图形符号如图 6-22 所示。

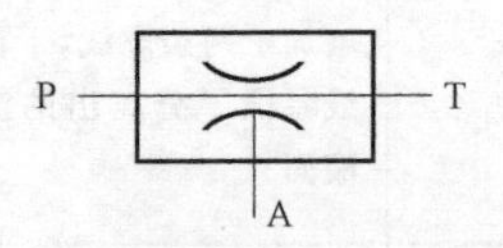

图 6-22 普通真空发生器的图形符号

图形符号识别技巧如下。

① 矩形代表真空发生器阀体。

② 贯穿矩形的横线和矩形下方的竖线代表供气口 P、排气口 T 和真空口 A。

③ 背对背的圆弧代表喷管。

6.1.3.2　真空吸盘

真空吸盘用于吸附表面光滑且平整的工件。吸盘由丁腈橡胶、聚氨酯和硅橡胶等材料与金属骨架压制而成，柔软而富有弹性。用吸盘抓取工件时，吸盘内部形成真空，工件在大气压力作用下被吸附在吸盘上。

真空吸盘的图形符号如图 6-23 所示。

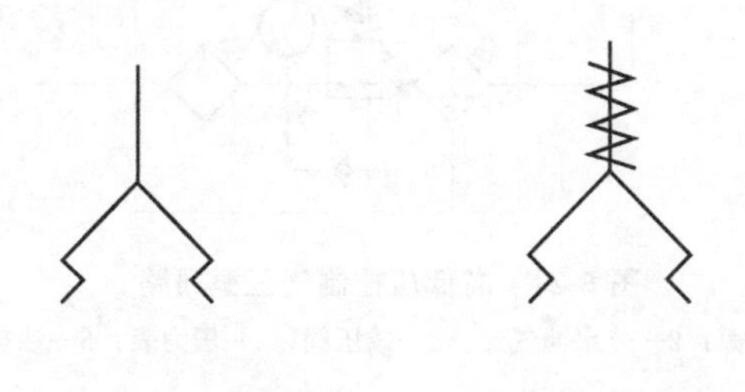

(a) 通用真空吸盘符号　　(b) 带缓冲真空吸盘符号

图 6-23　真空吸盘的图形符号

图形符号识别技巧如下。

① 真空吸盘图形符号是真空吸盘实物外形的抽象。

② 带缓冲真空吸盘图形符号上方添加弹簧符号。

6.1.4　气源装置的典型应用

（1）高低压控制气压源回路

图 6-24 所示为一典型的高低压控制气压源回路，它由气压源和两个并联的气动三联件（分水滤气器、减压阀和油雾器）组成。通过调整气动三联件上减压阀的压力数值可使回路获得高低不同的压力。

（2）带储气罐的气压源回路

对于供气压力变化较大或气动系统瞬时耗气量较大的系统，可以在过滤器、减压阀的前面或后面增加储气罐来减少气动系统的压力波动，如图 6-25 所示。

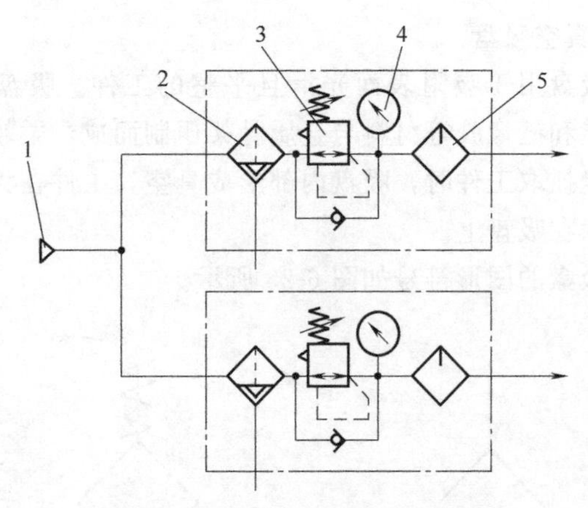

图 6-24 高低压控制气压源回路

1—气源；2—分水滤气器；3—减压阀；4—压力表；5—油雾器

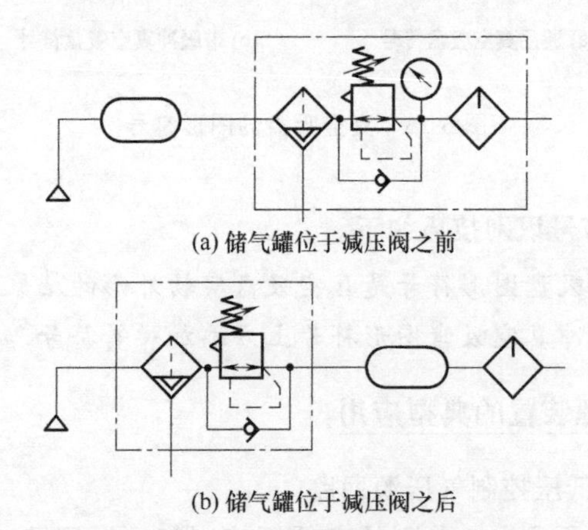

(a) 储气罐位于减压阀之前

(b) 储气罐位于减压阀之后

图 6-25 带储气罐的气压源回路

6.2 气动辅助元件

6.2.1 管道及管接头

管道在气动系统中，起着连接各元件的重要作用，通过它向各气动元件、装置和控制点输送压缩空气。管道材料有金属和非金属之分，金属管道多用于车间气源管道和大型气动设备，非金属管道多用于中小型气动系统元件之间的连接以及需要经常移动的元件之间的连接（如气动工具）。

图 6-26 所示为管道及管接头的图形符号。

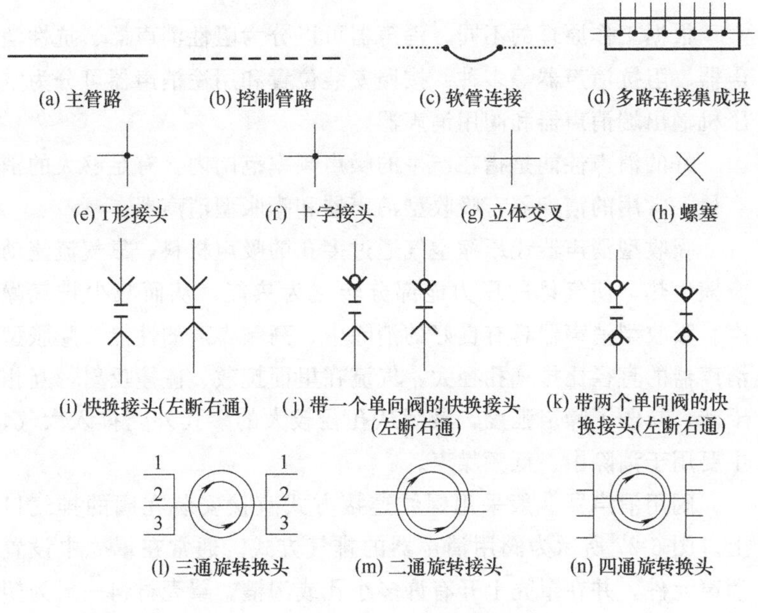

图 6-26　管道及管接头的图形符号

图形符号识别技巧如下。

① 在气动系统中主管路用实线表示，控制管路用虚线表示，软管用弧线表示。

② 管道交叉时，不通的两管道用交叉线表示，相通的两管道在交叉处加黑点。

③ 管线的接头用背对背的大于号和小于号表示，如果带单向阀要用一个小圆代表单向阀的阀芯。

④ 两个接头不通时，用背对背的“T”形来表示，两个接头

相通时“T”形相接。

⑤ 旋转的接头用两个同心圆来表示，内圆绘制箭头表示可以旋转，旋转接头的通路数量用分支横线表示，几通就要画几条分支横线。

6.2.2 消声器

根据工作原理的不同，消声器可以分为阻性消声器、抗性消声器、阻抗消声器等多种。按照安装位置和用途消声器可分为空压机输出端消声器和阀用消声器。

好的消声性能是指在产生的噪声频率范围内，有足够大的消声量。常用的消声器有吸收型消声器和膨胀型消声器。

吸收型消声器让压缩空气通过多孔的吸声材料，靠气流流动摩擦生热，使气体的压力能部分转化为热能，从而减少排气噪声。吸收型消声器具有良好的消除中、高频噪声的性能。膨胀型消声器的直径比排气孔径大，气流在里面扩散、碰撞反射，互相干涉，减弱了噪声强度，最后从孔径较大的多孔外壳排入大气，主要用于消除中、低频噪声。

阀用消声器一般采用螺纹连接方式直接安装在阀的排气口上。图 6-27 所示为阀用消声器的排气方式。通常在罩壳中设置消声元件，并在罩壳上开有许多小孔或沟槽。罩壳材料一般为塑料或铝、黄铜等金属。消声元件的材料通常为纤维、多孔塑料、金属烧结物或金属网状物等。

消声器的图形符号如图 6-28 所示。

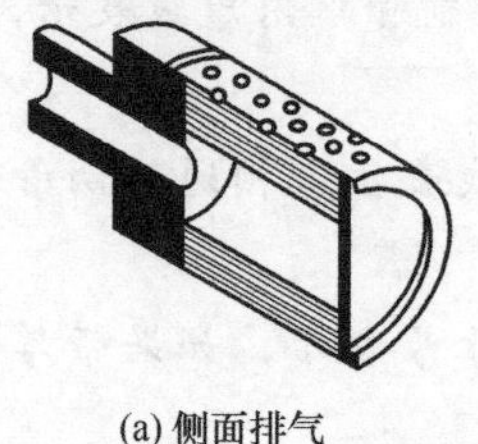
(a) 侧面排气

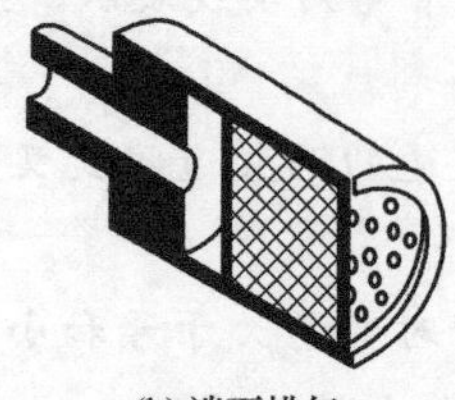
(b) 端面排气

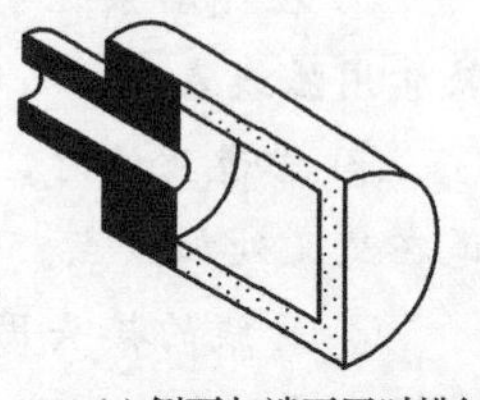
(c) 侧面与端面同时排气

图 6-27 阀用消声器的排气方式

图形符号识别技巧如下。

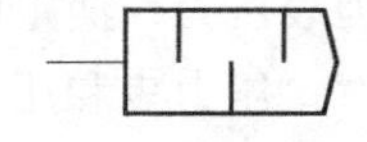

图 6-28　消声器的图形符号

① 五边形代表消声器的外壳。

② 五边形左侧的横线代表排气管道接口。

③ 五边形内部的竖线代表消声材料或装置。

6.2.3　压力开关

压力开关是一种当输入压力达到设定值时，电气开关接通，发出电信号的装置，常用于需要压力控制和保护的场合。例如，空压机排气和吸气压力保护，有压容器（如气罐）内的压力控制等。压力开关除用于压缩空气外，还用于蒸汽、水、油等其他介质压力的控制。压力开关由感受压力变化的压力敏感元件、调整设定压力大小的压力调整装置和电气开关三部分构成。

压力开关的图形符号如图 6-29 所示。

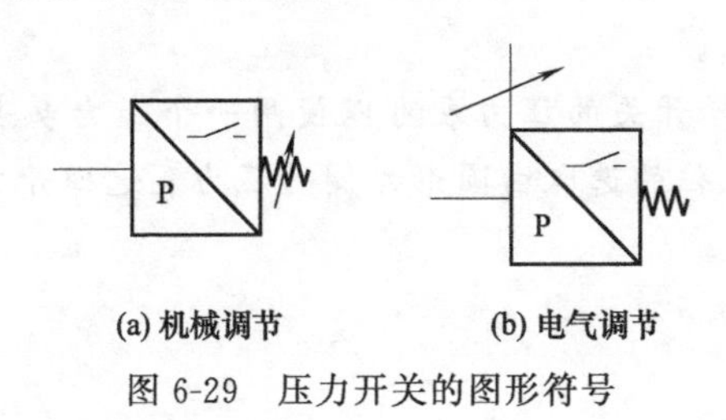

图 6-29　压力开关的图形符号

图形符号识别技巧如下。

① 带斜线的矩形代表压力开关。

② 矩形左侧的横线代表测压接口。

③ 中间的 P 代表压力，—⁄-代表是开关量输出。

④ 带箭头的斜线画在弹簧符号上代表采用机械调节方式，画在矩形上方的竖线上代表采用电气调节方式。

6.2.4　压力表和压差表

测定高于大气压力的压力仪表称为压力表，其所指示的压力为表压力。测定两点压力之差的仪表称为压差表。

压力表和压差表的图形符号如图 6-30 所示。

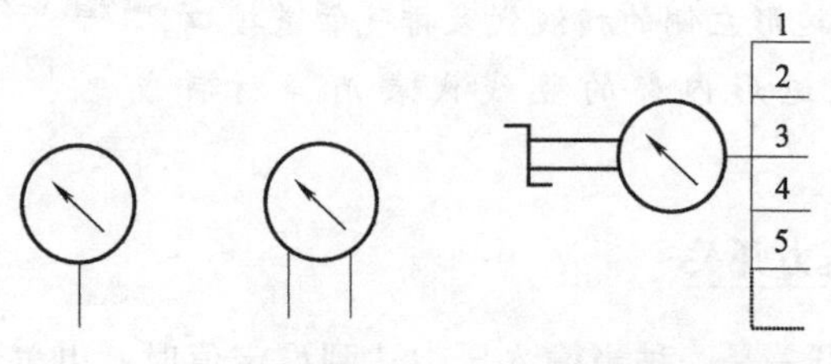

图 6-30　压力表和压差表的图形符号

图形符号识别技巧如下。

① 圆形代表表盘。

② 圆形中的箭头代表指针。

③ 圆形下部直线代表进气管路接口，单竖线为压力表，双竖线为压差表。

④ 带选择开关的压力表可以使用一个压力表来测定多个点位的压力，点位的选取由圆形左侧的压力表选择开关来完成。

第7章 气动执行元件的图形符号

气动执行元件是一种将压缩空气的能量转化为机械能，实现直线、摆动或回转运动的传动装置。气动执行元件有三大类：产生直线往复运动的气缸；在一定角度范围内作摆动的摆动马达(也称摆动气缸，简称摆缸)；产生连续转动的气马达。

7.1 气缸

普通气缸与液压缸相似，由缸筒和缸盖、活塞和活塞杆密封元件等组成。按作用形式可分为单作用气缸和双作用气缸。按活塞杆的数量可分为单活塞杆气缸、双活塞杆气缸和无杆气缸。单活塞杆气缸是各类气缸中应用最广的一种气缸。由于它只在活塞的一端有活塞杆，活塞两侧承受气压作用的面积不等，因而活塞杆伸出时的推力大于退回时的拉力。双活塞杆气缸活塞两侧都有活塞杆，两侧受气压作用的面积相等，活塞杆伸出时的推力和退回时的拉力相等。

7.1.1 单作用气缸

单作用气缸由一侧气口供给气压驱动活塞运动，依靠弹簧力、外力或自重等作用使其返回。图 7-1 所示为单作用气缸。

单作用气缸有预缩型和预伸型两种。预缩型为压缩空气推动活塞，使活塞杆伸出，靠复位力使活塞杆退回。预伸型为压缩空

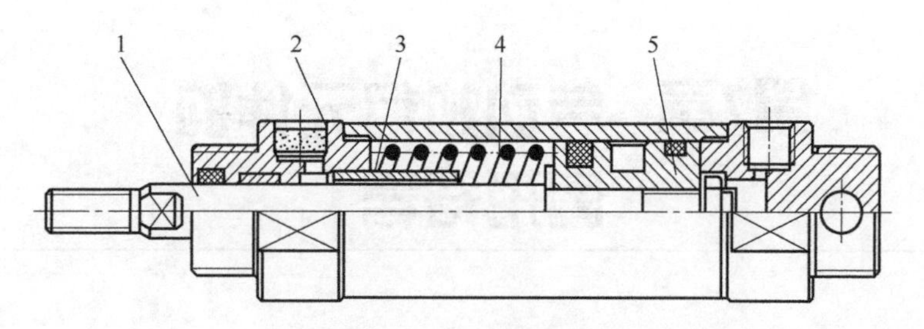

图 7-1 单作用气缸

1—活塞杆；2—过滤片；3—止动套；4—弹簧；5—活塞

气推动活塞，使活塞杆退回，靠复位力使活塞杆伸出。

常见单作用气缸的图形符号如图 7-2 所示。

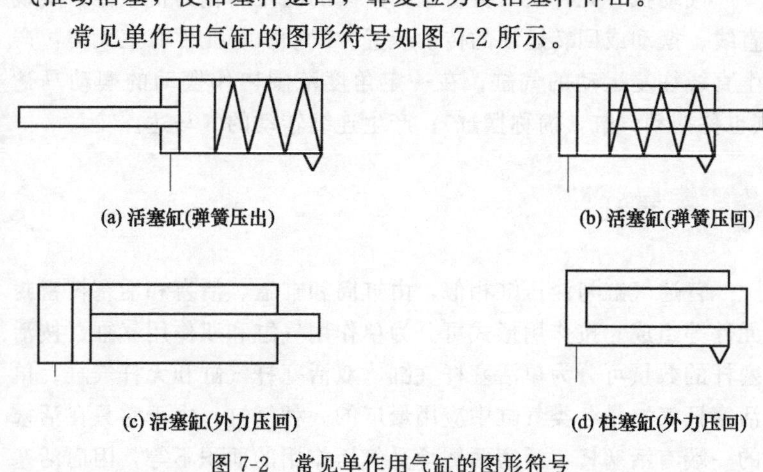

图 7-2 常见单作用气缸的图形符号

7.1.2 双作用气缸

双作用气缸由两侧气口交替供给气体使活塞作往复运动。如图 7-3 所示，A 口通入有压气体，B 口排气时活塞向右移动；反之，B 口通入有压气体，A 口排气时活塞向左移动。

双作用气缸在行程末端的运动速度较大时，仅靠缓冲垫不足以吸收活塞对缸盖的冲击力，通常可在气缸内设置气缓冲装置。如图 7-4 所示，气缓冲装置由缓冲套、缓冲密封圈和缓冲调节阀

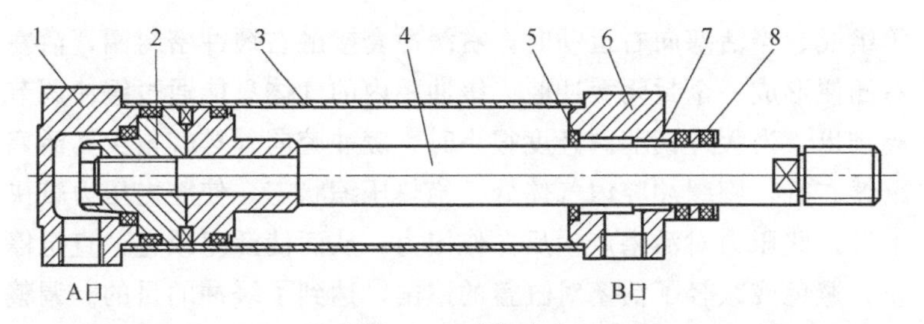

图 7-3 双作用气缸

1—后缸盖；2—活塞；3—缸筒；4—活塞杆；5—缓冲密封圈；6—前缸盖；7—导向套；8—防尘圈

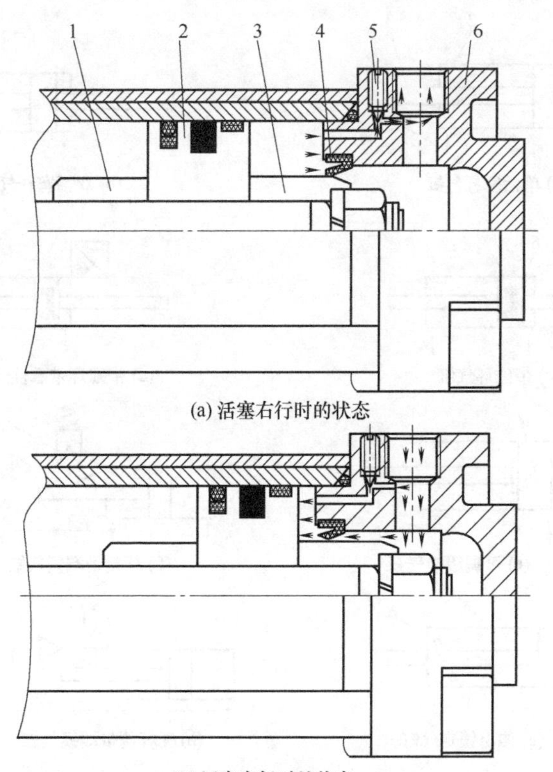

图 7-4 气缓冲装置的工作原理

1—左缓冲套；2—活塞；3—右缓冲套；4—右缓冲密封圈；5—缓冲调节阀；6—缸盖

等组成。当活塞向右运动时，右缓冲套接触右缓冲密封圈，活塞右侧便形成一个封闭缓冲腔。缓冲腔内的气体只能通过缓冲调节阀排出。当缓冲调节阀开度很小时，缓冲腔向外排气很少，活塞继续右行，则缓冲腔内气体处于绝热压缩状态，使腔内压力较快上升。此压力对活塞产生反向作用力，从而使活塞减速，直至停止，避免或减轻了活塞对缸盖的撞击，达到了缓冲的目的。调整缓冲调节阀的开度，可改变缓冲能力，故带缓冲调节阀的气缸，

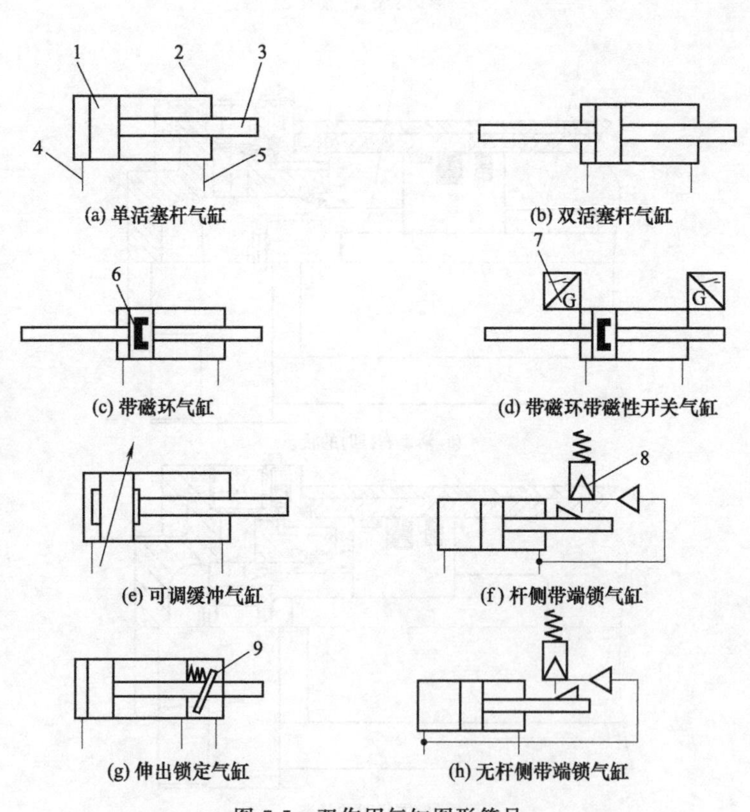

图 7-5　双作用气缸图形符号

1—活塞；2—缸筒；3—活塞杆；4,5—气口；6—磁环；7—磁开关；8—端锁；9—伸出锁定机构

称为可调缓冲气缸。活塞左行时，有压气体中的一路将右缓冲密封圈推开，另一路经过缓冲调节阀作用于活塞上。

常见双作用气缸的图形符号如图 7-5 所示。

7.1.3 膜片式气缸

如图 7-6 所示，压缩空气推动非金属膜片，进而推动活塞杆作往复运动。当气口 2 通入有压气体时，膜片 3 克服弹簧力和负载向右运动，当有压气体排空后在复位弹簧的作用下，膜片左移。膜片式气缸的特点是结构简单、紧凑、制造容易、维修方便、寿命长。适用于气动夹具等短行程的场合。

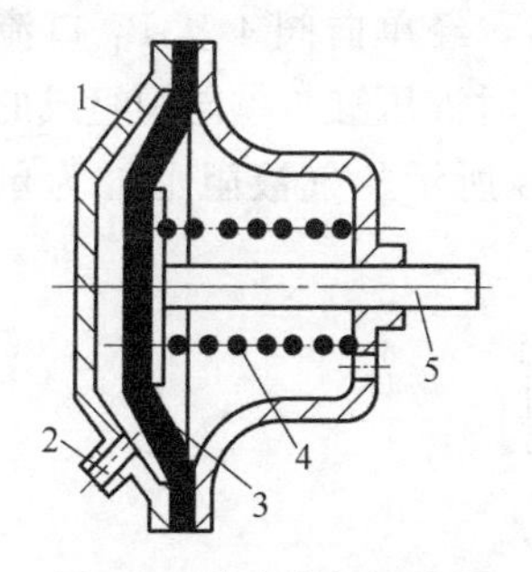

图 7-6 膜片式气缸简图

1—缸体；2—气口；3—膜片；4—弹簧；5—杠杆

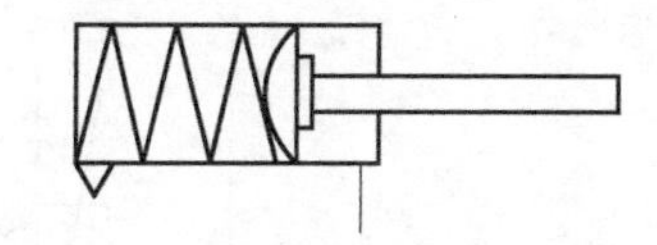
图 7-7 膜片式气缸的图形符号

膜片式气缸的图形符号如图 7-7 所示。

图形符号识别技巧如下。

① 大矩形代表缸体。

② 大矩形内的折线代表弹簧。

③ 大矩形下部的竖线代表进排气管路接口。

④ 大矩形内的半圆代表膜片。

⑤ 半圆右侧的两个矩形代表活塞杆。

⑥ 大矩形下的空心三角代表排气口。

7.1.4 气液阻尼缸

气液阻尼缸利用气缸产生驱动力，利用液压缸的阻尼作用获得平稳的运动。

(1) 串联式气液阻尼缸

串联式气液阻尼缸如图 7-8 所示。气液阻尼缸由气缸和液压缸两部分组成，气缸和液压缸的活塞被固定在同一活塞杆上，A 口进入压缩空气时，活塞与活塞杆左移，液压缸左腔中的液体经节流阀 3 流入液压缸的右腔。由于节流阀的节流作用，液压缸左腔液体的排出被节流，从而速度得以控制，此时液压缸与节流阀组成了一个阻尼回路。B 口进入压缩空气时，活塞与活塞杆右移，液压缸内的液压油从 A_1 口流出，经单向阀 4 从 B_1 口流入液压缸右腔。由于单向阀的开启，此时液压缸与单向阀组成的回路并未起到阻尼的作用，因此图 7-8 所示的气液阻尼缸为单向阻尼。

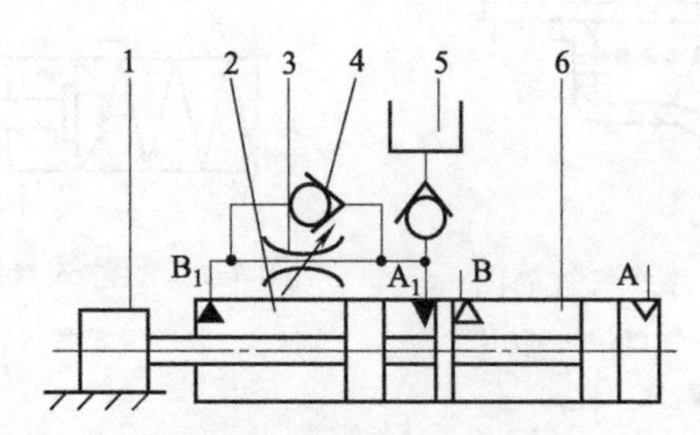

图 7-8　串联式气液阻尼缸

1—外载荷；2—液压缸；3—节流阀；4—单向阀；

5—补油杯；6—气缸

(2) 并联式气液阻尼缸

并联式气液阻尼缸如图 7-9 所示。液压缸与气缸并联使用，液压缸与气缸用一块刚性连接板相连，液压缸活塞杆可在连接板内浮动一段行程。与串联式气液阻尼缸相比，并联式气液阻尼缸具有缸体长度短、占用空间小、结构紧凑的优点。

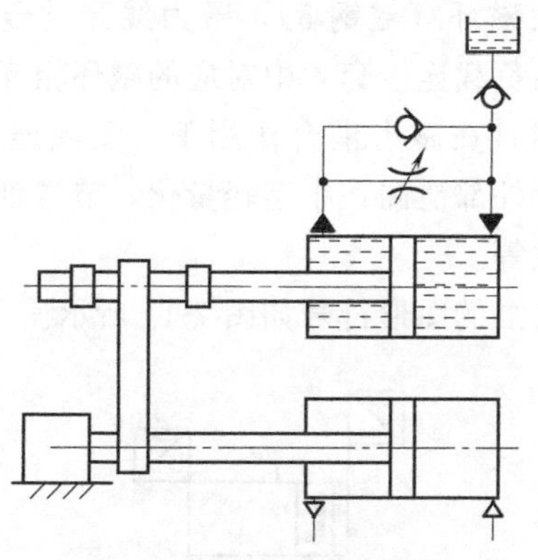

图 7-9　并联式气液阻尼缸

7.1.5　无杆气缸

无杆气缸没有刚性活塞杆，它利用活塞直接或间接实现往复运动。这种气缸最大优点是节省了安装空间，特别适用于小缸径长行程的场合。

无活塞杆缸主要有机械接触式气缸、磁性耦合气缸、绳索气缸和钢带气缸。前两种无杆气缸在气动自动化系统、气动机器人中获得了大量应用。通常把机械耦合的无杆气缸简称为无杆气缸，磁性耦合的气缸称为磁性气缸。这样既不会混淆，称呼又方便。

图 7-10 所示为一种磁性气缸。在活塞 3 上安装了若干组高

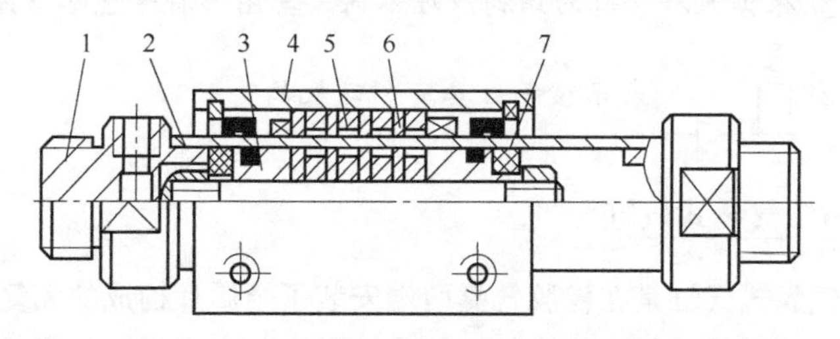

图 7-10　磁性气缸

1—缸盖；2—缸筒；3—活塞；4—负载连接套；5—磁钢；6—隔磁套；7—缓冲垫

磁性的稀土永久磁环（磁钢 5），磁力线穿过金属非导磁缸筒 2 与缸筒外部装在负载连接套 4 中对应的磁环相互作用，当活塞在缸筒内被推动时，在磁力耦合作用下，负载连接套带动负载运动。其特点是无外部泄漏，小型轻量化，节省轴向空间，可承受一定的横向负载等。

常见无杆气缸的图形符号如图 7-11 所示。

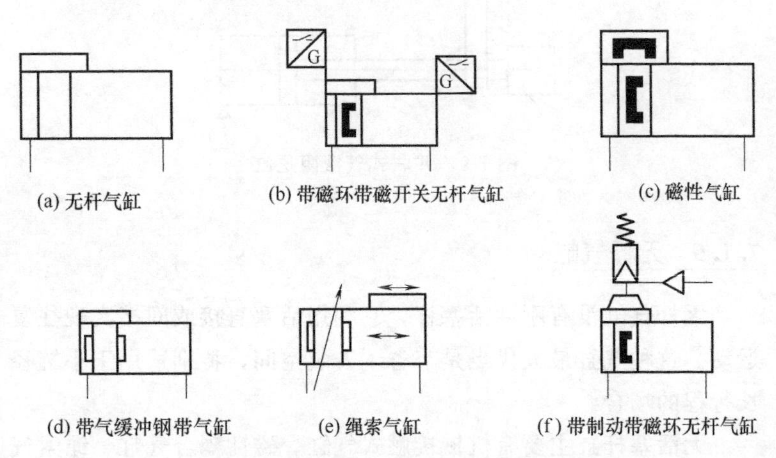

(a) 无杆气缸　(b) 带磁环带磁开关无杆气缸　(c) 磁性气缸

(d) 带气缓冲钢带气缸　(e) 绳索气缸　(f) 带制动带磁环无杆气缸

图 7-11　常见无杆气缸的图形符号

图形符号识别技巧如下。

① 无杆气缸与有杆气缸的图形符号表示方法基本相同，无杆气缸与有杆气缸相比去掉了活塞杆。

② 根据无杆气缸的结构原理不同，其图形符号也略有差异。

③ 表示该气缸具有制动机构。

7.1.6　气囊式气缸

气囊式气缸是在橡胶气囊两端安装了金属片构成的无复位弹簧的一种膜片式气缸。该气缸的优点是安装高度低。气囊式气缸的图形符号如图 7-12 所示。

图形符号识别技巧如下。

① 缸图形符号是气囊式气缸的抽象。

② 上下两条横线代表上下两金属片。

③ 下面的竖线代表进排气的管路接口。

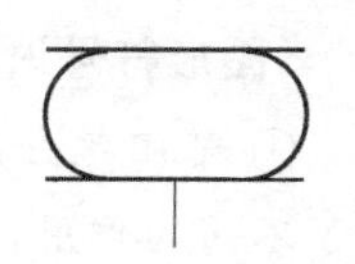

图 7-12 气囊式气缸的图形符号

7.1.7 带阀气缸

带阀气缸是一种为了节省阀和气缸之间的接管，将两者制成一体的气缸。带阀气缸一般由标准气缸、阀、中间连接板和连接管道组合而成，如图 7-13 所示。这种阀通常将换向阀、流量调节阀、消声器等集成在一起，参见图 7-14 所示的图形符号。带阀气缸具有结构紧凑、使用方便、节省管道和耗气量小等优点。

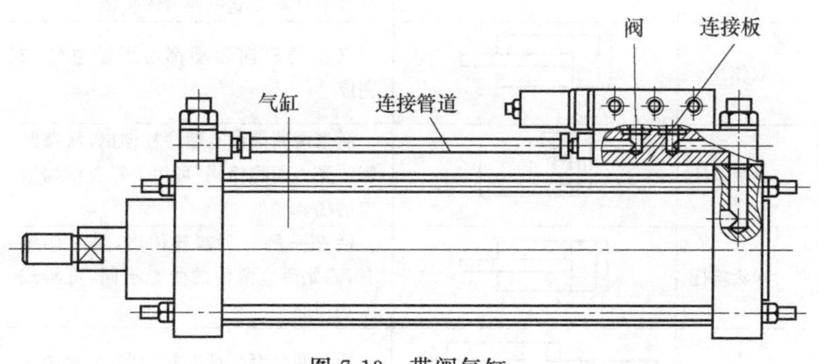

图 7-13 带阀气缸

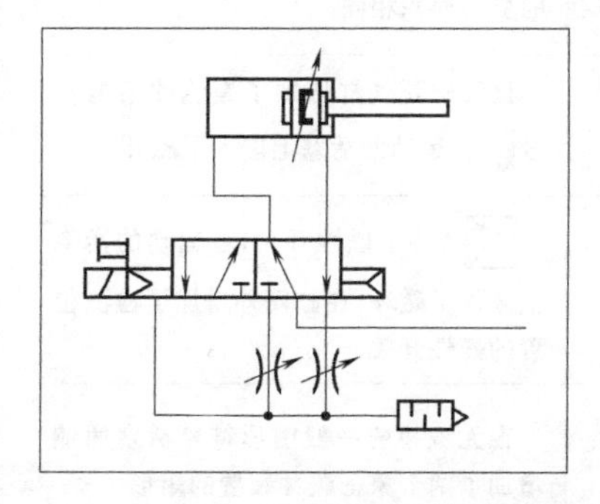

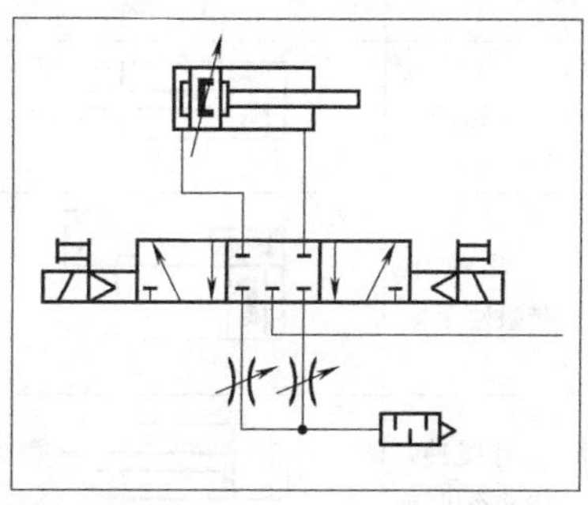

图 7-14 带阀气缸图形符号

图形符号识别技巧如下。

① 带阀气缸是气缸符号与各类阀的符号的组合，不同阀起到了不同的作用，如换向、调节流量、消除噪声、排气等。

② 外面的大矩形框表示该气缸为阀缸一体缸而不是一个气动回路。

7.1.8 常用气缸的图形符号

常用气缸的图形符号见表 7-1。

表 7-1 常用气缸的图形符号

气缸	图形符号	说明
单作用	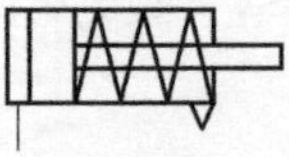	压缩空气使气缸向一个方向运动，反方向运动由弹簧或其他外力作用返回。符号中有象征复位弹簧的折线
双作用	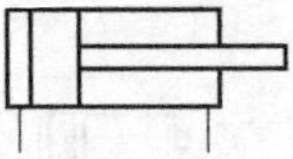	气缸的双向运动都由压缩空气来完成
无活塞杆	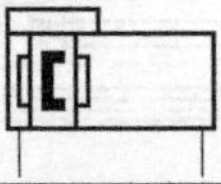	活塞两侧都没有活塞杆伸出，活塞两侧的受力面积相同，可用于需要结构紧凑的场合
单活塞杆	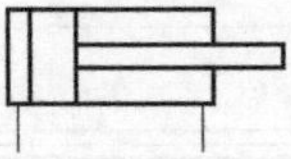	活塞一侧有活塞杆伸出，另一侧没有，因此活塞两侧的受力不同，可构成差动回路
双活塞杆	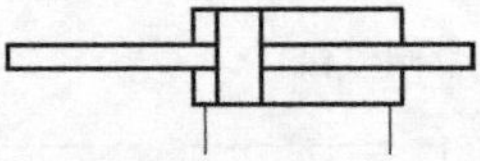	活塞两侧都有活塞杆伸出，活塞两侧的受力面积相同
带磁环	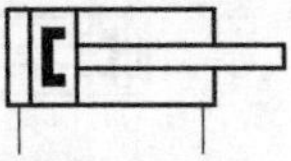	比无磁环气缸增加了黑色的槽型符号，在运动的活塞上嵌入了磁环
带磁环带磁性开关	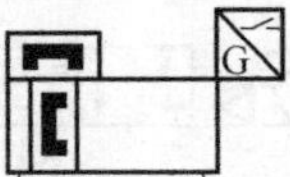	G 代表了磁性开关，在运动的活塞上嵌入了磁环，在缸筒外增加了检测位置的磁性开关
有缓冲，缓冲不可调	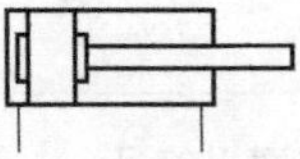	在无缓冲的一般图形符号活塞两侧增加了两个象征缓冲装置的矩形

续表

气缸	图形符号	说明
有缓冲，缓冲可调		在无缓冲一般图形符号活塞两侧增加了两个象征缓冲装置的矩形，在活塞中部增加了一个象征调节机构的斜向箭头
带定位机构		在无定位无锁定机构的一般图形符号的基础上，活塞杆上增加了定位槽，外部增加了一条象征定位机构的竖线
带锁定机构		在无定位无锁定机构的一般图形符号的基础上，活塞杆上增加了象征锁定机构的图形符号

7.2 摆动马达与气指

7.2.1 摆动马达

摆动马达是一种在小于360°角度范围内作往复摆动的气动执行元件。它将压缩空气的压力能转换成机械能，输出力矩使机构实现往复摆动。常用的摆动马达的最大摆动角度分别为90°、180°、270°。摆动马达输出轴承受扭矩，对冲击的耐力小，因此若受到驱动物体停止时的冲击作用将容易损坏，需采用缓冲装置或安装制动器予以保护。

根据结构可分为叶片式摆动马达和齿轮齿条式摆动马达。

叶片式摆动马达如图7-15所示。在马达的定子上有两条气路，左路进气时，右路排气，压缩空气作用在叶片上，带动转子逆时针转动，反之顺时针转动。用方向控制阀控制马达的进排气方向，可实现马达的正反转。

齿轮齿条式摆动马达通过一对相啮合的齿轮齿条将活塞的直

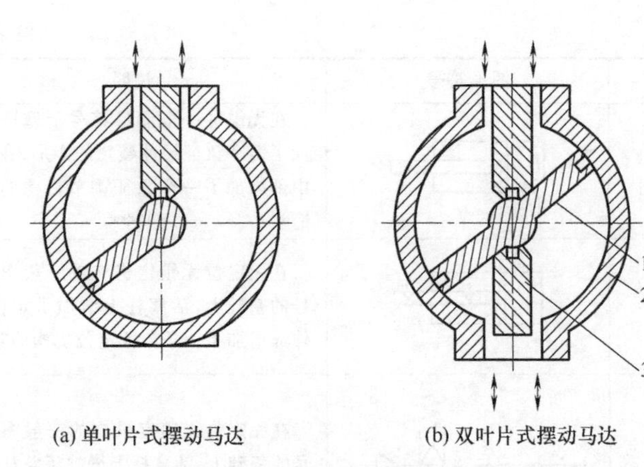

图 7-15　叶片式摆动马达

1—转子；2—定子；3—挡块

线运动转化为输出轴的回转运动。活塞仅作往复直线运动。这种摆动马达的回转角度不受限制，可超过 360°（实际使用一般不超过 360°），但不宜太大，否则齿条太长也不合适。图 7-16 中，当马达左腔进气，右腔排气，活塞推动齿条向左运动，齿轮和轴作顺时针方向回转运动，输出转矩。反之，齿轮作逆时针方向回转运动。其回转角度取决于活塞的行程和齿轮的节圆半径。

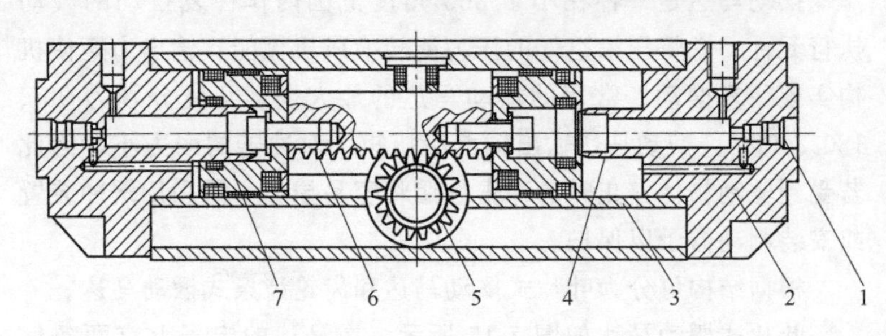

图 7-16　齿轮齿条式摆动马达

1—缓冲节流阀；2—端盖；3—缸体；4—缓冲柱塞；5—齿轮；6—齿条；7—活塞

摆动马达的图形符号如图 7-17 所示。

图形符号的识别技巧如下。

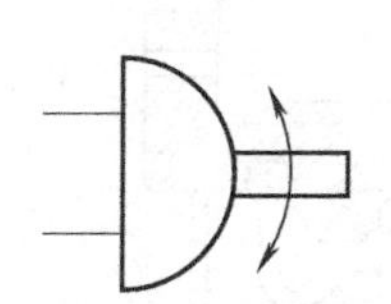

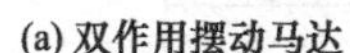

(a) 双作用摆动马达

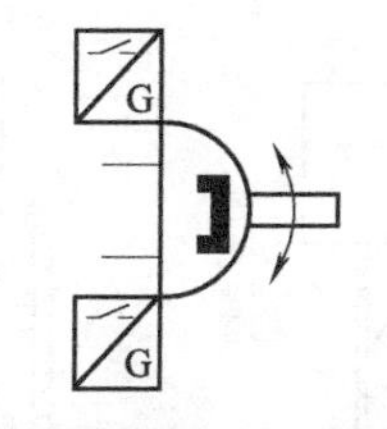

(b) 带磁环和磁开关的摆动马达

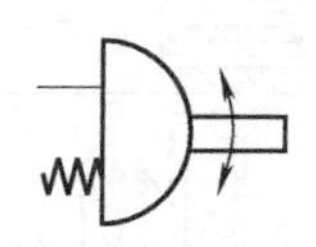

(c) 单作用摆动马达

图 7-17　摆动马达的图形符号

① 半圆代表摆动马达。

② 双作用摆动马达左侧的两条横线代表进排气的管路接口。

③ 半圆右侧部分代表转轴和输出方向，弧线双箭头说明是双向运动。

④ 单作用摆动马达左侧上部的直线代表进排气的管路接口，下面的折线代表复位弹簧。

7.2.2　气动手指气缸

(1) 功能和类型

气动手指气缸也称气指或气爪。其功能是实现各种抓取功能，是现代气动机械手的关键部件。根据气动手指的数目不同可分为 2 指气缸、3 指气缸、4 指气缸。根据气动手指的运动形式不同可分为平行气指和摆动气指。

① 平行气指

图 7-18 所示平行气指的气动手指是通过两个活塞动作的。每个活塞由一个滚轮和一个双曲柄与气动手指相连，形成一个特殊的驱动单元。这样，气动手指总是轴向对心移动，每个气动手指是不能单独移动的。如果气动手指反向移动，则先前受压的活塞处于排气状态，而另一个活塞处于受压状态。

② 3 指气缸

如图 7-19 所示，3 指气缸的活塞上有一个环形槽，每个曲柄与一个气动手指相连，活塞运动能驱动三个曲柄动作，因而可控制三个气动手指同时打开和合拢。

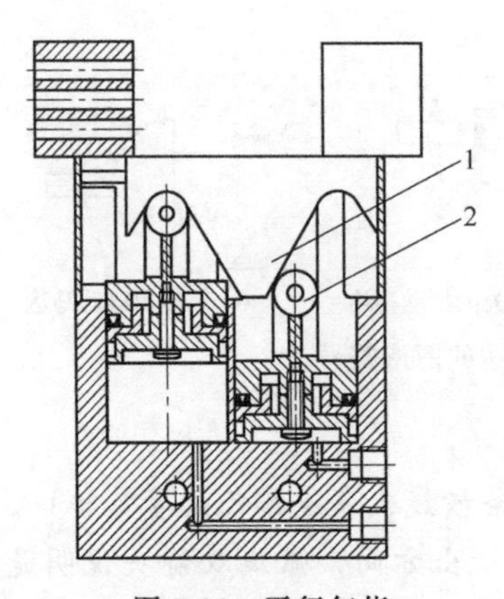

图 7-18　平行气指

1—双曲柄；2—滚轮

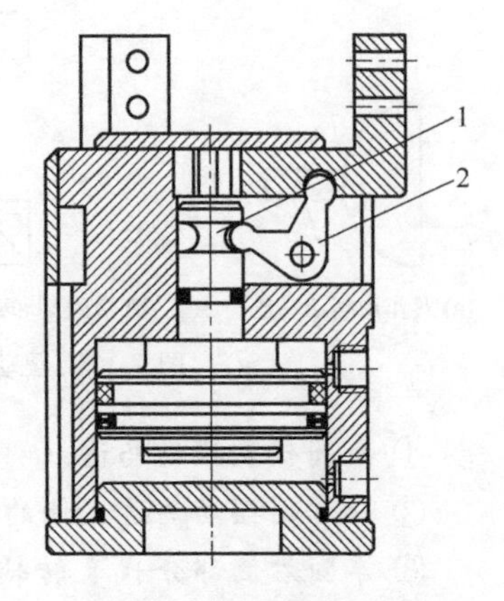

图 7-19　3 指气缸

1—环形槽；2—曲柄

③ 摆动气指

图 7-20 所示摆动气指的活塞杆上有一个环形槽，由于气动手指耳轴与环形槽相连，因而气动手指可同时移动且自动对中，并确保抓取力矩始终恒定。

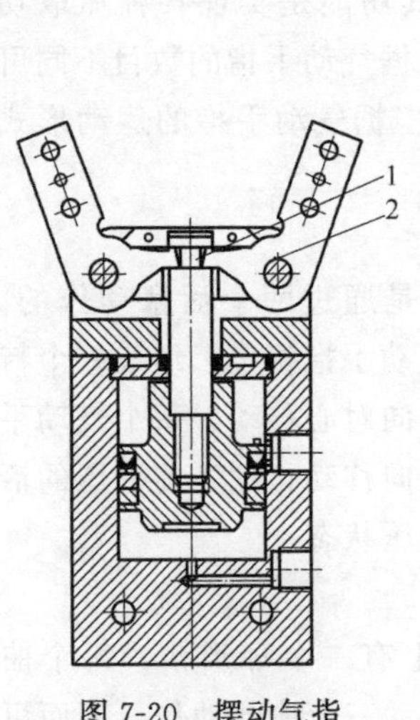

图 7-20　摆动气指

1—环形槽；2—耳轴

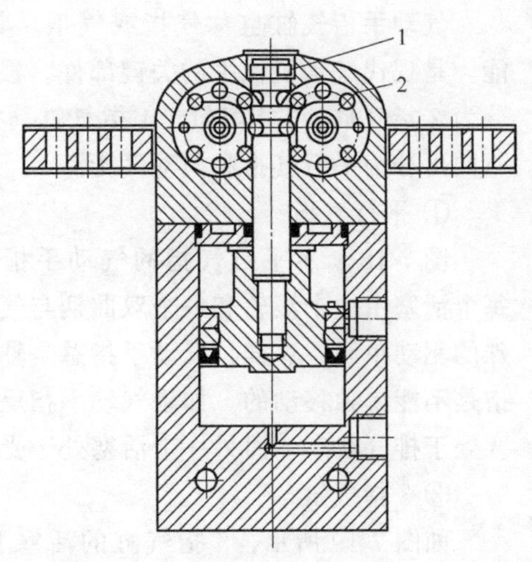

图 7-21　旋转手指气缸

1—环形槽；2—驱动轮

④ 旋转气指

图 7-21 所示旋转气指的动作是按照齿轮齿条的啮合原理实现的。活塞与一根可上下移动的轴固定在一起。轴的末端有三个环形槽，这些槽与两个驱动轮的齿啮合。因而，气动手指可同时移动并自动对中，齿轮齿条原理确保了抓取力矩始终恒定。

(2) 图形符号及识别技巧

气指的图形符号如图 7-22 所示。

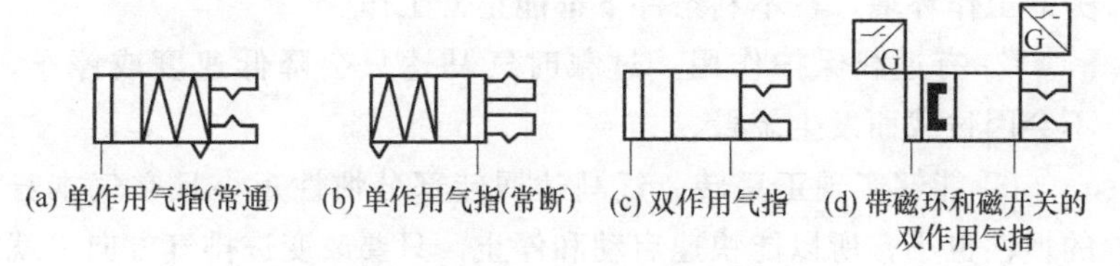

图 7-22 气指的图形符号

图形符号识别技巧如下。

① 气指与无杆气缸的图形符号较为类似，磁环、缓冲装置、磁性开关等部分的图形符号与其他类型的气缸相同。

② 在气缸的一侧增加了象征气动手指夹头的常通气指符号或常断气指符号。

7.2.3 伸摆气缸

伸摆气缸是一种既能实现直线往复动作，又能完成一定角度摆动的复合气缸。直线运动和摆动的两个动作可以同步进行，也可以独立完成。图 7-23 所示为伸摆气缸的图形符号。

图形符号识别技巧如下。

① 伸摆气缸的图形符号是摆动气缸和普通气缸的图形符号的组合；

② 图形符号中的大矩形将两个图形符号括在一起，表明伸摆气缸是伸缸和摆缸合二为一的一体缸，无此矩

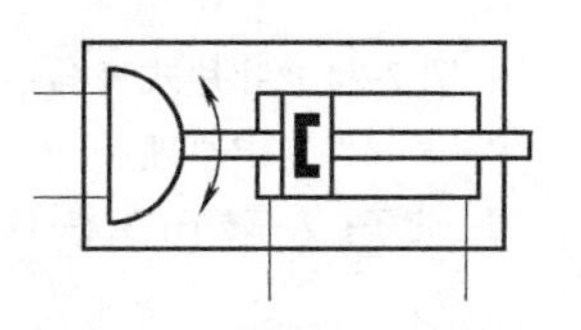

图 7-23 伸摆气缸的图形符号

形时则表示在普通气缸的活塞杆上安装了一个摆缸。

7.3 气马达

气马达是将压缩空气的压力能转换成回转机械能的转换装置。气马达和电动机相比有如下特点。

① 工作安全。适用于易燃、高温、振动、潮湿、粉尘等恶劣的工作环境，在不利条件下都能正常工作。

② 有过载保护作用。过载时气马达只会降低速度或停车，不会因过载而发生烧毁。

③ 能够实现正反转。气马达回转部分惯性矩小且空气本身的惯性也小，所以能快速启动和停止，只要改变进排气方向，就能实现输出轴的正转和反转。

气马达按结构分为叶片式、活塞式和齿轮式三类。

7.3.1 叶片式气马达

图 7-24 所示为叶片式马达工作原理，其主要由定子、转子、叶片及壳体构成。在定子上有进气和排气用的配气槽孔。转子上铣有长槽，槽内装有叶片。定子两端有密封盖。转子与定子偏心安装。沿径向滑动的叶片与壳体内腔构成气马达的工作腔。

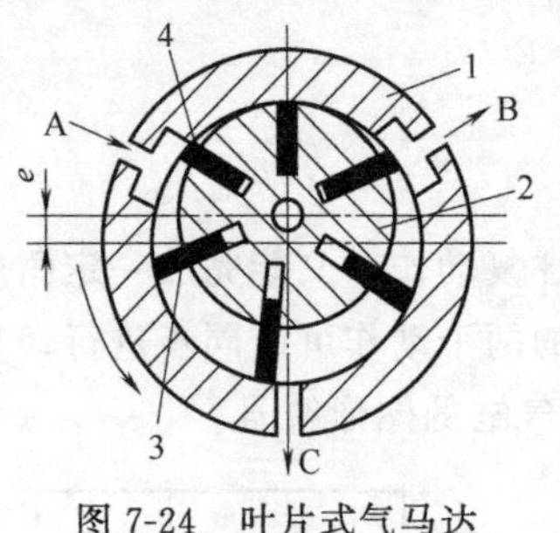

图 7-24 叶片式气马达工作原理

1—定子；2—转子；3,4—叶片

压缩空气从输入口 A 进入，作用在相应工作腔两侧的叶片上。由于前后两叶片伸出长度不一样，作用面积也就不相等，作用在两叶片上的转矩大小也不一样，且方向相反，因此转子在两叶片转矩差的作用下，按逆时针方向旋转。做功后的气体从输出口 B 排出，若改变压缩空气输入方向，即可改变转子的转向。

7.3.2 活塞式气马达

常用活塞式气马达大多是径向连杆式的，图 7-25 所示为径向连杆活塞式气马达工作原理。压缩空气由进气口（图中未画出）进入配气阀套 1 及配气阀 2，经配气阀及配气阀套上的孔进入气缸（图示进入气缸 A 和 B），推动活塞 4 及连杆组件 5 运动。通过活塞连杆带动曲轴 6 旋转。曲轴旋转的同时，带动与曲轴固定在一起的配气阀 2 同步转动，使压缩空气随着配气阀角位置的改变进入不同的缸内（图示顺序为 A、B、C、D、E），依次推动各个活塞运动，各活塞及连杆带动曲轴连续运转。与此同时，与进气缸相对应的气缸处于排气状态。

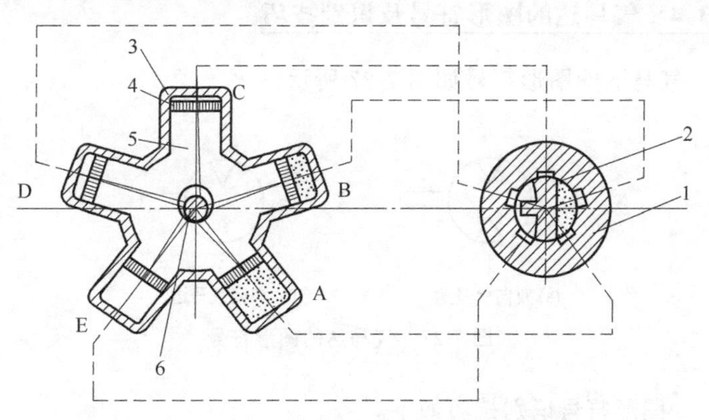

图 7-25 活塞式气马达工作原理

1—配气阀套；2—配气阀；3—气缸体；4—活塞；5—连杆组件；6—曲轴

7.3.3 齿轮式气马达

齿轮式气马达有双齿轮式和多齿轮式，而以双齿轮式应用得最多。齿轮可采用直齿、斜齿和人字齿。图 7-26 所示为齿轮式气马达工作原理。这种气马达的工作室由一对齿轮构成，压缩空气由对称中心处输入，齿轮在压力的作用下回转。采用直齿轮的气马达可以正反双方向转动，采用人字齿轮或斜齿轮的气马达则

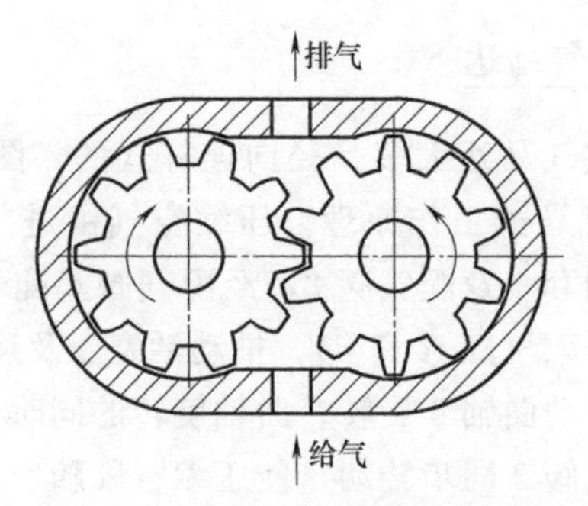

图 7-26　齿轮式气马达工作原理

不能反转。

7.3.4　气马达的图形符号及识别技巧

气马达的图形符号如图 7-27 所示。

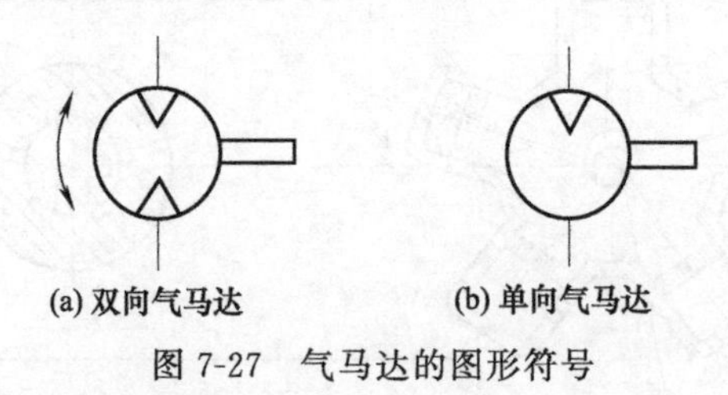

图 7-27　气马达的图形符号

图形符号识别技巧如下。

① 图形符号代表连续旋转气马达，它可以是上面所介绍的气马达中的任意一种或其他。

② 圆内的空心三角表明它是气马达而非液压马达（液压为实心三角）。

③ 圆内的空心三角中间小两头大，表明空气的体积变化由小到大，进行的是空气膨胀做功。

④ 圆代表气马达，右侧伸出的横线代表机械输出轴。

⑤ 圆左侧的双向箭头代表气马达可双向运行，即可以实现正反转。

7.4 气动执行元件的典型应用

（1）气指、摆缸、气马达的应用回路

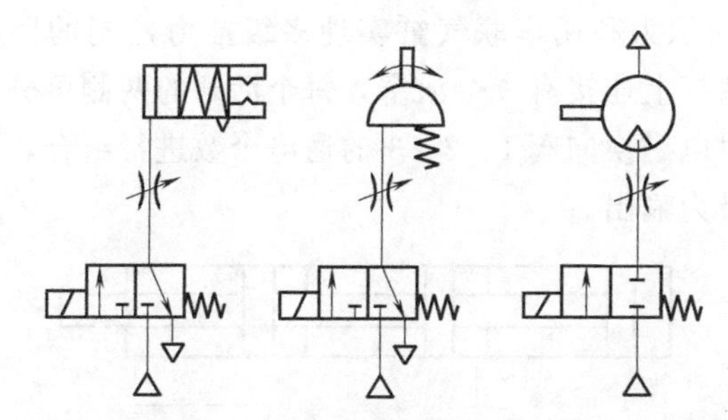

(a) 单作用气指控制　(b) 单作用摆缸控制　(c) 单向气马达控制

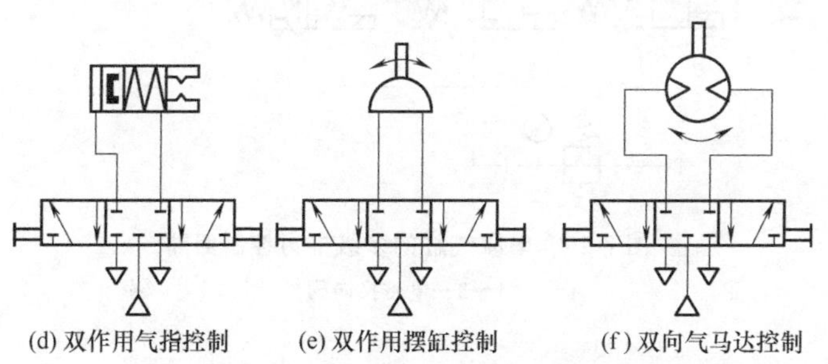

(d) 双作用气指控制　(e) 双作用摆缸控制　(f) 双向气马达控制

图 7-28　气指、摆缸、气马达的控制回路

如图 7-28（a）所示，电磁换向阀通电时有压气体经换向阀、节流阀进入气指的左腔，气指夹紧。电磁换向阀断电后，气指的左腔经节流阀、换向阀与排气口相通，在弹簧力的作用下，气指左腔的气体从排气口排出，气指松开。

如图 7-28（b）所示，电磁换向阀通电时有压气体经换向阀、节流阀进入摆缸，摆缸向一侧摆动。电磁换向阀断电后，在弹簧力的作用下，摆缸中的气体经节流阀、换向阀及排气口排出，摆缸摆向另一侧。

如图 7-28（c）所示，电磁换向阀通电时有压气体经换向阀、节流阀进入单向气马达驱动马达旋转，电磁换向阀断电后，有压气体被换向阀阻断，气马达停止运转。

图 7-28（d）、（e）、（f）中，通过三位五通阀的换向可以实现气指的夹紧松开、摆缸的左右摆动、双向马达的正反转驱动。

（2）串联气缸的多级推力控制回路

图 7-29 所示为利用串联气缸实现多级推力控制的回路，串联气缸的活塞杆上连接有 3 个活塞，每个活塞的两侧可分别供给压力。通过对电磁换向阀 1、2、3 的通电个数进行组合，可实现气缸的多级推力输出。

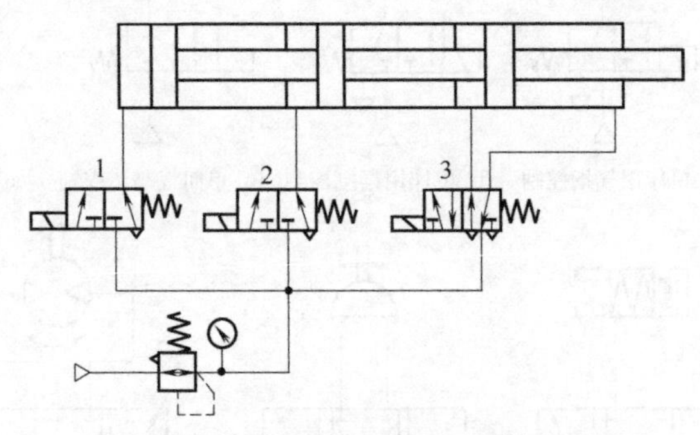

图 7-29　串联气缸的多级推力控制回路

1～3—电磁换向阀

第8章 气动控制元件的图形符号

气动控制元件是指在气动系统中控制气流的压力、流量和流动方向，保证气动执行元件或机构按规定程序正常工作的各类气动元件。按其实现的功能主要可以分为以下几类：压力控制阀、方向控制阀、流量控制阀。

压力控制阀：控制和调节空气压力。

流量控制阀：控制和调节空气流量。

方向控制阀：改变气流的流动方向和控制气流通断。

8.1 方向控制阀

方向控制阀主要用于改变气体的流动方向或改变气体的通断状态。按阀内气流作用的方向可分为单向型控制阀和换向型控制阀。

8.1.1 单向型控制阀

单向型控制阀只允许气体沿一个方向流动。常用的单向型控制阀有单向阀、梭阀、双压阀、快速排气阀等。

(1) 单向阀

常用的单向阀可分为普通单向阀和气控单向阀。

普通单向阀只允许气流在一个方向上通过，而在相反方向上则完全关闭，如图 8-1 所示，图示位置为阀芯在弹簧力作用下关闭。在P口加入气压后，作用在阀芯上的气压力克服弹簧力和摩擦力将阀芯打开，P口与A口接通。气流从P口流向A口的流动称为正向流动。为了保证气流从P口到A口稳定流动，应在P口和A口之间保持一定的压力差，使阀保持在开启位置。若在A口加入气压，A口和P口不通，即气流不能反向流动。弹簧的作用是增加密封性，防止低压泄漏，另外在反向流动时，使阀门迅速关闭。

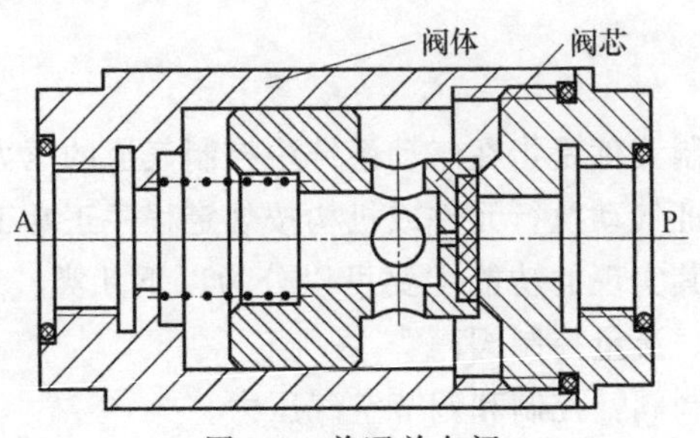

图 8-1　普通单向阀

气控单向阀比普通单向阀增加了一个控制口K口，如图 8-2 所示。K口未通入控制气体时，气控单向阀与普通单向阀功能相同，即气流从P口流向A口，而不能从A口流向P口。如果K口通入控制气体，在控制气体的作用下，阀芯被顶开，气体可以通过A口流向P口实现反向流动。

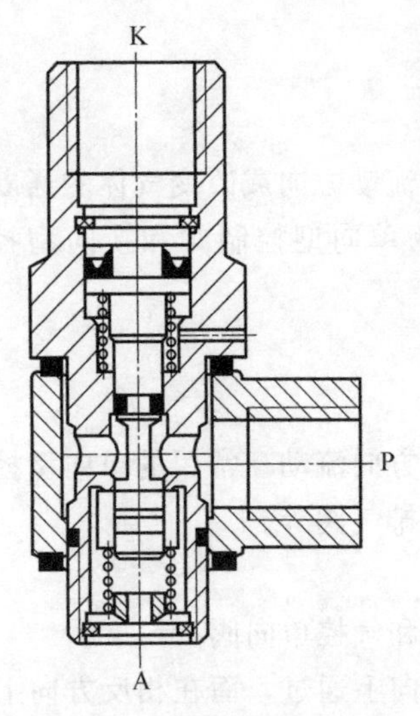

图 8-2　气控单向阀

单向阀的图形符号如图 8-3 所示。

图形符号识别技巧如下。

① 小圆代表阀芯。

② 小圆上下的竖线代表进排气管路接口。

③ 小圆下面的 90° V 形代表阀体与阀芯的接合面。

(a) 普通单向阀　　(b) 带复位弹簧的单向阀　　(c) 气控单向阀

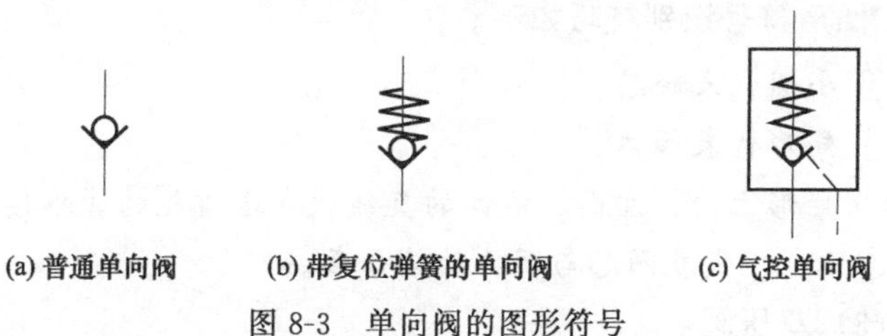

图 8-3　单向阀的图形符号

④ 小圆上的折线代表弹簧。

⑤ 气控单向阀图形符号中的虚线代表控制气体的进气管路接口。

(2) 梭阀

如图 8-4 所示，梭阀有两个入口 P_1、P_2 和一个出口 A。梭阀的作用相当于或门逻辑功能，如图 8-5 所示，无论是 P_1 口还是 P_2 口进气，A 口总是有输出的。其图形符号如图 8-6 所示。

图 8-4　梭阀

(a) P_1 进气A口输出　　(b) P_2 进气A口输出

图 8-5　梭阀逻辑功能

图 8-6　梭阀的图形符号

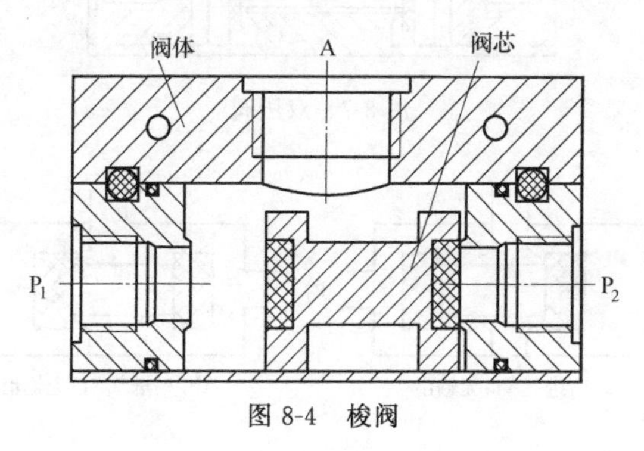

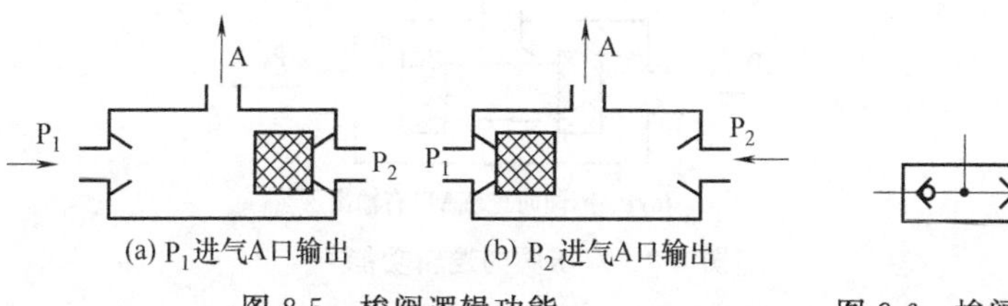

图形符号识别技巧如下。

① 小圆代表阀芯。

② 矩形代表阀体。

③ 矩形上面、左面、右面的直线代表进排气的管路接口。

④ < > 代表阀芯与阀体的接合面。

（3）双压阀

如图 8-7 所示，双压阀有两个输入口 P_1、P_2 一个输出口 A。双压阀的作用相当于与门逻辑功能，如图 8-8 所示。只有 P_1 口和 P_2 口同时有输入时，A 口才有输出。其图形符号如图 8-9 所示。

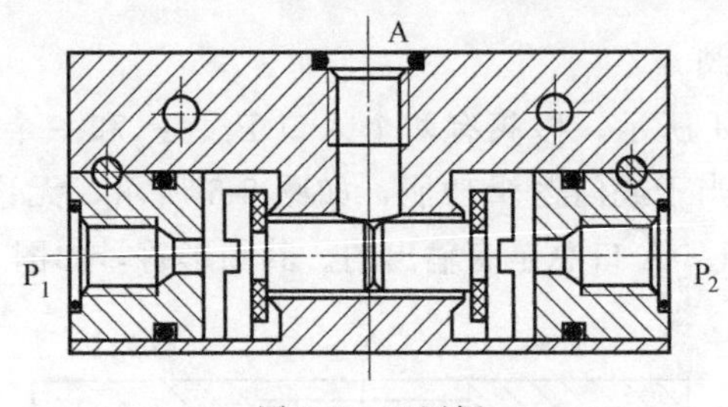

图 8-7　双压阀

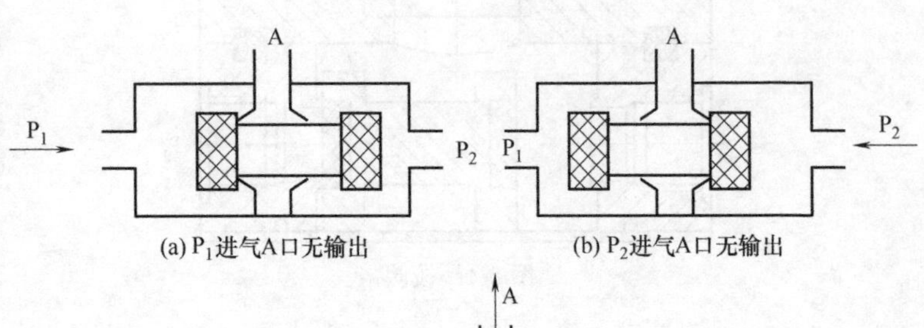

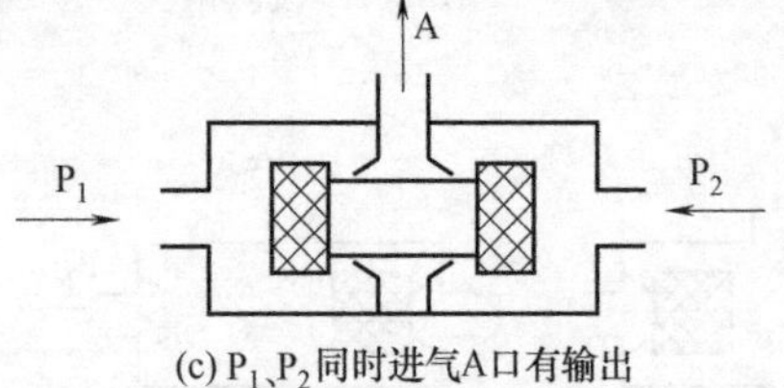

图 8-8　双压阀的逻辑功能

图形符号识别技巧如下。

① 工字形图形代表阀芯。

② 矩形代表阀体。

③ 矩形上面、左面、右面的直线代表进排气的管路接口。

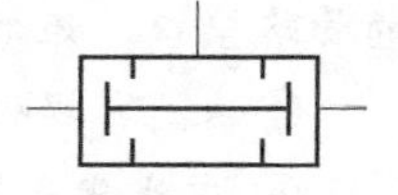

图 8-9　双压阀的图形符号

④ 4 条短竖线代表了阀芯与阀体的接合面。

(4) 快速排气阀

图 8-10 所示为快速排气阀。当 P 口进气后，阀芯关闭排气口(O 口)，P 口、A 口接通，A 口有输出。当 P 口无气时，输出管路中的空气使阀芯将 P 口封住，A 口、O 口接通，排向大气。

快速排气阀用于气动元件和装置需要快速排气的场合。其工作原理如图 8-11 所示，图形符号如图 8-12 所示。

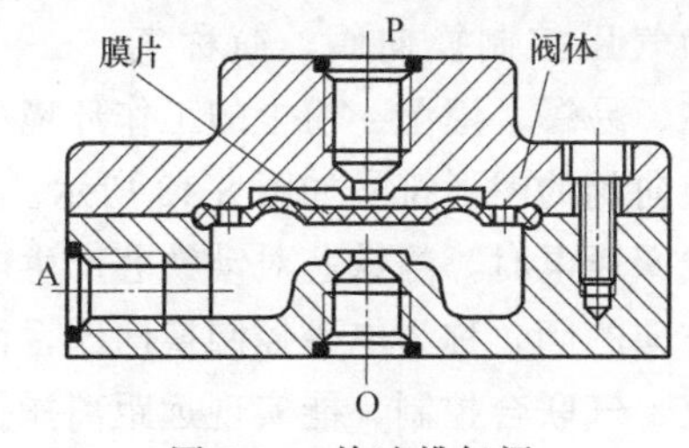

图 8-10　快速排气阀

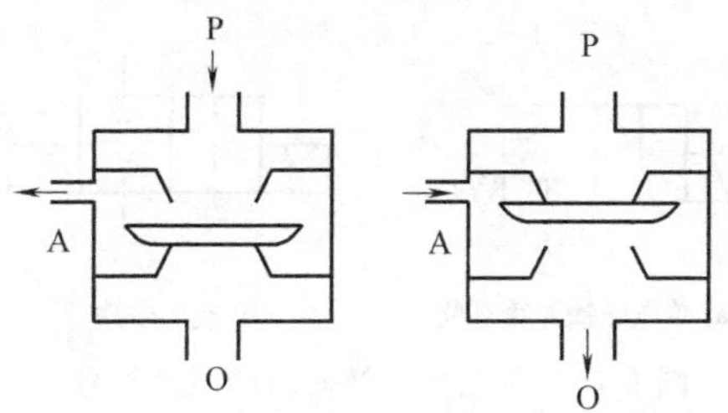

(a) P口、A口相通进气　(b) O口、A口相通快速排气

图 8-11　快速排气阀的工作原理

图形符号识别技巧如下。

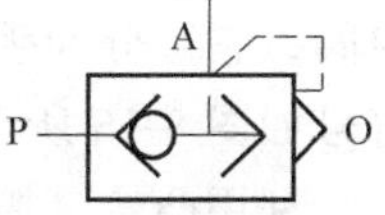

图 8-12　快速排气阀的图形符号

① 小圆代表阀芯。

② 矩形代表阀体。

③ 矩形上面、左面的直线代表进排气

的管路接口，矩形右侧的＞代表排气口。

④ ＜＞ 线代表了阀芯与阀体的接合面。

⑤ 虚线代表快速排气控制气体孔道。

8.1.2 换向型控制阀

改变气流流动方向的控制阀称为换向型控制阀，简称换向阀。

(1) 分类

① 按控制方式分类　换向阀按控制方式分类，常用的有气压控制、电磁控制、人力控制和机械控制四类。

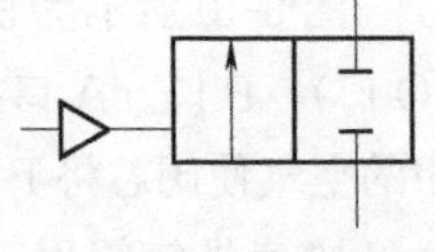

图 8-13　气压控制换向阀的图形符号

利用气压力来操纵阀切换以改变气流方向的阀，称为气压控制换向阀，简称气控阀。其在易燃、易爆、潮湿、粉尘的工作环境中能安全可靠工作。气压控制换向阀的图形符号如图 8-13 所示。

利用电磁线圈通电时，静铁芯对动铁芯产生电磁吸力使阀切换以改变气流方向的阀，称为电磁控制换向阀，简称电磁阀。这种阀易于实现电、气联合控制，能实现远距离操作，故得到广泛应用。电磁控制换向阀图形符号如图 8-14 所示。

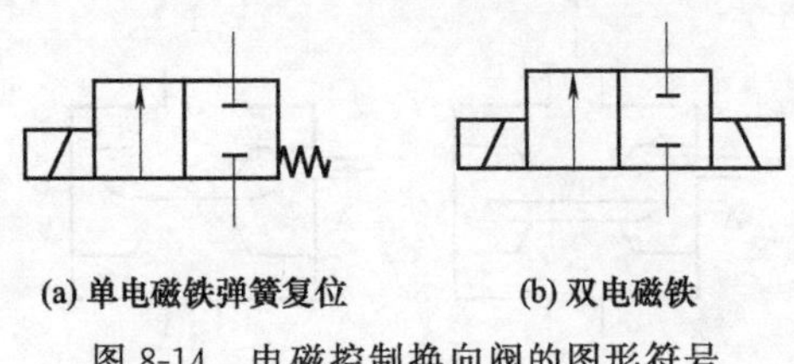

(a) 单电磁铁弹簧复位　　(b) 双电磁铁

图 8-14　电磁控制换向阀的图形符号

依靠人力使阀切换的换向阀，称为人力控制换向阀，简称人控阀。它可分为手动阀和脚踏阀两大类。人力控制换向阀的图形符号如图 8-15 所示。

利用凸轮、撞块或其他机械外力使阀切换的换向阀，称为机械控制换向阀，简称机控阀。这种阀常用作信号阀使用。机械控制换向阀的图形符号如图 8-16 所示。

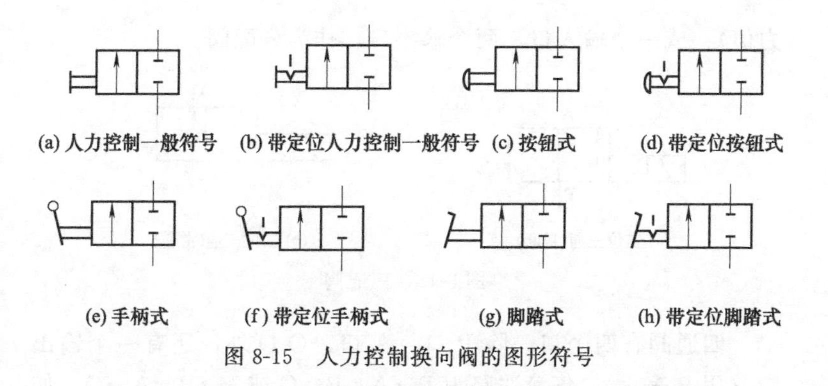

(a) 人力控制一般符号　(b) 带定位人力控制一般符号　(c) 按钮式　(d) 带定位按钮式

(e) 手柄式　(f) 带定位手柄式　(g) 脚踏式　(h) 带定位脚踏式

图 8-15　人力控制换向阀的图形符号

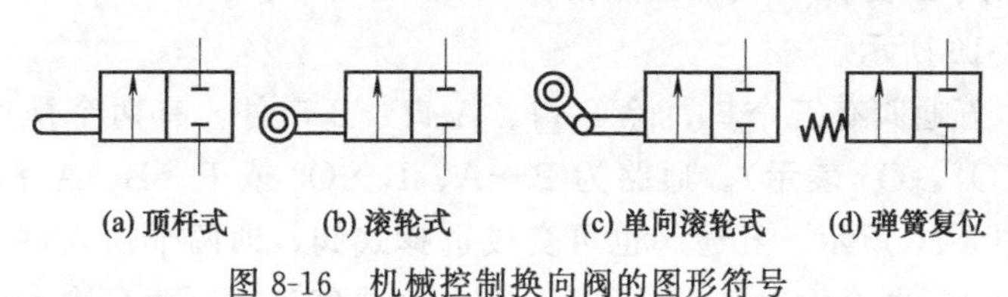

(a) 顶杆式　(b) 滚轮式　(c) 单向滚轮式　(d) 弹簧复位

图 8-16　机械控制换向阀的图形符号

② 按通口数目分类　这里所指的阀的通口数目是阀的切换通口数目，不包括控制口数目。阀的切换通口包括输入口、输出口和排气口。按切换通口数目分，常用的有二通阀、三通阀、四通阀和五通阀等。

二通阀有两个口，即一个输入口（用 P 表示）和一个输出口（用 A 表示），如图 8-17 所示。

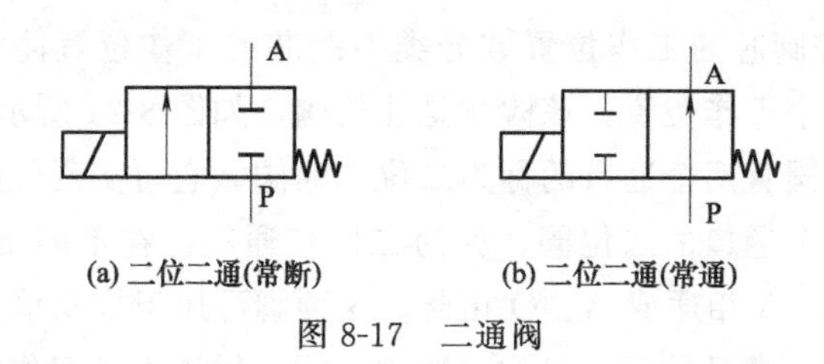

(a) 二位二通(常断)　(b) 二位二通(常通)

图 8-17　二通阀

三通阀有三个口，除 P 口、A 口外，增加一个排气口（用 O 表示），如图 8-18 所示。三通阀也可以是两个输入口（用 P_1、P_2 表示）和一个输出口，作为选择阀（选择两个不同大小的压力值)；或一个输入口，两个输出口，作为分配阀。

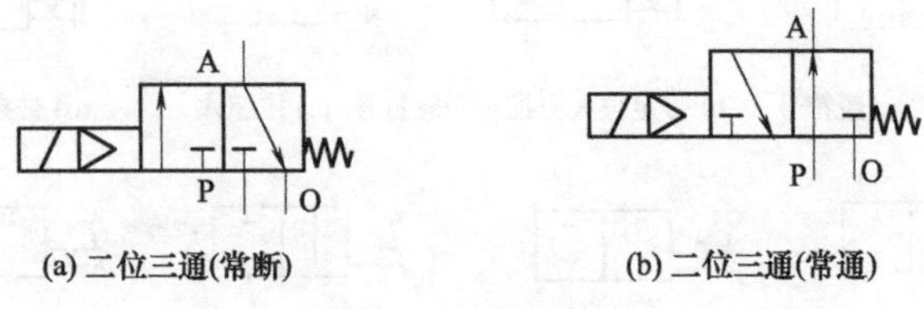

(a) 二位三通(常断)　　(b) 二位三通(常通)

图 8-18　三通阀

四通阀有四个口，除 P 口、A 口、O 口外，还有一个输出口（用 B 表示），气流通路为 P→A、B→O 或 P→B、A→O，如图 8-19 所示。

五通阀有五个口，除 P 口、A 口、B 口外，有两个排气口(用 O_1、O_2表示)。通路为 P→A、B→O_2 或 P→B、A→O_1，如图 8-20 所示。五通阀也可变成选择式阀，即两个输入口（P_1 和 P_2)、两个输出口（A 和 B）和一个排气口 O。两个输入口供给压力不同的压缩空气。

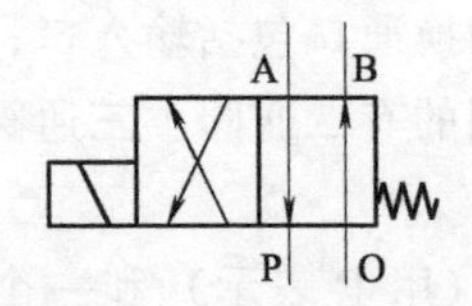

图 8-19　二位四通换向阀

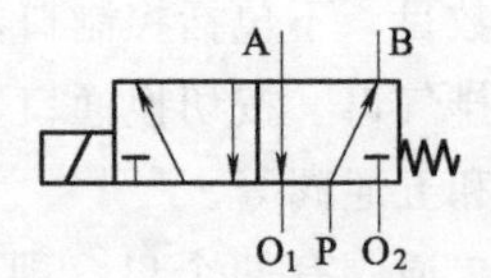

图 8-20　二位五通阀

③ 按阀芯的工作位置数分类　阀芯的工作位置简称“位”。阀芯有几个工作位置，该阀就是几位阀，如图 8-21 所示。

二位阀有两个通口的称为二位二通阀。它可实现气路的通或断。有三个通口的二位阀，称为二位三通阀。在不同工作位置，可实现 P、A 相通或 A、O 相通。这种阀可用于推动单作用气缸的回路中。常见的还有二位五通阀，它可用于推动双作用气缸的回路中。由于有两个排气口，能对气缸的工作行程和返回行程分别进行调速。

三位阀有三个工作位置。当阀芯处于中间位置时（也称零位），各通口呈封闭状态，则称为中位封闭式阀；若出口与排气口相通，称为中位泄压式阀，也称为ABO连接式；若出口都与进口相通，则称为中位加压式阀，也称为PAB连接式；若在中泄式阀的两个出口内，装上单向阀，则称为中位止回式阀。

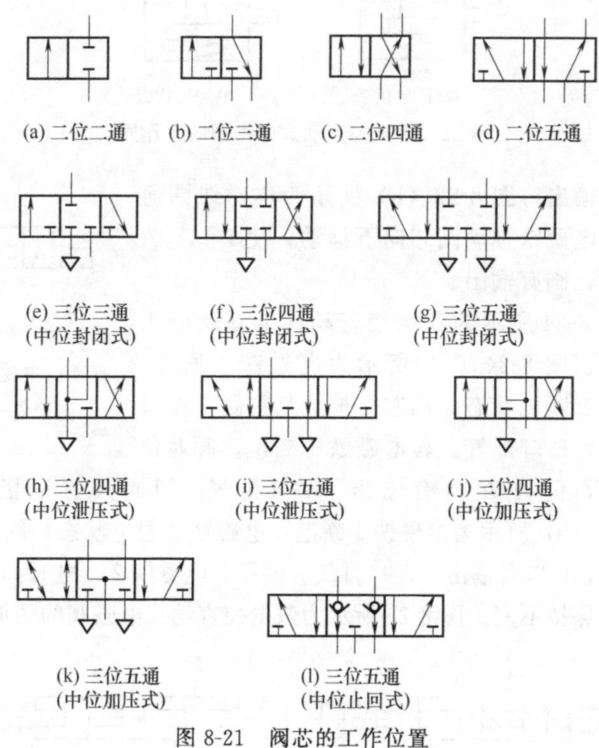

图 8-21　阀芯的工作位置

（2）常用换向阀

① 电磁阀　是气动控制元件中最主要的元件，按操纵方法，有直动式和先导式两类。

a. 直动式电磁阀利用电磁力直接推动阀杆（阀芯）换向。根据阀芯复位的控制方式，有单电控和双电控两种。图 8-22 和图 8-23 所示分别为单电控直动式电磁阀的工作原理和图形符号。

图 8-22（a）所示为电磁线圈未通电时，P 口、A 口断开，

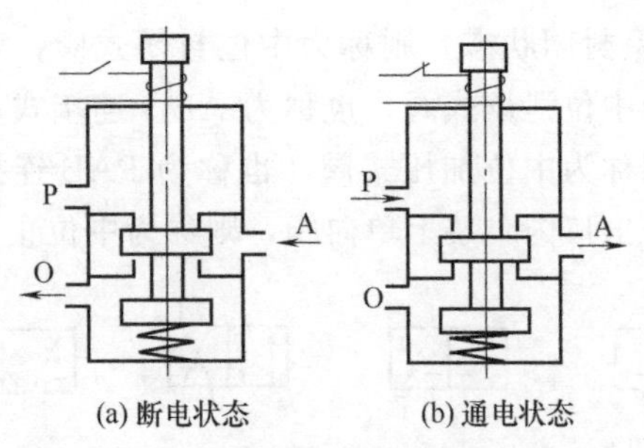

图 8-22　单电控直动式电磁阀的工作原理

阀没有输出。图 8-22（b）所示为电磁线圈通电时，电磁铁推动阀芯向下移动，使 P 口、A 口接通，阀有输出。

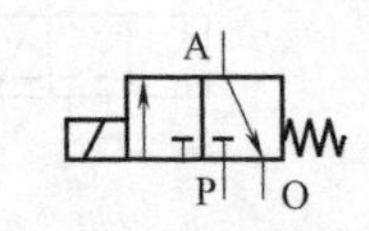

图 8-23　单电控直动式电磁阀的图形符号

图 8-24 所示为双电控直动式电磁阀的工作原理。图 8-24（a）所示为电磁铁 1 通电、电磁铁 2 断电状态，阀芯 3 被推至右侧，A 口有输出，B 口排气。若电磁铁 1 断电，阀芯位置不变，仍为 A 口有输出，B 口排气，即阀具有记忆功能。图 8-24（b）所示为电磁铁 1 断电、电磁铁 2 通电状态，阀芯被推至左侧，B 口有输出，A 口排气。同样，电磁铁 2 断电时，阀的输出状态保持不变。图 8-25 所示为双电控直动式电磁阀的图形符号。

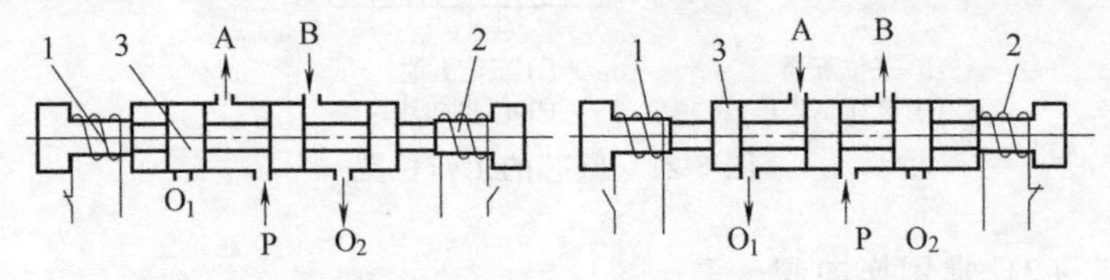

图 8-24　双电控直动式电磁阀的工作原理

1，2—电磁铁；3—阀芯

b. 先导式是电磁阀的主阀由气压力进行切换的一种动作方式。由先导阀输出先导压力，此先导压力再推动（气控）主阀阀芯换向的阀，称为先导式电磁阀。

按电磁线圈数，先导式电磁阀有单电控和双电控之分；按先导压力来源，先导式电磁阀有内部先导和外部先导之分。

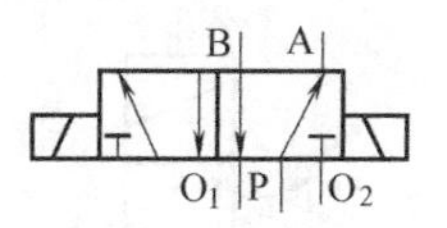

图 8-25 双电控直动式电磁阀的图形符号

图 8-26 和图 8-27 所示分别为单电控外部先导式电磁阀的工作原理和图形符号。当先导阀处于断电状态时［图 8-26 (a)］，由于弹簧力的作用使先导阀 X 口与 A_1 口断开，A_1 口与 P_E 口接通，先导阀处于排气状态，即主阀的控制腔 A_1 处于排气状态。此时，主阀阀芯在弹簧和 X 口气压的作用下向右移动，将 P 口、A 口断开，A 口、R 口接通，即主阀处于排气状态。

当先导阀通电时［图 8-26 (b)］，X、A_1 口接通，先导阀处于进气状态，即主阀控制腔 A_1 进气。由于 A_1 腔内气体作用于阀芯上的力大于 X 口气体作用在阀芯上的力与弹簧力之和，因此将活塞推向左边，使 P 口、A 口接通，即主阀处于进气状态。

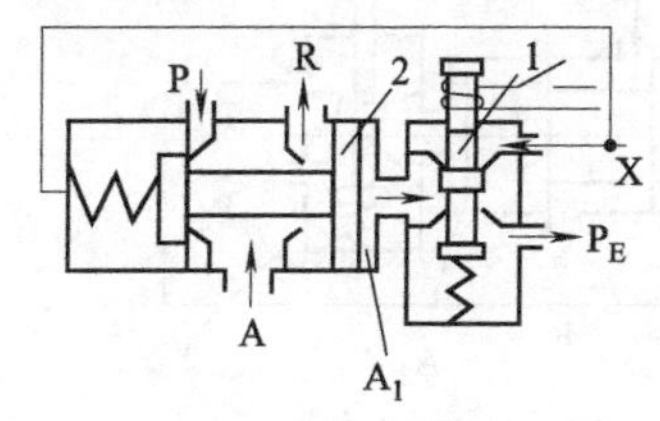

(a) 先导阀处于断电状态

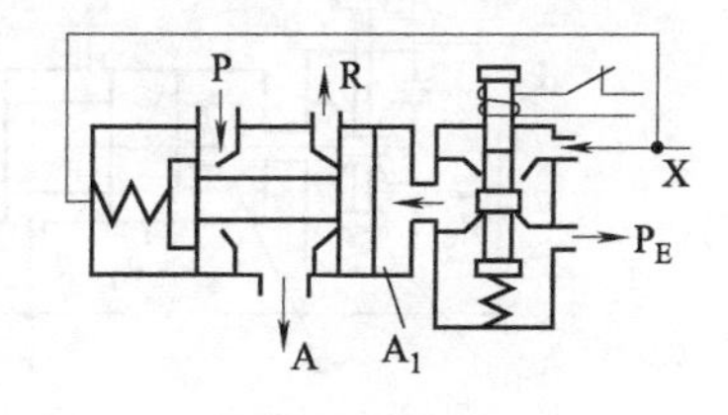

(b) 先导阀处于通电状态

图 8-26 单电控外部先导式电磁阀的工作原理

1—先导阀；2—主阀

图 8-28 和图 8-29 所示分别为双电控内部先导式电磁阀的工作原理和图形符号。当先导阀 1 通电和先导阀 2 断电时，如图 8-28 (a) 所示，由于主阀的 A_1 腔进气，A_2 腔排气，使主阀阀芯移到右边。此时，P 口、A 口接通，A 口有输出；B 口、R_2 口接通，R_2 口排气。当先导阀 2 通电和先导阀 1 断电时，如图 8-28 (b) 所示，主阀 A_2 腔进气，A_1 腔排气，主阀阀芯移到左

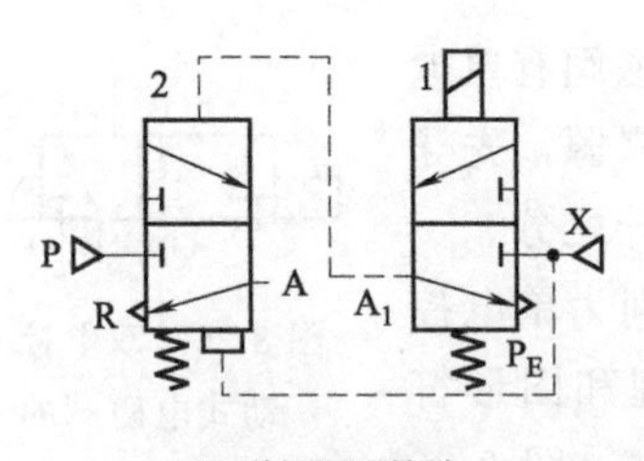

(a)详细图形符号

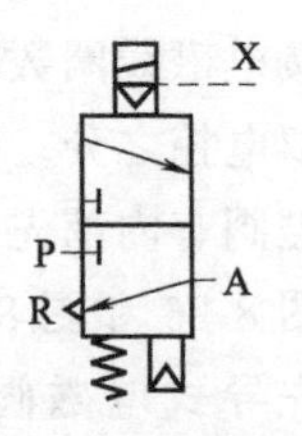

(b)简化图形符号

图 8-27 单电控外部先导式电磁阀的图形符号

1—先导阀；2—主阀

边。此时，P 口、B 口接通，B 口有输出；A 口、R_1 口接通，R_1 口排气。双电控二位换向阀具有记忆性，即通电时阀芯换向，断电时能保持原阀芯位置不变。双电控二位换向阀可用脉冲信号控制。为保证主阀正常工作，两个先导阀不能同时通电，以防主阀阀芯切换不到位，电路中应设互锁保护。

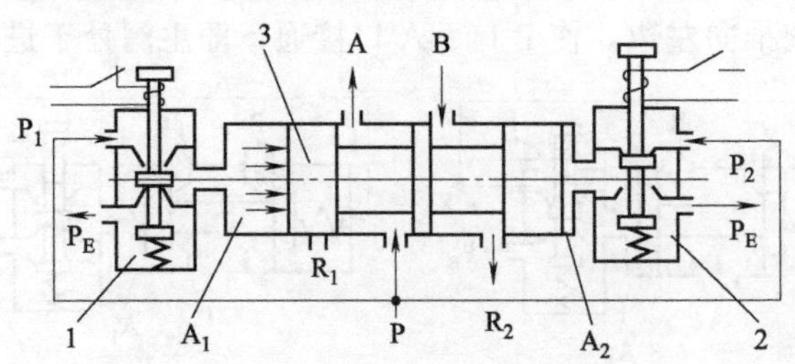

(a) 先导阀1通电、先导阀2断电状态

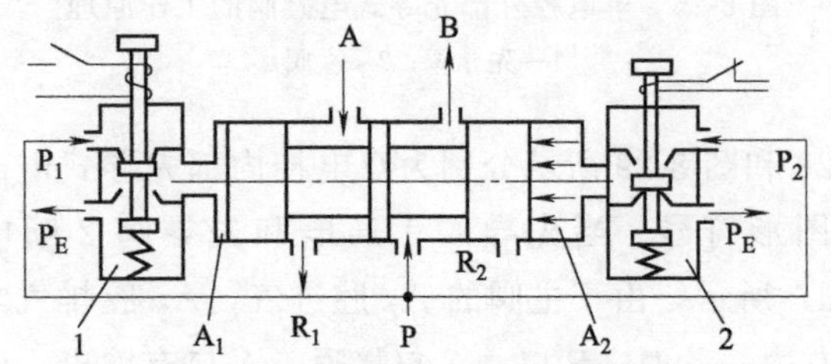

(b) 先导阀2通电、先导阀1断电状态

图 8-28 双电控内部先导式电磁阀的工作原理

1,2—先导阀；3—主阀

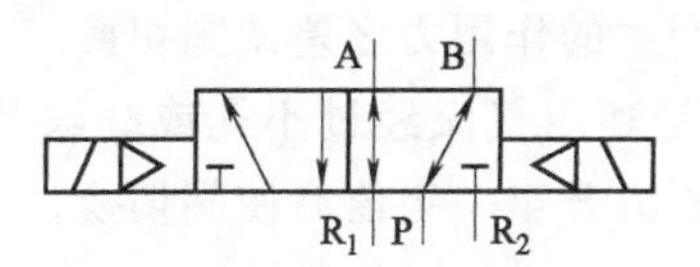

图 8-29　双电控内部先导式电磁阀的图形符号

② 气控阀　气压控制可分为加压控制、泄压控制、差压控制和延时控制等。

a. 加压控制是指输入的控制气压是逐渐上升的。这种控制方式是最常用的控制方式，气控阀有单气控和双气控之分。

图 8-30 所示为单气控阀的工作原理。加压前在弹簧力的作用下滑阀的阀芯位于右侧位置，当 X 口通入压缩空气时，在气体的压力作用下弹簧受到压缩，滑阀阀芯移至左位。

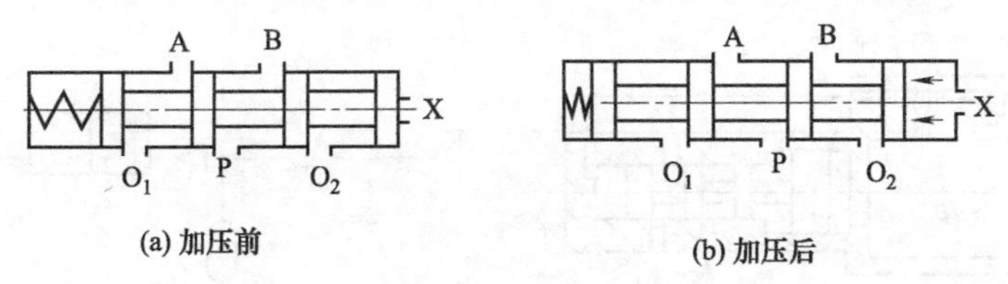

图 8-30　单气控阀的工作原理（加压型）

图 8-31 所示为双气控阀的工作原理。当 X 口通入压缩空气时，在气体的压力作用下，滑阀阀芯移至左位。当 Y 口通入压缩空气时，在气体的压力作用下，滑阀阀芯移至右位。

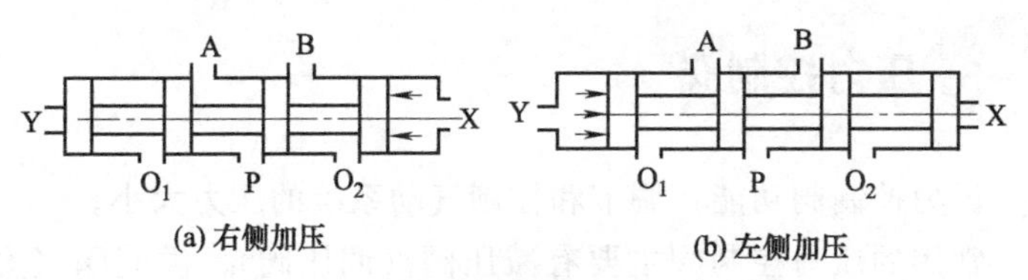

图 8-31　双气控阀的工作原理（加压型）

b. 泄压控制（释压控制）是指输入的控制气压是逐渐降低的，当压力降至某一值时阀便被切换。

c. 差压控制是利用阀芯两端受气压作用的有效面积不等，

在气压的作用下产生的作用力之差使阀切换。

d. 延时控制是利用气流经过小孔或缝隙节流后向气室里充气，当气室里的压力升至一定值后使阀切换，从而达到信号延时输出的目的。

延时控制气控阀的作用原理如图 8-22 所示，当无气控信号时，P 口与 A 口断开，A 口排气。当有气控信号时，从 K 口经右控制腔 6、可调节流阀 3 节流后到气容 C 内，使气容不断充气，直到气容内的气压上升到某一值时，因左控制腔 5 的有效作用面积大于右控制腔 6，驱动阀芯 2 由左向右移动，使 P 口与 A 口接通，A 口有输出。当气控信号消失后，气空内的气体经单向阀 4、控制腔 6、从 K 口迅速排空。

延时控制气控阀的图形符号如图 8-33 所示。

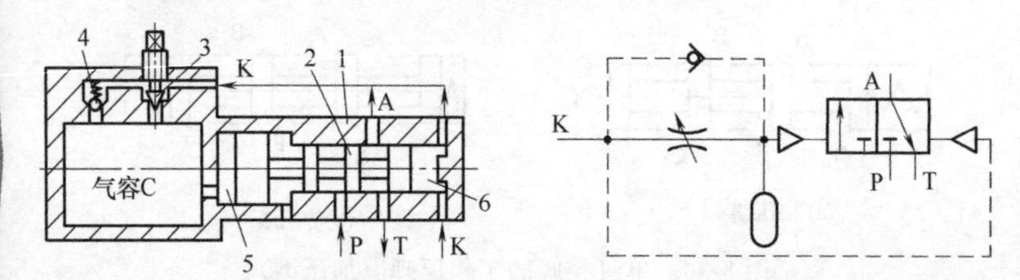

图 8-32　延时控制气控阀的工作原理

1—阀体；2—阀芯；3—可调节流阀；4—单向阀；5—左控制腔；6—右控制腔

图 8-33　延时控制换向阀的图形符号

8.2 压力控制阀

压力控制阀功能：调节和控制气动系统的压力大小。

常用的压力控制阀主要有减压阀（调压阀）、溢流阀（安全阀）、顺序阀、增压阀及多功能组合阀等。

8.2.1 减压阀（调节阀）

在一个气动系统中，来自于同一个压力源的压缩空气可能要去控制不同的执行元件（气缸或气马达等），不同的执行元件对于压力的需求是不一样的，因此各个气动支路的压力也是不同的，这就需要使用一种控制元件为每一个支路提供不同的稳定压力，这种元件就是减压阀。减压阀是将较高的输入压力调到规定的输出压力，并能保持稳定的出口侧压力的压力控制阀。

减压阀的调压方式有直动式和先导式两种。直动式是借助弹簧力直接操纵的调压方式；先导式是用预先调整好的气压来代替直动式调压弹簧进行调压的。

图 8-34 所示为直动式减压阀，顺时针旋转调节手柄，调压弹簧被压缩，推动膜片和阀杆下移，进气口打开，在输出口有气压输出。同时，输出气压经反馈导管作用在膜片上产生向上的推力。该推力与调压弹簧作用力相平衡时，阀便有稳定的压力输出。若输出压力超过调定值，则膜片离开平衡位置向上变形，使溢流口打开，多余的空气经溢流口排入大气。当输出压力降至调定值时，溢流口关闭，膜片上的受力保持平衡状态。若逆时针旋

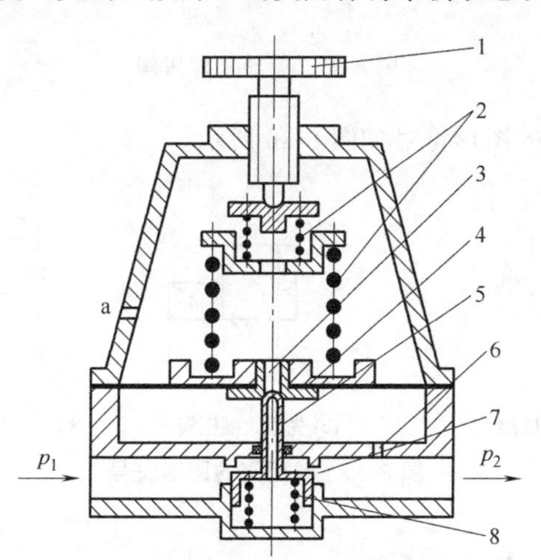

图 8-34　直动式减压阀

1—手柄；2—调压弹簧；3—溢流口；4—膜片；5—阀芯；6—反馈导管；7—阀口；8—复位弹簧

转手柄，调压弹簧放松，作用在膜片上的气压力大于弹簧力，溢流口打开，输出压力降低直至为零。

图 8-35 所示为先导式减压阀，其主阀部分的结构和调节原理与直动式减压阀相同。

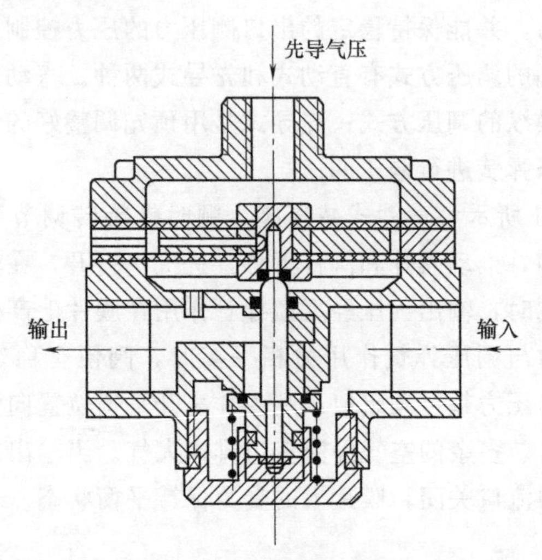

图 8-35　先导式减压阀

减压阀的图形符号如图 8-36 所示。

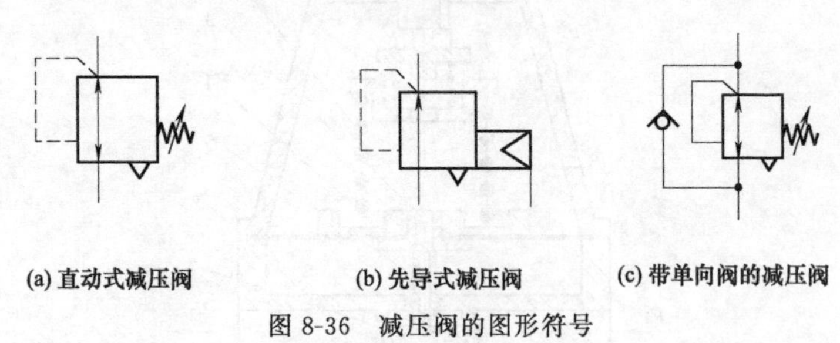

图 8-36　减压阀的图形符号

8.2.2　溢流阀（安全阀）

安全阀是为了防止元件和管路等的破坏，而限制回路中最高压力的阀。超过最高压力就自动放气。溢流阀是在回路中的压力达到阀的规定值时，使部分气体从排气侧放出，以保持回路内的压力在规定值的阀。溢流阀和安全阀的作用不同，但结构原理基本相同。

图 8-37 所示为溢流阀的工作原理。阀的输入口与控制系统（或装置）连接。当系统中的气压为零时，作用在阀芯上的弹簧力使它紧压在阀座上。随着系统中的气压增加，即在阀芯下面产生一个气压力，若此力小于弹簧力时两者作用力之差形成阀芯和阀座之间的密封力。当系统中压力上升到某一值时，阀的密封力时变为零。若压力继续上升到阀的开启压力时，阀芯开始打开，压缩空气从排气口急速喷出。阀开启后，若系统中的压力继续上升到阀的全开压力时，则阀芯全部开启，从排气口排出额定的流量。此后，系统中的压力逐渐降低，当低于系统工作压力的调定值（即阀的关闭压力）时阀门关闭，并保持密封。直动式溢流阀的图形符号如图 8-38 所示。

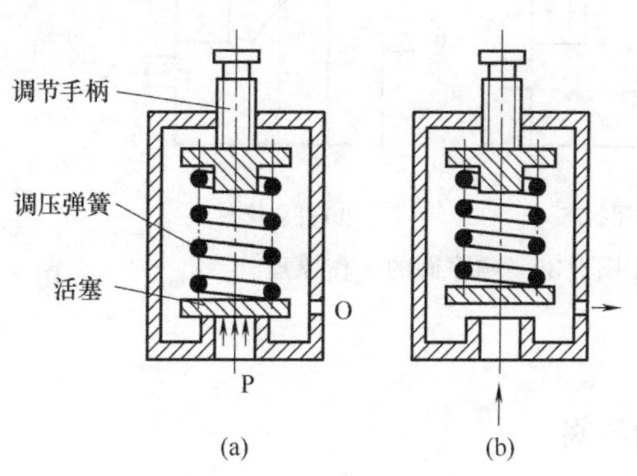

图 8-37 溢流阀的工作原理

8.2.3 顺序阀

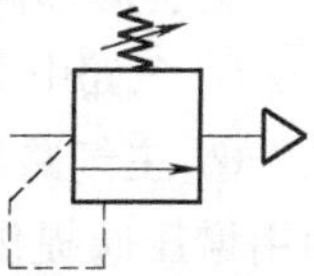

顺序阀也称压力联锁阀，是依靠回路中压力的变化来控制顺序动作的一种压力控制阀。顺序阀是当进口压力或先导压力达到设定值时，便允许压缩空气从进口侧向出口侧流动的

图 8-38 直动式溢流阀的图形符号

阀。使用它，可依据气压的大小，来控制气动回路中各元件动作的先后顺序。顺序阀常与单向阀并联，构成单向压力顺序阀。

图 8-39 和图 8-40 所示分别为顺序阀的工作原理和图形符号。如图 8-39（a）所示，压缩空气从 P 口进入阀后，作用在阀芯下面的环形活塞面积上，当此作用力低于调压弹簧的作用力时，阀关闭；如图 8-39（b）所示，当空气压力超过调定压力时，将阀芯顶起，气压立即作用于阀芯的全面积上，使阀达到全开状态，压缩空气便从 A 口输出。当 P 口的压力低于调定压力时，阀再次关闭。

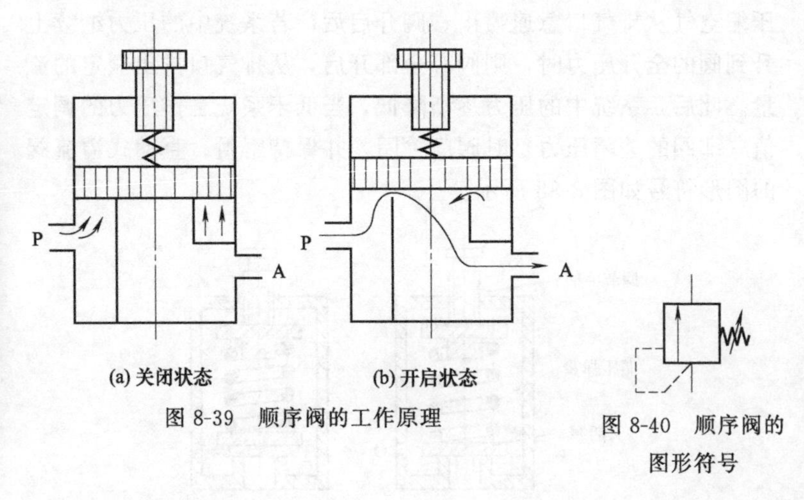

(a) 关闭状态　(b) 开启状态

图 8-39　顺序阀的工作原理

图 8-40　顺序阀的图形符号

8.2.4　增压阀

气路中的压力通常不高于 1.0MPa。但在下列情况下，却需要少量、局部高压气体。

① 气路中个别或部分装置需使用高压（比主管路压力高）气体。

② 主气路压力下降，不能保证气动装置的最低使用压力时，利用增压阀提供气体压力，以维持气动装置正常工作。

③ 空间窄小，不能配置大缸径气缸，但输出力又必须确保。

④ 气控式远距离操作，必须增压以弥补压力损失。

需要使用增压阀对部分支路进行增压。

图 8-41 所示为增压阀的工作原理。输入的气体分两路：一路打开单向阀充入小气缸的增压室 A 和 B；另一路经调压阀及换向阀，向大气缸的驱动室 B 充气，驱动室 A 排气。这样，大活塞左移，带动小活塞也左移，增压室 B 增压，打开单向阀从出口送出高压气体。小活塞走到头，使换向阀切换，则驱动室 A 进气，驱动室 B 排气，大活塞反向运动，增压室 A 增压，打开单向阀，继续从出口送出高压气体。以上动作反复进行，便可从出口得到连续输出的高压气体。出口压力反馈至调压阀，可使出口压力自动保持在某一值，得到在增压比范围内的任意设定的出口压力。增压阀的图形符号如图 8-42 所示。

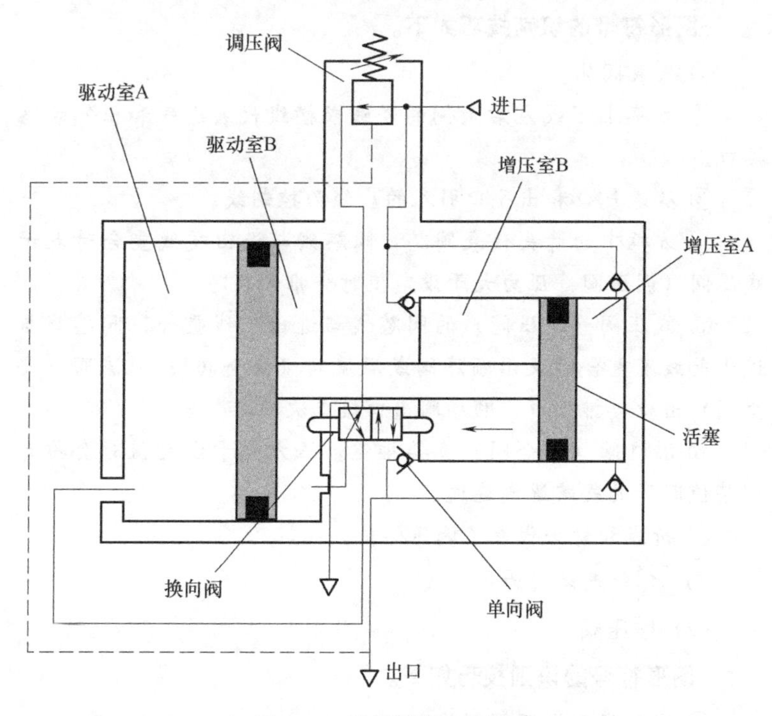

图 8-41　增压阀的工作原理

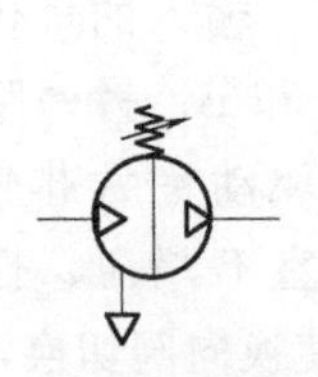

(a) 弹簧调压增压阀

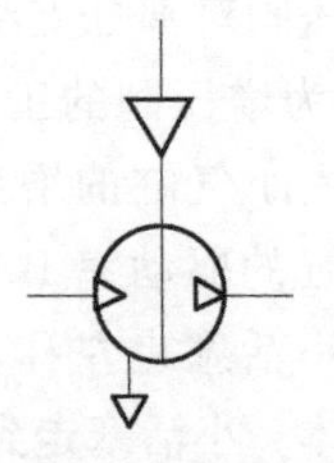

(b) 远程气控调压增压阀

图 8-42 增压阀的图形符号

8.2.5 压力控制阀图形符号的识别技巧

(1) 减压阀（调压阀）、溢流阀（安全阀）、顺序阀

图形符号的识别技巧如下。

① 代表阀体。

② 方框上下或左右两侧的竖线或横线代表进气和出气管路接口。

③ 从进气口和出气口引入的虚线为控制线。

④ 方框中的箭头代表阀芯，阀芯线与进出气线重合时表示减压阀（调压阀）压力大于设定值时会推开阀芯。

⑤ 减压阀（调压阀）的阀芯线与进出气线重合，阀芯线与进出气线不重合时表示顺序阀或溢流阀（安全阀）；溢流阀（安全阀）出口接排气口，顺序阀出口接二次回路。

⑥ 溢流阀（安全阀）直接排空，压力大于设定值时会推开阀芯使断开的气路逐渐连通。

⑦ 折线和箭头代表了调压弹簧。

⑧ ◁代表该阀为先导式。

(2) 增压阀

图形符号的识别技巧如下。

① 圆形代表增压阀阀体。

② 圆形中的竖线将阀分割为两个腔。

③ 圆内空心三角表示为气动增压缸。

④ 圆形左右的两条直线表示进出增压缸的管路接口。

⑤ 圆上的折线与斜向箭头表示该增压缸调压方式为弹簧调压。

⑥ 圆上的虚线及三角表示增压缸调压方式为远程气控调压。

⑦ 圆左下方的三角表示排气口。

(3) 常用压力控制阀的图形符号

常用压力控制阀的图形符号见表 8-1。

表 8-1 常用压力控制阀的图形符号

压力控制阀		图形符号	说明
减压阀	直动式		方框代表阀体,单向箭头表示阀芯,流向为单向,虚线表示阀内的控制气路,折线上加斜向箭头表示弹簧调压
	直动式(内部双向流动)		方框代表阀体,双向箭头表示阀芯,流向为双向,虚线表示阀内的控制气路,折线上加斜向箭头表示弹簧调压
	先导式		符号表示该阀为先导式
溢流阀	直动式		与直动式减压阀符号相比,其象征阀芯的箭头与进出气管路不在一条直线上,表明该阀阀口处于常闭状态,当系统内部的压力大于调定压力时阀口才打开
	先导式		调节压力取决于外部的远程控制气路
顺序阀			与直动式溢流阀符号相比,作溢流阀用时,出口接大气排空,作顺序阀用时,出口接下一气动元件

8.3 流量控制阀

在气动自动化系统中，通常需要对压缩空气的流量进行控制，如控制气缸的运动速度、延时阀的延时时间等。对流过管道（或元件）的流量进行控制，只需改变管道的截面积就可以了。以流体力学的角度看，流量控制是在管路中制造一种局部阻力装置，改变局部阻力的大小，就能控制流量的大小。实现流量控制的方法有两种：一种是固定的局部阻力装置，如毛细管、孔板等；另一种是可调节的局部阻力装置，如节流阀。

节流阀是依靠改变阀的通流面积来调节流量的。要求节流阀流量的调节范围较宽，能进行微小流量调节，调节精确，性能稳定，阀芯开度与通过的流量成正比。在流量控制阀中调节阀口开度进而调节通气流量的结构有多种，如平板式结构、针阀式结构、球阀式结构（图 8-43）。由于针阀能实现微小流量的精确控制，因此在流量调节阀中被广泛使用。

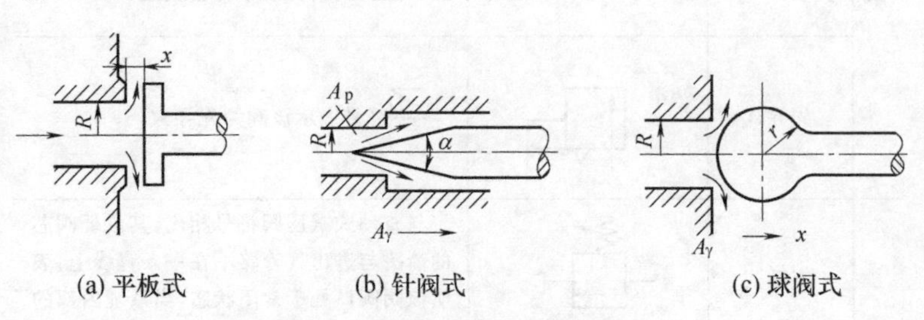

图 8-43　常用节流阀的结构原理

图 8-44 所示为一个典型的针阀式节流阀，压缩空气从 P 口输入流向 A 口，通过调整调节螺钉就可以实现调节阀口开度的大小，进而调节通气量。

单向节流阀是由单向阀和节流阀并联而成的流量控制阀，常用于控制气缸的运动速度。如图 8-45 所示，当压缩气体从 P 口流向 A 口时，单向阀关闭，气体只能通过节流阀流向 A 口，通过调节节流阀的开度就可以调节气体的流量。当压缩气体从A口流向P口时，单向阀打开，气体不通过节流阀而从单向阀流向P口。因此从A口流向P口时气体并未节流。

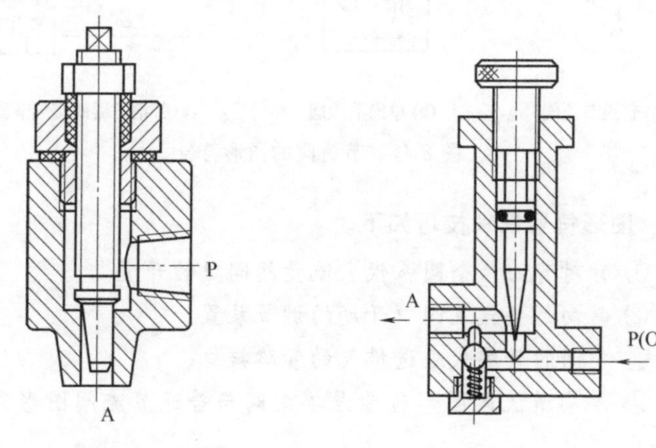

图8-44　典型的针阀式节流阀　　　　图8-45　单向节流阀

排气节流阀常带有消声器，可降低排气噪声。带消声器的排气节流阀通常装在换向阀的排气口上，控制排入大气的流量，以改变气缸的运动速度（图8-46）。

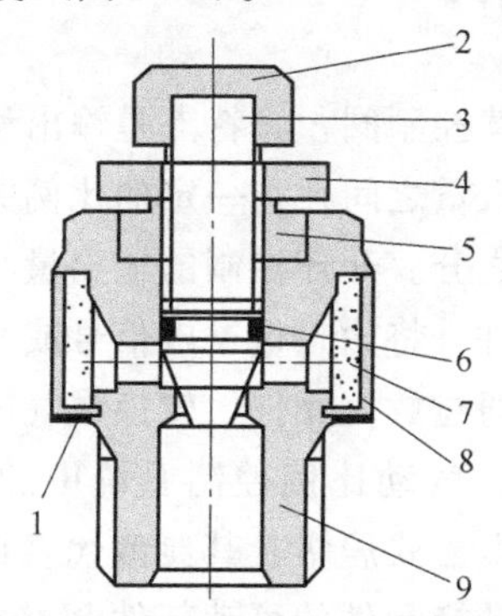

图8-46　带消声器的排气节流阀

1—垫圈；2—手轮；3—节流阀杆；4—锁紧螺母；5—导套；
6—O形圈；7—消声材料；8—盖；9—阀体

节流阀的图形符号如图 8-47 所示。

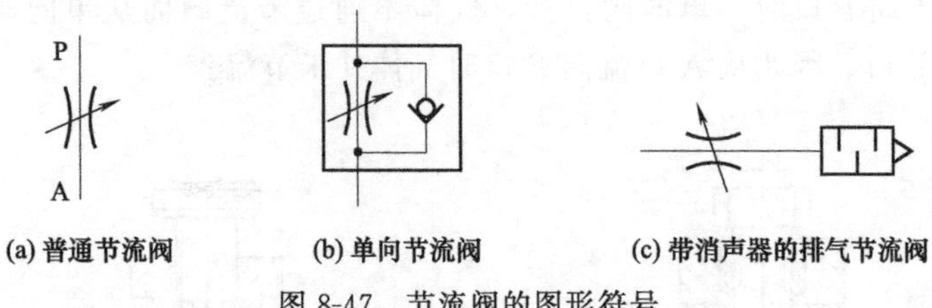

(a) 普通节流阀　(b) 单向节流阀　(c) 带消声器的排气节流阀

图 8-47　节流阀的图形符号

图形符号识别技巧如下。

① 背对背的两个圆弧代表流量阀阀口的开度。

② 斜向箭头代表阀口开度的调节装置。

③ 中间的竖线代表进排气的管路接口。

④ 单向节流阀图形符号是单向阀与普通节流阀图形符号的组合。

⑤ 带消声器的排气节流阀图形符号是节流阀与消声器图形符号的组合。

8.4 气动比例阀

比例阀属于连续控制阀，其特点是输出量随输入量的变化而变化，输出量与输入量之间存在一定的比例关系。比例控制有开环控制和闭环控制之分。开环控制的输出量与输入量之间不进行比较。通过转换元件，将输入量（电信号或气信号）按比例转换成机械力和位移，通过放大元件，转换成气体的压力或流量，去推动执行元件动作。气动比例控制系统中的输入量以电信号居多，转换元件便以电磁式居多，其典型代表是比例电磁铁。它是利用电磁力作用在转换元件的可动部件上，通过其中的弹性元件转变为位移，通过此位移来调节气动放大器（放大元件）的节流面积，从而控制通过气动放大器的气体压力或流量。

气动比例阀的图形符号如图 8-48 所示。

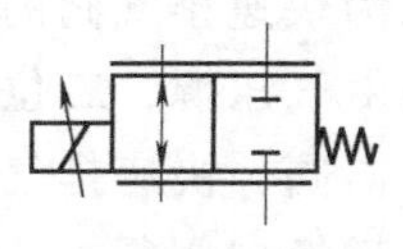

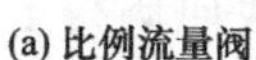

(a) 比例流量阀

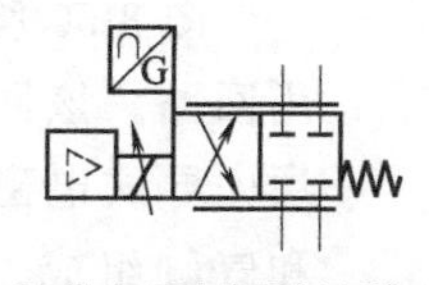

(b) 带电磁铁位置闭环控制和电子元件的比例流量阀

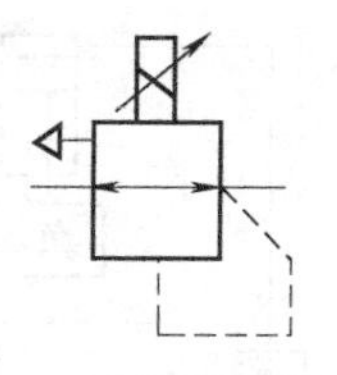

(c) 比例压力阀

图 8-48 气动比例阀的图形符号

图形符号识别技巧如下。

① 比例电磁阀包括比例压力阀和比例流量阀，其核心部件是比例电磁铁。

② 在电磁铁上增加斜向箭头表示该电磁铁为比例电磁铁，可以通过电流控制按比例输出压力或流量。

③ 比例流量阀和比例压力阀的图形符号是在流量阀和压力阀的图形符号上增加了比例电磁铁的符号。

④ 比例阀符号的上下有两条横线，常用来表示该阀具有连续的位置反馈信号。

⑤ 表示该阀具有连续的位置输出模拟量信号。

8.5 气动控制阀的典型应用

(1) 气控单向阀的应用回路

图 8-49 所示为采用气控单向阀的防止下落回路。当三位五通电磁阀左侧电磁铁通电后，压缩空气一路进入气缸无杆腔，另一路将右侧的气控单向阀打开，使气缸有杆腔的气体经右侧的单向阀排出。当三位五通电磁阀右侧电磁铁通电后，压缩空气一路进入气缸有杆腔，另一路将左侧的气控单向阀打开，使气缸无杆腔的气体经左侧的单向阀排出。当电磁阀不通电时，加在气控单向阀上的气控信号消失，气缸两腔的气体被封闭，气缸保持在原位置。

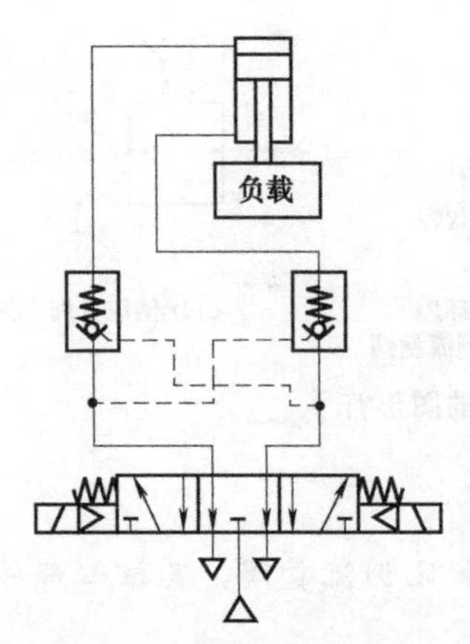

图 8-49 采用气控单向阀的防止下落回路

（2）快速排气阀的应用回路

图 8-50 所示为快速排气阀的应用回路。该回路由气压源、二位四通先导式电磁换向阀、快速排气阀和气缸组成。电磁换向阀得电、失电会使气缸换向，气缸换向时，气缸内的空气不经过换向阀而是直接通过快速排气阀排空，从而提高了气缸的运行速度。

图 8-51 所示为快速排气阀在速度控制回路中的应用。该回路由气压源、二位三通手动换向阀、节流阀、快速排气阀和气缸组成。手动触发后，有压气体经换向阀、节流阀、快速排气阀进入气缸。由于节流阀的调速作用，气缸活塞杆以较慢的速度伸出。手动操作按钮复位后有压气体被换向阀阻断，在弹簧力的作用下活塞杆缩回。无杆腔内的空气经快速排气阀排出，从而实现了慢进快退的功能。

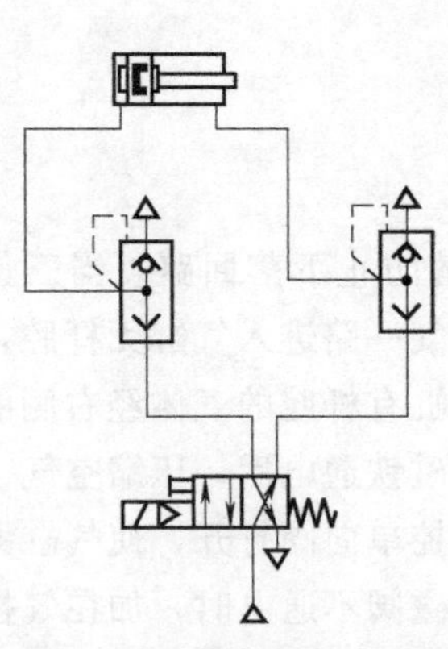

图 8-50 快速排气阀的应用回路

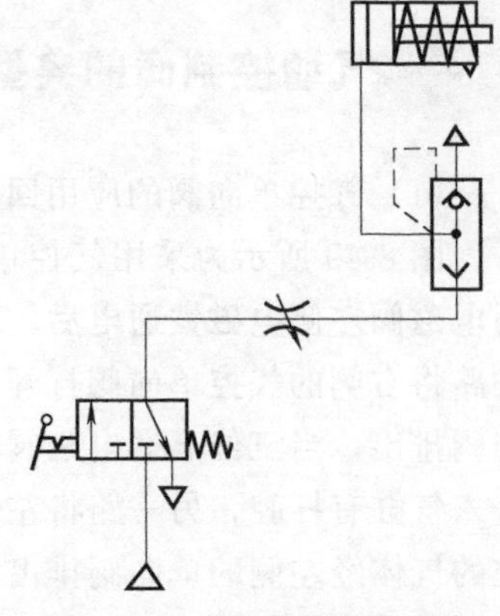

图 8-51 快速排气阀在速度控制回路中的应用

(3) 或门梭阀的应用回路

如图 8-52 所示，该系统是由气压源、电磁换向阀、手动换向阀、或门梭阀、气控换向阀、单活塞杆双作用气缸组成回路。该回路可实现本地、远程多地控制，本地控制由手动换向阀 3 来完成，远程控制由电磁换向阀 2 来完成。无论是电磁换向阀 2 动作还是手动换向阀 3 动作，有压气体都会经过或门梭阀 4 作用在气控换向阀 5 上，从而实现气缸 6 的换向动作。

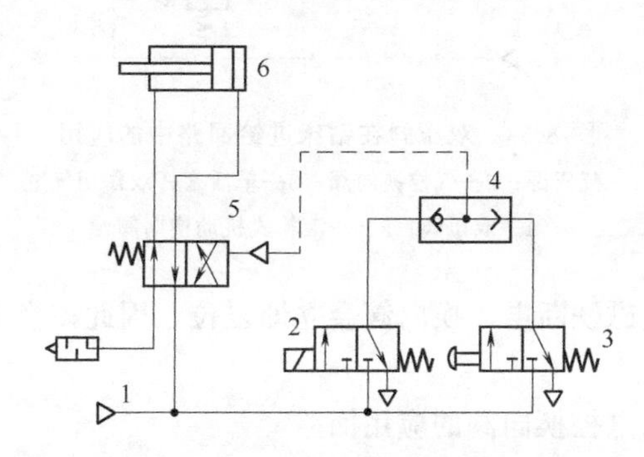

图 8-52 或门梭阀的应用回路

1—气压源；2—电磁换向阀；3—手动换向阀；4—或门梭阀；5—气控换向阀；6—单活塞杆双作用气缸

(4) 双压阀的应用回路

如图 8-53 所示，该系统是由气压源、气控换向阀、单活塞杆双作用气缸、双压阀、滚轮式机动换向阀组成的回路。该回路可实现多信号互锁控制，换向阀 5 由定位信号触发，换向阀 6 由夹紧信号触发。只有两个信号同时触发时双压阀 4 才有压力信号输出，即只有定位信号、夹紧信号同时触发气缸 3 才能实现换向动作。

(5) 单电控换向阀的应用回路

如图 8-54 所示，电磁铁未得电时，单作用气缸的无杆腔与排气口相通，活塞杆在弹簧的复位力作用下收回，电磁铁得电后气路方向改变，有压气体进入无杆腔，活塞杆克服弹簧力伸出。

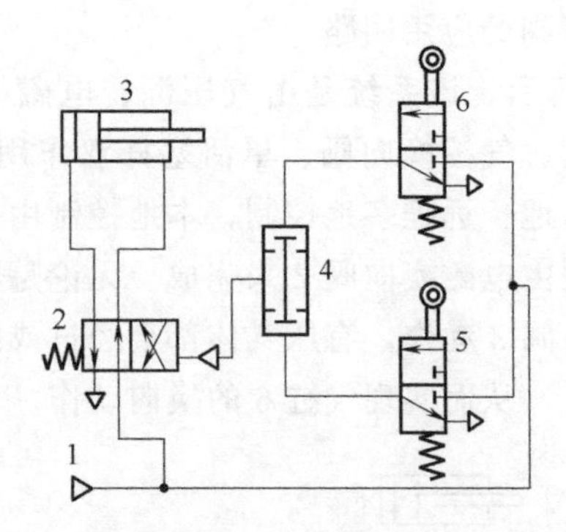

图 8-53 双压阀在钻床进给回路中的应用

1—气压源；2—气控换向阀；3—单活塞杆双作用气缸；

4—双压阀；5,6—滚轮式机动换向阀

如果此时电磁铁断电，换向阀会立即复位，因此该换向阀不具备记忆功能。

(6) 双电控换向阀的应用回路

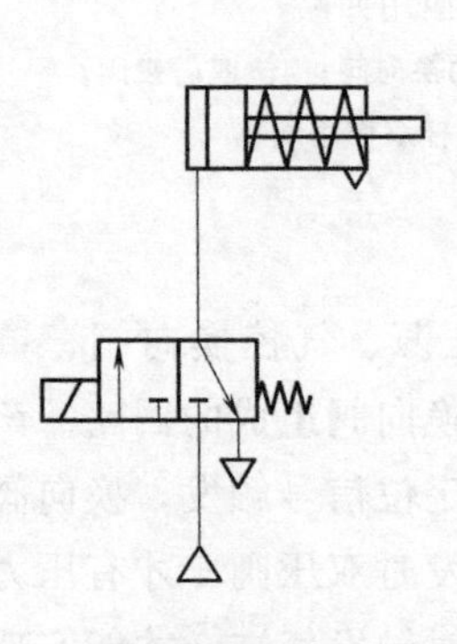

图 8-54 单电控换向阀在单作用气缸换向回路中的应用

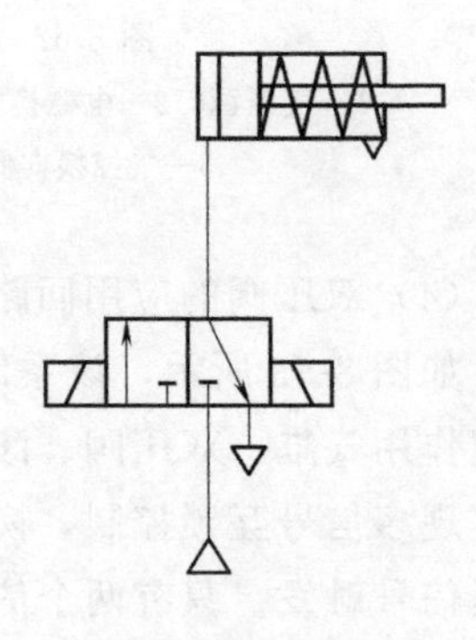

图 8-55 双电控换向阀在单作用气缸换向回路中的应用

如图 8-55 所示，双电控换向阀为双稳态阀，左电磁阀得电，压力气体进入无杆腔，活塞杆伸出，右电磁铁得电无杆腔与排气口相通，活塞杆缩回。当活塞杆在伸出时突然断电，气缸仍将保持在原来的状态，因此该换向阀不具备记忆功能。

（7）气控换向阀的应用回路

如图 8-56 所示，该回路由气压源、带定位机构的手控二位三通阀、单气控二位五通阀和气缸组成，其中手控二位三通阀为控制阀，单气控二位五通阀为主阀。气控换向阀控制口通过手动控制阀接气压源时活塞杆伸出，气控换向阀控制口通过手动控制阀接排气口时活塞杆缩回。

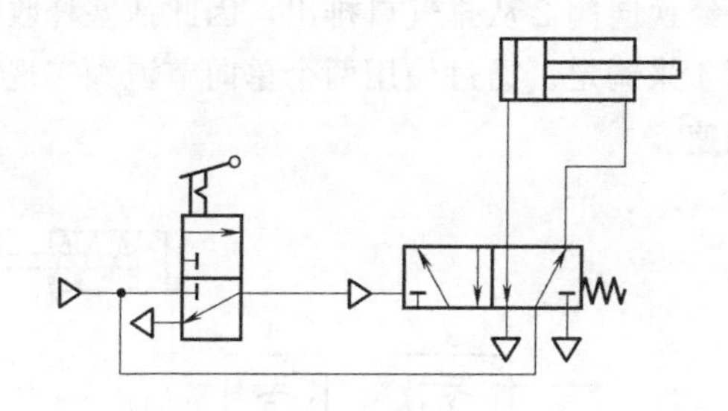

图 8-56 气控换向阀在双作用气缸换向回路中的应用

（8）减压阀的应用回路

图 8-57 所示为差压控制回路。差压控制回路是指气缸的两个运动方向采用不同压力供气，从而利用差压进行工作的回路。该回路由气压源、减压阀、二位三通单气控换向阀和气缸组成。该回路中气缸垂直布置，由于重物的重力作用，无杆腔的气体的压力要小于有杆腔的压力，这样可以减小活塞对气缸的撞击。

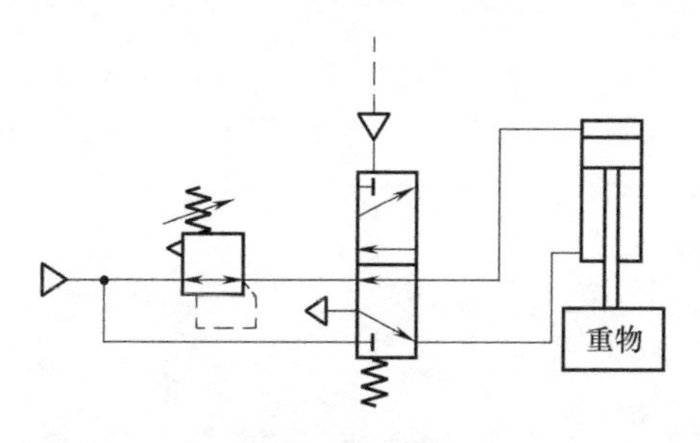

图 8-57 差压控制回路

(9) 采用流量阀和换向阀的回路

图 8-58 所示为单作用气缸双向调速回路。气控换向阀 2 接通控制气体时，活塞杆向外伸出，此时气体通过单向节流阀 3 的节流阀，再通过单向节流阀 4 的单向阀进入气缸 5 的无杆腔，因此活塞杆伸出的速度由单向节流阀 3 的节流阀来调定。气控换向阀没有接通控制气体时，在弹簧复位力的作用下活塞杆向内收缩，此时气体通过单向节流阀 4 的节流阀，再通过单向节流阀 3 的单向阀，经换向阀 2 从排气口排出，因此活塞杆收回的速度由单向节流阀 4 来调定。通过使用两个单向节流阀实现了单作用气缸的双向调速。

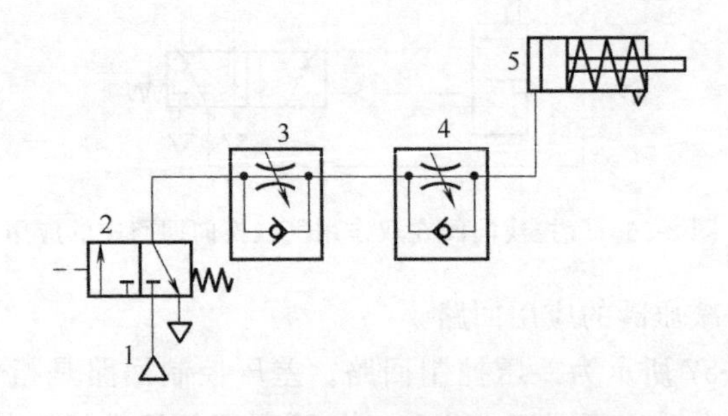

图 8-58　单作用气缸双向调速回路

1—气压源；2—二位三通气控换向阀；3,4—单向节流阀；5—单作用气缸

第9章 图形符号识别举例

9.1 液压传动图形符号识别5例

9.1.1 组合机床动力滑台液压系统

组合机床液压动力滑台可以实现多种不同的工作循环，其中一种比较典型的工作循环是：快进→一工进→二工进→死挡铁停留→快退→原位停止。完成这一动作循环的动力滑台液压系统原理图如图9-1所示。

(1) 快进

按下启动按钮，三位五通电液换向阀5的先导电磁换向阀1YA得电，使之阀芯右移，左位进入工作状态，这时的主油路如下。

进油路：过滤器1→变量泵2→单向阀3→管路4→电液换向阀5的P口到A口→管路10、11→行程阀17→管路18→缸19左腔。

回油路：缸19右腔→管路20→电液换向阀5的B口到T口→油路8→单向阀9→油路11→行程阀17→管路18→缸19左腔。

这时形成差动连接回路。因为快进时，滑台的载荷较小，同时进油可以经阀17直通液压缸左腔，系统中压力较低，所以变量泵2输出流量大，动力滑台快速前进，实现快进。

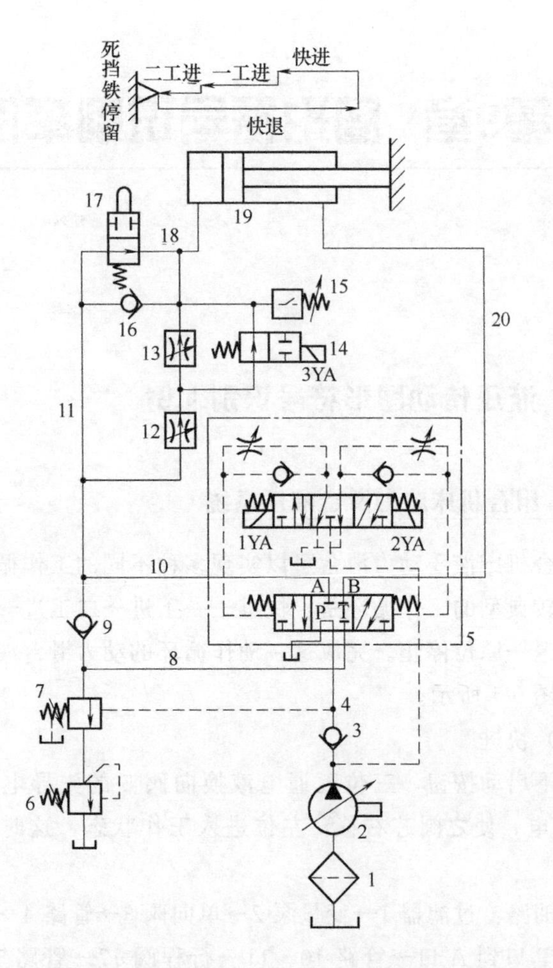

图 9-1 组合机床动力滑台液压系统原理图

1—过滤器；2—变量泵；3,9,16—单向阀；4,8,10,11,18,20—管路；5—电液换向阀；6—背压阀；7—顺序阀；12,13—调速阀；14—电磁换向阀；15—压力继电器；17—行程阀；19—液压缸

（2）一工进

在快进结束时，滑台上的挡铁压下行程阀 17，行程阀上位工作，使油路 11 和 18 断开。电磁铁 1YA 继续通电，电液换向

阀 5 左位仍工作，电磁换向阀 14 的电磁铁处于断电状态。进油路必须经调速阀 12 进入液压缸左腔，与此同时，系统压力升高，将液控顺序阀 7 打开，并关闭单向阀 9，使液压缸实现差动连接的油路切断。回油经顺序阀 7 和背压阀 6 回到油箱。这时的主油路如下。

进油路：过滤器 1→变量泵 2→单向阀 3→电液换向阀 5 的 P 口到 A 口→油路 10→调速阀 12→二位二通电磁换向阀 14→油路 18→缸 19 左腔。

回油路：缸 19 右腔→油路 20→电液换向阀 5 的 B 口到 T 口→管路 8→顺序阀 7→背压阀 6→油箱。

(3) 二工进

一工进结束时，滑台上的挡铁压下行程开关，使电磁换向阀 14 的电磁铁 3YA 得电，阀 14 右位接入工作，切断了该阀所在的油路，经调速阀 12 的油液必须经过调速阀 13 进入液压缸的右腔，其他油路不变。由于调速阀 13 的开口量小于调速阀 12，进给速度降低，进给量的大小可由调速阀 13 来调节。

(4) 死挡铁停留

当动力滑台二工进终了碰上死挡铁后，液压缸停止不动，系统的压力进一步升高，达到压力继电器 15 的调定值时，经过时间继电器的延时，再发出电信号，使滑台退回。在时间继电器延时动作前，滑台停留在死挡块限定的位置上。

(5) 快退

时间继电器发出电信号后，2YA 得电，1YA 失电，3YA 断电，电液换向阀 5 右位工作，这时的主油路如下。

进油路：过滤器 1→变量泵 2→单向阀 3→油路 4→电液换向阀 5 的 P 口到 B 口→油路 20→缸 19 的右腔。

回油路：缸 19 的左腔→油路 18→单向阀 16→油路 11→电液换向阀 5 的 A 口到 T 口→油箱。

这时系统的压力较低，变量泵 2 输出流量大，动力滑台快速退回。由于活塞杆的面积大约为活塞的一半，所以动力滑台快进、快退的速度大致相等。

(6) 原位停止

当动力滑台退回到原始位置时，挡块压下行程开关，这时电磁铁 1YA、2YA、3YA 都失电，电液换向阀 5 处于中位，动力滑台停止运动，变量泵 2 输出油液的压力升高，使泵的流量自动减至最小。

9.1.2 液压机液压系统

液压机液压系统原理图如图 9-2 所示。液压机的主要运动是上滑块和顶出机构的运动，上滑块由主液压缸（上缸）驱动，顶出机构由辅助液压缸（下缸）驱动。液压机的上滑块在主缸驱动下实现“快速下行→慢速加压→保压延时→快速回程→原位停止”的动作循环。下缸布置在工作台中间孔内，驱动顶出机构实现“向上顶出→向下退回”或“浮动压边下行→停止→顶出”两种动作循环。

(1) 启动

按下启动按钮，主泵 1 和辅助泵 2 同时启动，此时系统中所有电磁铁均处于失电状态，主泵 1 输出的油液经电液换向阀 6 中位及阀电液换向阀 21 中位流回油箱，辅助泵 2 输出的油液经低压溢流阀 3 流回油箱，系统实现空载启动。

(2) 上缸快速下行

按下上缸快速下行按钮，电磁铁 1YA、5YA 得电，电液换向阀 6 右位接入系统，控制油液经电磁换向阀 8 右位使液控单向阀 9 打开，上缸带动上滑块实现空载快速运动。此时系统的油液流动情况如下。

进油路：主泵 1→换向阀 6 右位→单向阀 13→上缸 16 上腔。

回油路：上缸 16 下腔→液控单向阀 9→换向阀 6 右位→换向阀 21 中位→油箱。

由于上缸竖直安放，且上滑块组件的重量较大，上缸在上滑块组件自重作用下快速下降，此时泵 1 虽处于最大流量状态，但仍不能满足上缸快速下降的流量需要，因而在上缸上腔会形成负压，上部油箱 15 的油液在一定的外部压力作用下，经液控单向阀（充液阀）14 进入上缸上腔，实现对上缸上腔的补油。

（3）上缸慢速接近工件并加压

当上滑块组件降至一定位置时（事先调好），压下行程开关 2S 后，电磁铁 5YA 失电，阀 8 左位接入系统，使液控单向阀 9 关闭，上缸下腔油液经背压阀 10、阀 6 右位、阀 21 中位回油箱。这时，上缸上腔压力升高，充液阀 14 关闭。上滑块组件在泵 1 供油的压力油作用下慢速接近要压制的工件。当上滑块组件接触工件后，由于负载急剧增加，使上腔压力进一步升高，压力反馈恒功率柱塞变量泵 1 的输出流量将自动减小。此时系统的油液流动情况如下。

进油路：主泵 1→换向阀 6 右位→单向阀 13→上缸 16 上腔。

回油路：上缸 16 下腔→背压阀 10→换向阀 6 右位→换向阀 21 中位→油箱。

（4）保压

当上缸上腔压力达到预定值时，压力继电器 7 发出信号，使电磁铁 1YA 失电，阀 6 回中位，上缸的上、下腔封闭，由于阀 14 和 13 具有良好的密封性能，使上缸上腔实现保压，其保压时间由压力继电器 7 控制的时间继电器调整实现。在上腔保压期间，主泵 1 经阀 6 和 21 的中位后卸荷。

（5）上缸上腔泄压、回程

当保压过程结束，时间继电器发出信号，电磁铁 2YA 得电，阀 6 左位接入系统。由于上缸上腔压力很高，液动滑阀 12 上位接入系统，压力油经阀 6 左位、阀 12 上位使外控顺序阀 11 开启，此时泵 1 输出的油液经顺序阀 11 流回油箱。泵 1 在低压下工作，由于充液阀 14 的阀芯为复合式结构，具有先卸荷再开启的功能，所以阀 14 在泵 1 较低压力作用下，只能打开其阀芯上的卸荷针阀，使上缸上腔的很小一部分油液经充液阀 14 流回油箱 15，上腔压力逐渐降低，当该压力降到一定值后，阀 12 下位

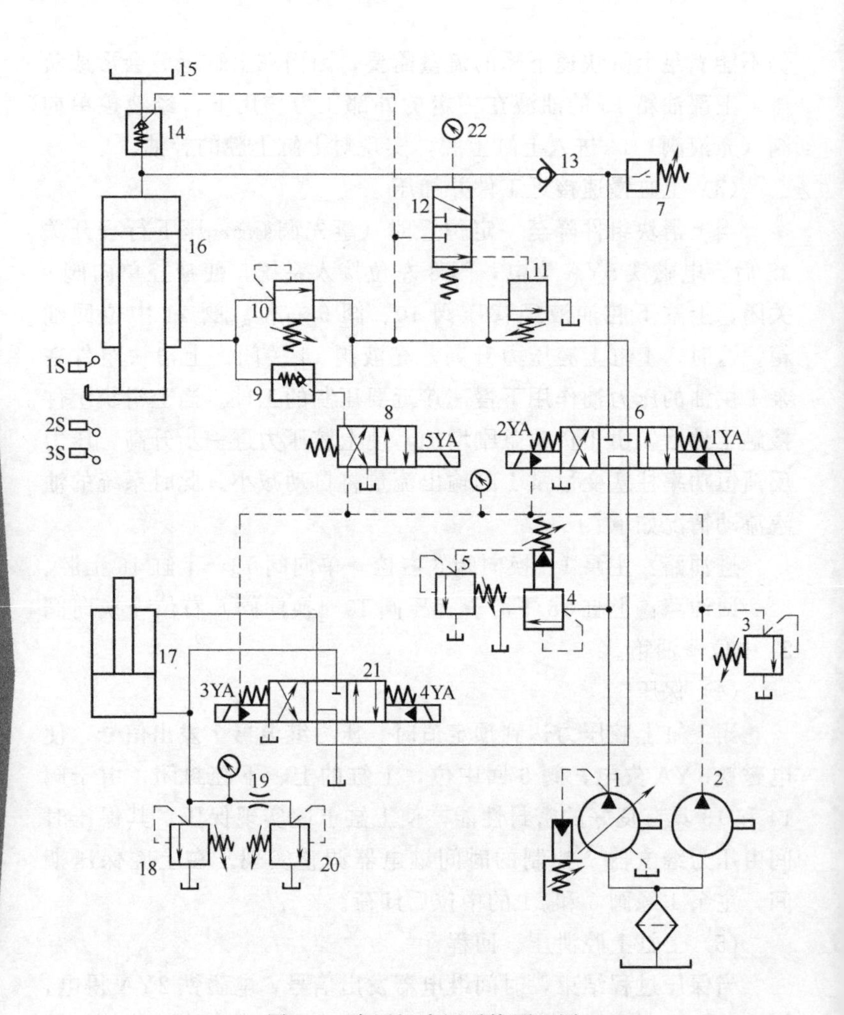

图 9-2　液压机液压系统原理图

1—主泵（单向变量泵）；2—辅助泵（单向定量泵）；3,4,18—溢流阀；5—远程调压阀；6,21—电液换向阀；7—压力继电器；8—电磁换向阀；9—液控单向阀；10,20—背压阀；11—顺序阀；12—液控滑阀；13—单向阀；14—充液阀；15—油箱；16—上缸；17—下缸；19—节流器；22—压力表

接入系统，外控顺序阀 11 关闭，泵 1 供油压力升高，使阀 14 完全打开，此时，系统的油液流动情况如下。

进油路：泵 1→阀 6 左位→阀 9→上缸下腔。

回油路：上缸上腔→阀 14→上部油箱 15。

(6) 上缸原位停止

当上滑块组件上升至行程挡块压下行程开关 1S，使电磁铁 2YA 失电，阀 6 中位接入系统，液控单向阀 9 将主缸下腔封闭，上缸在起点原位停止不动。泵 1 输出油液经阀 6、21 中位回油箱，泵 1 卸荷。

(7) 下缸顶出及退回

当电磁铁 3YA 得电时，换向阀 21 左位接入系统。此时油液流动情况如下。

进油路：泵 1→换向阀 6 中位→换向阀 21 左位→下缸 17 下腔。

回油路：下缸 17 上腔→换向阀 21 左位→油箱。

下缸 17 活塞上升，顶出压好的工件。当电磁铁 3YA 失电、4YA 得电时，换向阀 21 右位接入系统，下缸活塞下行，使下滑块组件退回到原位。

(8) 浮动压边

有些模具工作时需要对工件进行压紧拉伸，当在压力机上用模具进行薄板拉伸压边时，要求下滑块组件上升到一定位置实现上、下模具的合模，使合模后的模具既保持一定的压力将工件夹紧，又能使模具随上滑块组件的下压而下降(浮动压边)。这时，换向阀 21 处于中位，由于上缸的压紧力远远大于下缸往上的上顶力，上滑块组件下压时下缸活塞被迫随之下行，下缸下腔油液经节流器 19 和背压阀 20 流回油箱，使下缸下腔保持所需的向上的压边力。调节背压阀 20 的开启压力大小即可起到改变浮动压边力大小的作用。下缸上腔则经阀 21 中位从油箱补油。溢流阀 18 为下缸下腔安全阀，只有在下缸下腔压力过载时才起作用。

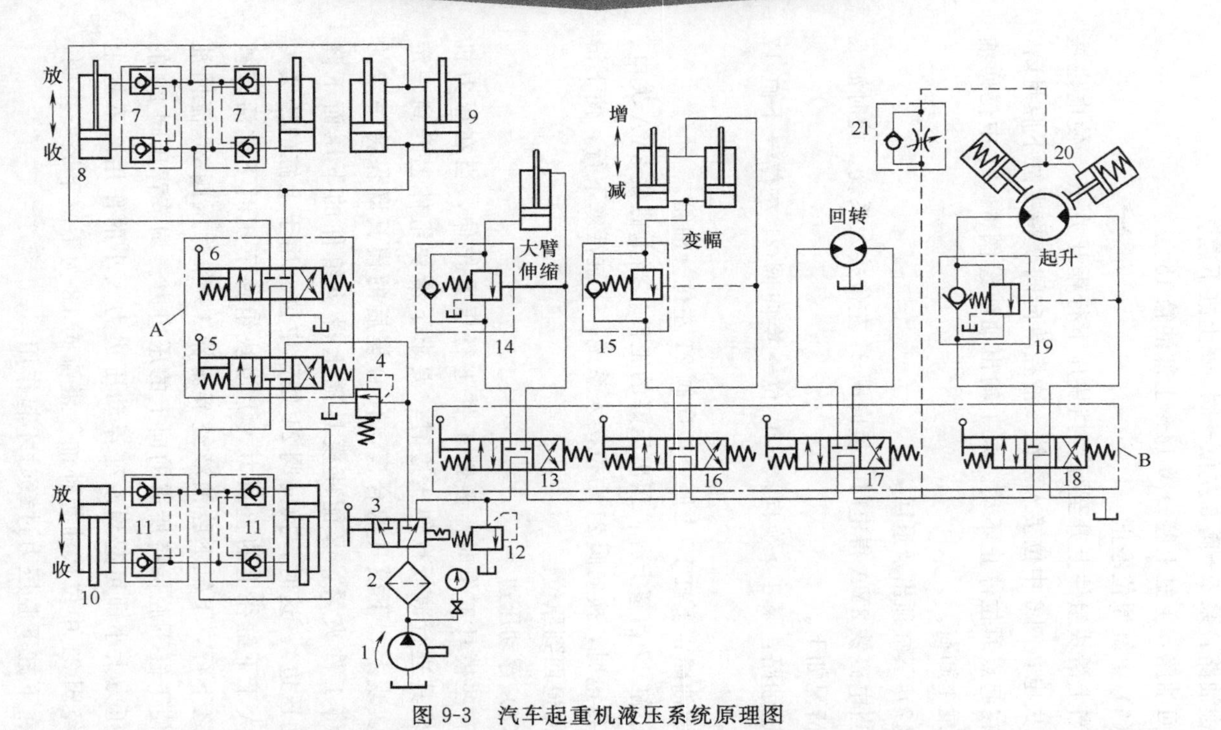

图 9-3　汽车起重机液压系统原理图

1—液压泵；2—过滤器；3—二位三通手动换向阀；4,12—溢流阀；5,6,13,16～18—三位四通手动换向阀；7,11—液压锁；8—后支腿缸；9—锁紧缸；10—前支腿缸；14,15,19—平衡阀；20—制动缸；21—单向节流阀

9.1.3 汽车起重机液压系统

汽车起重机是将起重机安装在汽车底盘上的一种起重运输设备。它主要由起升、回转、变幅、伸缩和支腿等工作机构组成，各动作的完成由液压系统来实现。对于汽车起重机的液压系统，一般要求输出力大、动作平稳、耐冲击、操作灵活、方便、可靠、安全。图 9-3 所示为汽车起重机液压系统原理图。

(1) 支腿回路

支腿动作的顺序是：缸 9 锁紧后桥板簧，同时缸 8 放下后支腿到所需位置，再由缸 10 放下前支腿。作业结束后，先收前支腿，再收后支腿。

当手动换向阀 6 右位接入时，后支腿放下，其油路如下。

泵 1→过滤器 2→阀 3 左位→阀 5 中位→阀 6 右位→锁紧缸 9 下腔锁紧板簧→液压锁 7→缸 8 下腔。

回油路如下。

缸 8 上腔→双向液压锁 7→阀 6 右位→油箱。

缸 9 上腔→阀 6 右位→油箱。

双向液压锁 7 和 11 的作用是防止液压支腿在支撑过程中因泄漏出现"软腿现象"，或行走过程中支腿自行下落，或因管道破裂而发生倾斜事故。

(2) 起升回路

起升机构要求所吊重物可升降或在空中停留，速度要平稳、变速要方便、冲击要小、启动转矩和制动力要大。本回路中采用柱塞液压马达带动重物升降，变速和换向是通过改变手动换向阀 18 的开口大小来实现的，用液控单向顺序阀（平衡阀）19 来限制重物超速下降。单作用液压缸 20 是制动缸，单向节流阀 21 一是保证液压油先进入马达，使马达产生一定的转矩，再解除制动，以防止重物带动马达旋转而向下滑；二是保证吊物升降停止时，制动缸中的油液马上流回油箱，使马达迅速制动。

起升重物时，手动换向阀 18 切换至左位工作，泵 1 输出的油液经过滤器 2、阀 3 右位、阀 13、16、17 中位，阀 18 左位、阀 19 中的单向阀进入马达左腔；同时压力油经单向节流阀到制动缸 20，从而解除制动，使马达旋转。

重物下降时，手动换向阀 18 切换至右位工作，液压马达反转，回油经阀 19 的液控顺序阀，阀 18 右位回油箱。

当停止作业时，阀 18 处于中位，泵卸荷。制动缸 20 上的制动瓦在弹簧作用下使液压马达制动。

(3) 大臂伸缩回路

大臂伸缩采用单级长液压缸驱动。工作中，改变阀 13 的开口大小和方向，即可调节大臂运动速度和使大臂伸缩。行走时，应将大臂缩回。大臂缩回时，因液压力与负载力方向一致，为防止吊臂在重力作用下自行收缩，在收缩缸的下腔回油腔安置了平衡阀 14，提高了收缩运动的可靠性。

(4) 变幅回路

大臂变幅机构用于改变作业高度，要求能带载变幅，动作要平稳。采用两个液压缸并联，提高了变幅机构承载能力。其油路与大臂伸缩油路相同。

(5) 回转回路

回转机构要求大臂能在任意方位起吊。采用柱塞液压马达，由于惯性小，一般不设缓冲装置，操作换向阀 17，可使马达正反转或停止。

9.1.4 电弧炼钢炉液压系统

图 9-4 所示为电弧炼钢炉液压系统原理图。它属于多缸工作回路，现分析如下。

(1) 换向回路

炉盖提升缸 27、炉盖旋转缸 25、炉体回转缸 29 及炉门提升缸 23 均采用三位四通 O 型中位机能的电磁换向阀的换向操作回路，没有其他特别要求，也不同时操作。

(2) 炉体同步倾斜回路

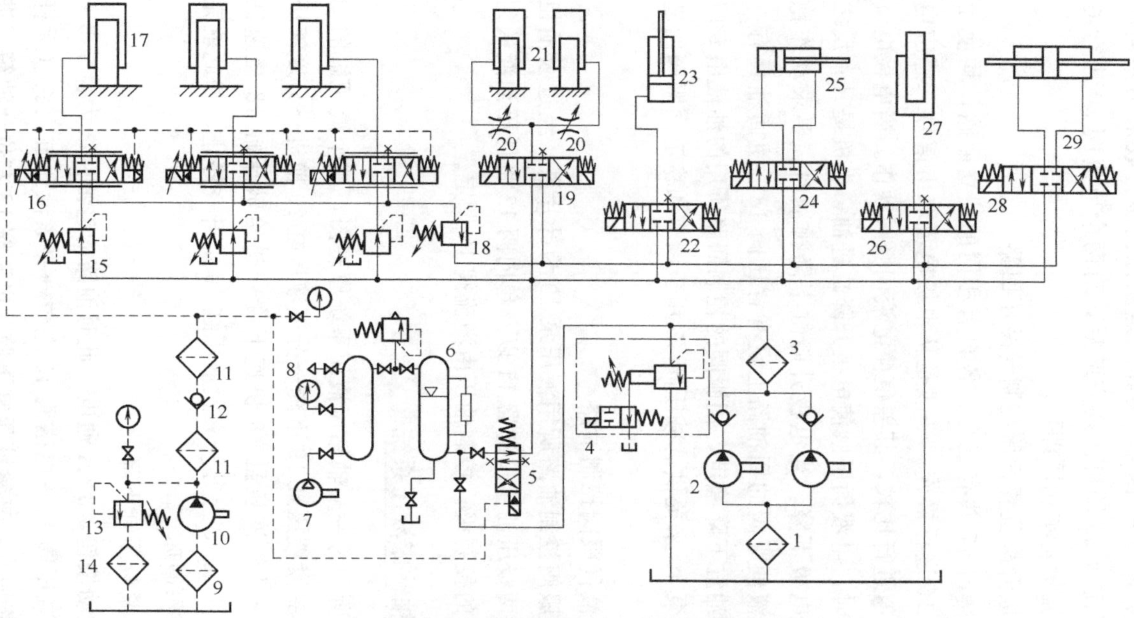

图 9-4 电弧炼钢炉液压系统原理图

1,9—吸油过滤器；2—主液压泵；3,11—压油过滤器；4—电磁溢流阀；5—二位四通电液阀；6—蓄能器；7—气泵；8—电接点压力表；10—控制液压泵；12—单向阀；13—溢流阀；14—回油过滤器；15—减压阀；16—电液伺服阀；17—电极升降缸；18—背压阀；19,22,24,26,28—电磁换向阀；20—节流阀；21—炉体倾斜缸；23—炉门提升缸；25—炉盖旋转缸；27—炉盖提升缸；29—炉体回转缸炉体倾斜缸 21 有两个，要求同步操作。由于炉体倾斜缸均固定在炉体上，炉体重量很大，实际上是刚性同步，故采用换向阀 19 和两个节流阀 20 即可。在安装后，对两个节流阀 20 进行适当调节，使流量基本相同即可。

(3) 电极升降位置伺服控制与减压回路

电极升降缸 17 共有三个，各自有相同的独立回路，均使用电液伺服阀 16 进行操作。一般是从电极电流取出信号（感应电压）与给定值进行比较，其差值使电液伺服阀动作。当电极电流大于给定值时，电液伺服阀使电极升降缸进油，电极提升；反之则排油，使电极下降。当电极升降缸下降排油时，要求动作稳定，故在电液伺服阀的回油路上设有背压阀 18，使回油具有一定的背压，油缸下降稳定。伺服阀的控制回路所用的油液由专门的控制液压泵 10 来提供。减压阀 15 用于调节和稳定伺服阀的进口压力。

(4) 电液伺服阀控制油路

电液伺服阀控制油路所用液压泵 10 为叶片泵，经过吸油粗过滤器 9 和两级压油精过滤器 11 以及单向阀 12 将低压油液送到电液伺服阀的控制级。控制油压由溢流阀 13 调定。

9.1.5 多轴钻床液压系统

图 9-5 所示为一多轴钻床液压系统原理图，三个液压缸的动作顺序为：夹紧液压缸 19 下降→分度液压缸 20 前进→分度液压缸 20 后退→进给液压缸 18 快速下降→进给液压缸 18 慢速钻削→进给液压缸 18 上升→夹紧液压缸 19 上升→停止，如此就完成了一个工作循环。

(1) 夹紧液压缸下降

按下启动按钮，3YA 通电，此时油路的进油路线为：泵 3→单向阀 6→减压阀 11→电磁阀 13 左位→夹紧液压缸上腔（无杆腔）。回油路线为：夹紧液压缸下腔→电磁阀 13 左位→油箱。进回油路无任何节流设施，且夹紧液压缸下降所需工作压力低，故泵以大流量将油液送入夹紧液压缸，夹紧液压缸快速下降。夹紧液压缸夹住工件时，其夹紧力由减压阀 11 来调定。

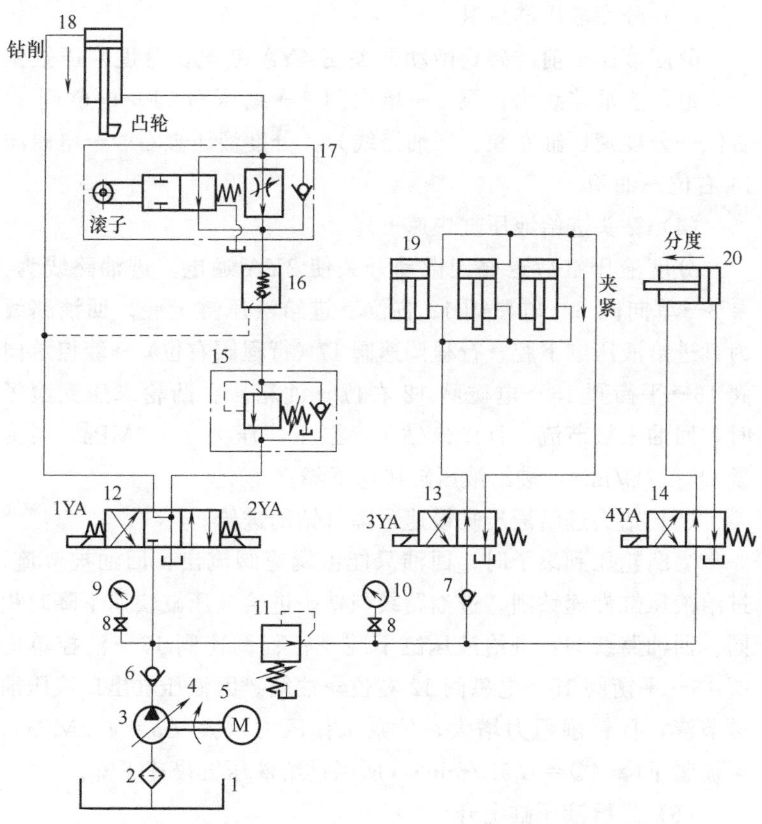

图 9-5　多轴钻床液压系统原理图

1—油箱；2—过滤器；3—变量叶片泵；4—联轴器；5—电动机；6,7—单向阀；8—截止阀；9,10—压力计；11—减压阀；12～14—电磁阀；15—平衡阀；16—液控单向阀；17—行程调速阀；18～20—液压缸

（2）分度液压缸前进

夹紧液压缸将工件夹紧并触发一微动开关使 4YA 通电，进油路线为：泵 3→单向阀 6→减压阀 11→电磁阀 14 左位→分度液压缸右腔。回油路线为：分度液压缸左腔→电磁阀 14 左位→

油箱。因无任何节流设施，且分度液压缸前进时所需工作压力低，故泵以大流量将油液送入液压缸，分度液压缸快速前进。

(3) 分度液压缸后退

分度液压缸前进碰到微动开关使 4YA 断电，分度液压缸快速后退，进油路线为：泵 3→单向阀 6→减压阀 11→电磁阀 14 右位→分度液压缸左腔。回油路线为：分度液压缸右腔→电磁阀 14 右位→油箱。

(4) 钻头进给液压缸快速下降

分度液压缸后退碰到微动开关使 2YA 通电，进油路线为：泵 3→单向阀 6→电磁阀 12 右位→进给液压缸上腔。回油路线为：进给液压缸下腔→行程调速阀 17（行程阀右位）→液控单向阀 16→平衡阀 15→电磁阀 12 右位→油箱。在凸轮未压到滚子时，回油未被节流，且尚未钻削，泵工作压力 $p=2$MPa，泵流量 $Q=17$L/min，进给液压缸快速下降。

(5) 钻头进给液压缸慢速下降（钻削进给）

当凸轮压到滚子时，回油只能由调速阀流出，回油被节流，进给液压缸慢速钻削。进油路线与钻头进给液压缸快速下降时相同。回油路线为：进给液压缸下腔→行程调速阀 17→液控单向阀 16→平衡阀 15→电磁阀 12 右位→油箱。因液压缸出口液压油被节流，且钻削阻力增大，故泵工作压力增大（$p=4.8$MPa），泵流量下降（$Q=1.5$L/min），所以进给液压缸慢速下降。

(6) 进给液压缸上升

当钻削完成碰到微动开关，使 1YA 通电时，进油路线为：泵 3→单向阀 6→电磁阀 12 左位→平衡阀 15（走单向阀）→液控单向阀 16→行程调速阀 17（走单向阀）→进给液压缸下腔。回油路线为：进给液压缸上腔→电磁阀 12 左位→油箱。进给液压缸后退时，因进、回油路均未被节流，泵工作压力低，泵以大流量将油液送入液压缸，故进给液压缸快速上升。

(7) 夹紧液压缸上升

进给液压缸上升碰到微动开关，使 3YA 断电时，进油路线为：泵 3→单向阀 6→减压阀 11→单向阀 7→电磁阀 13 右位→夹紧液压缸下腔。回油路线为：夹紧液压缸上腔→电磁阀 13 右位→油箱。因进、回油路均没有节流设施，且上升时所需工作压力低，泵以大流量将油液送入液压缸，故夹紧液压缸快速上升。

9.2 气动图形符号识别 4 例

9.2.1 自动钻床气动系统

气动钻床是一种利用气动钻削头完成主运动（主轴的旋转），再由气动滑台实现进给运动的自动钻床。图 9-6 所示为自动钻床气动系统原理图，该系统利用气压传动来实现进给运动和送料、夹紧等辅助动作。它共有三个气缸，即送料缸 14、夹紧缸 13、钻削缸 12。

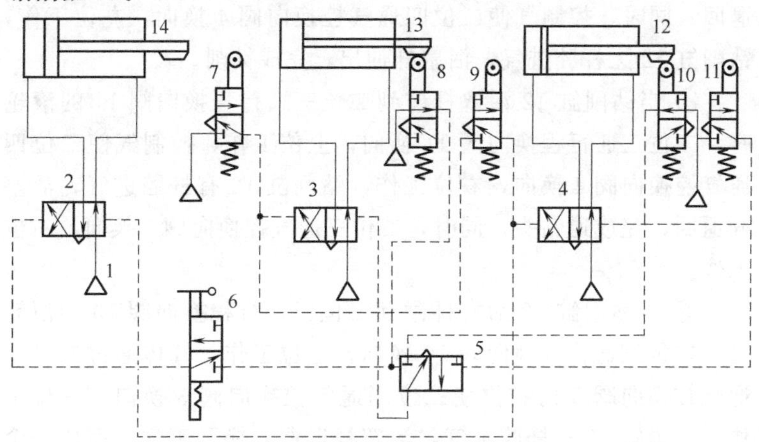

图 9-6 自动钻床气动系统原理图

1—气压源；2～4—二位四通气控换向阀；5—二位三通气控换向阀；6—二位三通手动换向阀；7～11—二位三通行程换向阀；12—钻削缸；13—夹紧缸；14—送料缸

该钻床气压传动系统的动作顺序为：

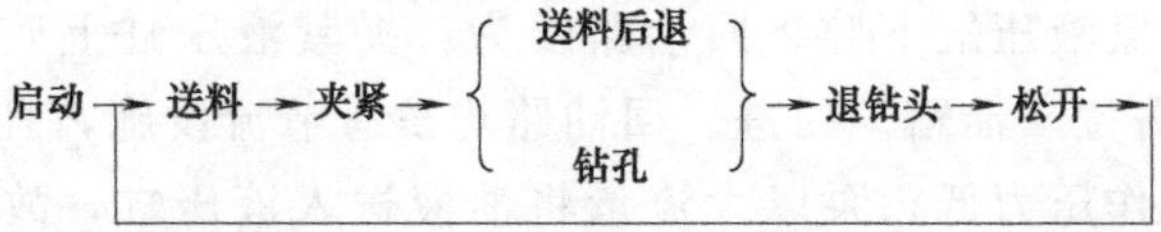

启动→送料→夹紧→{送料后退 / 钻孔}→退钻头→松开→（返回送料）

工作原理如下。

① 当按下二位三通手动换向阀（启动阀）6，控制气使二位四通气控换向阀2换向，左位工作，气体进入送料缸14无杆腔，活塞杆伸出，实现送料。

② 当送料缸14活塞杆碰到二位三通行程换向阀7的滚轮时，二位三通行程换向阀7换向，其上位工作，控制气使二位四通气控换向阀3换向，左位工作，夹紧缸13无杆腔进气，活塞杆伸出，实现夹紧。

③ 当夹紧缸13的活塞杆碰到二位三通行程换向阀9的滚轮时，二位三通行程换向阀9换向，上位工作，控制气使二位四通气控换向阀2换向，右位工作，送料缸14有杆腔进气，活塞杆退回；同时，控制气使二位四通气控换向阀4换向，左位工作，钻削缸12无杆腔进气，活塞杆伸出，完成钻削。

④ 当钻削缸12活塞杆碰到二位三通行程换向阀11的滚轮时，二位三通行程换向阀11换向，上位工作，控制气使二位四通气控换向阀4换向，右位工作，钻削缸12有杆腔进气，活塞杆退回，完成退钻头；同时，二位三通气控换向阀5换向，右位工作。

⑤ 当钻削缸12活塞杆碰到二位三通行程换向阀10的滚轮时，二位三通行程换向阀10换向，上位工作，气体通过二位三通气控换向阀5的右位使二位四通气控换向阀3换向，右位工作，夹紧缸13有杆腔进气，活塞杆退回，松开工件，完成一个工作循环。

9.2.2 气液动力滑台气动系统

气液动力滑台采用气液阻尼缸作为执行元件。由于在其上可安装单轴头、动力箱或工件，因此在机床上常用来作为实现进给运动的部件。图 9-7 所示为气液动力滑台气动系统原理图，系统的执行元件是气液阻尼缸 11，该缸的缸筒固定，活塞杆与滑台相连。该气液动力滑台能完成两种工作循环。

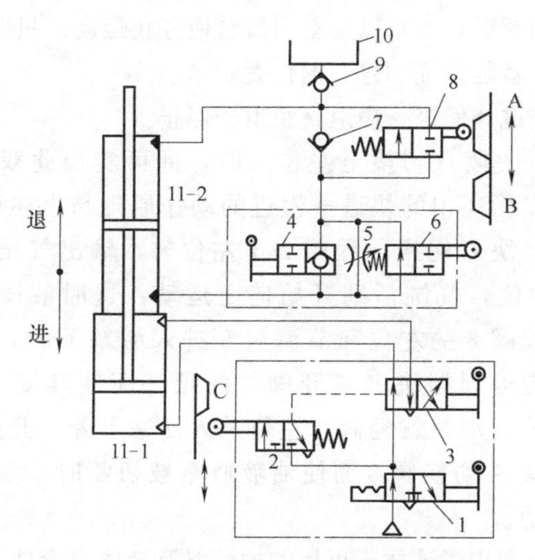

图 9-7　气液动力滑台气动系统原理图

1—二位三通手动换向阀；2—二位三通行程阀；3—二位四通手动换向阀；4—二位二通手动换向阀；5—节流阀；6,8—二位二通行程阀；7,9—单向阀；10—补油箱；11-1，11-2—气液阻尼缸

(1) 快进→慢进 (工进)→快退→停止

当阀 4 处于图示位置时，可实现此动作循环，其工作原理为：当阀 3 切换至右位时，实际上就是给出进给信号，压缩空气经阀 1、阀 3 进入气液阻尼缸的气缸 11-1 的小腔，大腔经阀 3 排气，气缸的活塞开始向下运动，而液压缸 11-2 中的下腔油液经行程阀 6 的左位和单向阀 7 进入液压缸的上腔，实现了动力滑台快进；当快进到活塞杆上的活动挡块 B 将行程阀 6 压换至右位后，液压缸 11-2 中的下腔油液只能经节流阀 5 进入上腔，活塞开始慢进（工作进给），气液阻尼缸运动速度由节流阀 5 的开度

调节；当慢进到活动挡块C使行程阀2复位时，输出气压信号使阀3切换至左位，这时气缸的进气与排气交换方向，活塞开始向上运动；液压缸上腔的油液经阀8的左位和阀4中的单向阀进入液压缸下腔，实现了快退，当快退到挡块A切换阀8而使油液通道被切断时，活塞以及动力滑台便停止运动。只要改变挡块A的位置，就能改变“停”的位置。

（2）快进→慢进→慢退→快退→停止

将阀4关闭（切换至左位）时，即可实现此双向进给程序。其动作循环中的快进→慢进的动作原理与上述循环相同。当慢进至挡块C切换行程阀2至左位时，输出气压信号使阀3切换至左位，气缸活塞开始向上运动，这时液压缸上腔的油液经行程阀8的左位和节流阀5进入活塞下腔，亦即实现了慢退，慢退到挡块B离开阀6的顶杆而使其复至左位后，液压缸上腔的油液就经阀6左位进入活塞下腔，开始了快退，快退到挡块A切换阀8而使油液通路被切断时，活塞及滑台便停止运动。

该系统利用了液体不可压缩的性能及液体流量易于控制的优点，可使动力滑台获得稳速运动；带定位机构的手动换向阀1、行程阀2和手动换向阀3组合成一气动组合阀块，而阀4、5和6为一液压组合阀，系统结构紧凑；补油箱10、单向阀9仅仅是为了补偿漏油而设置的。

9.2.3 机床夹具气动系统

机床夹具气动系统原理图如图9-8所示，三个夹紧缸A、B、C用于夹紧工件，它们的动作顺序为：夹紧时，缸A先夹紧，缸B和缸C后夹紧；松开时，缸B和缸C先松开，缸A后松开。

当工件定位后，踩下脚踏换向阀1使其切换至左位，气压源的压缩空气经阀2中的单向阀进入缸A的无杆腔，缸A有杆腔经阀3中的节流阀排气，活塞杆驱动夹头下行夹紧工件，同时将

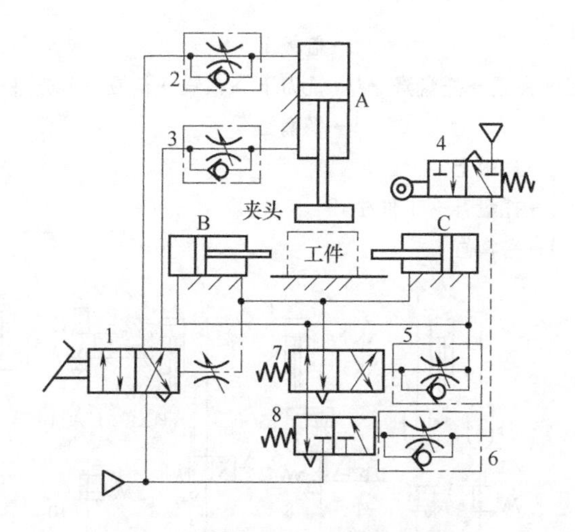

图 9-8　机床夹具气动系统原理图

1—二位四通脚踏换向阀；2,3,5,6—单向节流阀；4—二位三通行程换向阀；7,8—气控换向阀

行程阀 4 压至左位，气压源的压缩空气经阀 6 中的节流阀使换向阀 8 切换至右位。此时，缸 B、C 的无杆腔进气、有杆腔排气，双向夹紧工件。待工件加工完毕，阀 7 控制腔的气压使阀 7 切换至右位，缸 B、C 的有杆腔进气、无杆腔排气，活塞杆退回。阀 1 在控制腔气压作用下切换至右位（图示位置），压缩空气经阀 3 的单向阀进入缸 A 有杆腔，无杆腔经阀 2 的节流阀排气，活塞杆退回。活塞杆退回后，阀 4 在弹簧力作用下也复位。至此，完成一个工作循环，换向阀 7 和 8 的延时换向时间可通过调节各换向阀控制腔的节流阀开度实现。

9.2.4　八轴仿形铣加工机床气动系统

八轴仿形铣加工机床是一种高效专用半自动加工木质工件的机床。该机床有夹紧缸 B（共 8 个），托盘缸 A（共 2 个），盖板缸 C，铣刀缸 D，粗、精铣缸 E，砂光缸 F，平衡缸 G 共计 15 个气缸。一次可加工 8 个工件。其动作程序为：

气动→工件夹紧→托盘降→{→盖板下；→铣刀下→粗铣→精铣→砂光进→砂光退；→平衡缸}

→铣刀上{→盖板上；→托盘升→工件松开；→平衡缸}

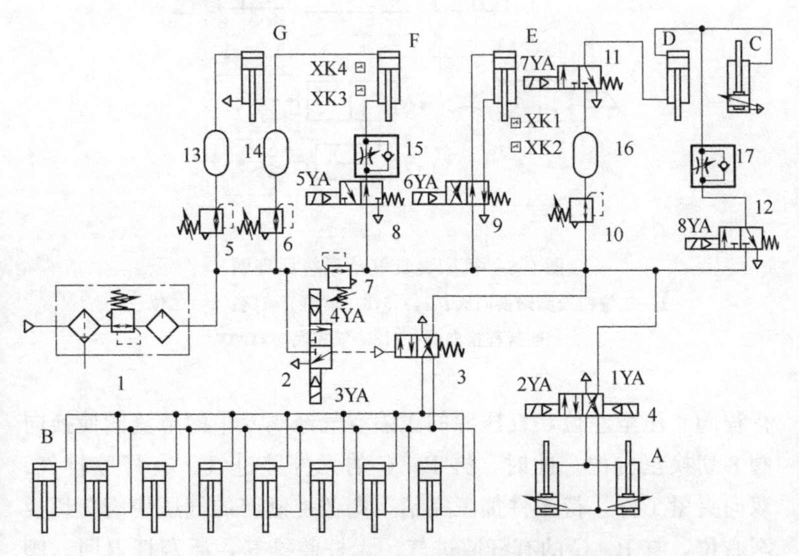

图 9-9　八轴仿形铣加工机床气动系统原理图

1—气动三联件；2,4,8,9,11,12—电磁换向阀；3—气控换向阀；5～7,10—减压阀；13,14,16—储气罐；15,17—单向节流阀；A—托盘缸；B—夹紧缸；C—盖板缸；D—铣刀缸；E—粗、精铣缸；F—砂光缸；G—平衡缸

该机床的气动系统原理图如图 9-9 所示。动作过程如下。

(1) 接料托盘升降及工件夹紧

按下接料托盘升按钮开关后，电磁铁 1YA 通电，使阀 4 处于右位，A 缸无杆腔进气，活塞杆伸出，有杆腔气体经阀 4 排气口排空，此时接料托盘升起。托盘升至预定位置时，由人工把工件毛坯放在托盘上，接着按工件夹紧按钮使电磁铁 3YA 通电，阀 2 换向处于下位。此时，阀 3 的气控信号经阀 2 的排气口排空，使阀 3 复位处于右位，压缩空气分别进入 8 个夹紧缸的无杆腔，有杆腔气体经阀 3 的排气口排空，实现工件夹紧。

工件夹紧后，按下接料托盘下降按钮，使电磁铁 2YA 通电，1YA 断电，阀 4 换向处于左位，A 缸有杆腔进气，无杆腔排气，活塞杆退回，使托盘返至原位。

（2）盖板缸、铣刀缸和平衡缸的动作

由于铣刀主轴转速很高，加工木质工件时，木屑会飞溅。为了便于观察加工情况和防止木屑向外飞溅，该机床有一透明盖板并由缸 C 控制，实现盖板的上、下运动。在盖板中的木屑由引风机产生负压，从管道中抽吸到指定地点。

为了确保安全生产，盖板缸与铣刀缸同时动作。按下铣刀缸向下按钮时，电磁铁 7YA 通电，阀 11 处于右位，压缩空气进入 D 缸的有杆腔和 C 缸的无杆腔，D 无杆腔和 C 缸有杆腔的空气经单向节流阀 17、阀 12 的排气口排空，实现铣刀下降和盖板下降的同时动作。在铣刀缸动作的同时盖板缸及平衡缸的动作也是同时的，平衡缸 G 无杆腔的压力由减压阀 5 调定。

（3）粗、精铣及砂光的进退

铣刀下降动作结束时，铣刀已接近工件，按下粗仿形铣按钮后，使电磁铁 6YA 通电，阀 9 换向处于右位，压缩空气进入 E 缸的有杆腔，无杆腔的气体经阀 9 排气口排空，完成粗铣加工。E 缸的有杆腔加压时，由于对下端盖有一个向下的作用力，因此对整个悬臂又增加了一个逆时针的转动力矩，使铣刀进一步增加对工件的吃刀量，从而完成粗仿形铣加工工序。

同理，E 缸无杆腔进气，有杆腔排气时，对悬臂施加一个顺时针的转动力矩，使铣刀离开工件，切削量减少，完成精加工仿形工序。

在进行粗仿形铣加工时，E 缸活塞杆缩回，粗仿形铣加工结束时，压下行程开关 XK1，6YA 通电，阀 9 换向处于左位，E 缸活塞杆又伸出，进行精铣加工。加工完了时，压下行程开关 XK2，使电磁铁 5YA 通电，阀 8 处于右位，压缩空气经减压阀

6、储气罐14进入F缸的无杆腔，有杆腔气体经单向节流阀15、阀8排气口排气，完成砂光进给动作。砂光进给速度由单向节流阀15调节，砂光结束时，压下行程开关XK3，使电磁铁5YA通电，F缸退回。

F缸返回至原位时，压下行程开关XK4，使电磁铁8YA通电，7YA断电，D缸、C缸同时动作，完成铣刀上升，盖板打开，此时平衡缸仍起着平衡重物的作用。

（4）托盘升及工件松开

加工完毕时，按下启动按钮，托盘升至接料位置。再按下另一按钮，工件松开并自动落到接料托盘上，人工取出加工完毕的工件。接着再放上被加工工件至接料托盘上，为下一个工作循环做准备。

参考文献

[1] 成大先．机械设计手册．6版．北京：化学工业出版社，2017.

[2] 宁辰校．液压气动图形符号及识别技巧．北京：化学工业出版社，2012.

[3] 秦大同．现代机械设计手册．2版．北京：化学工业出版社，2019.

[4] 宁辰校．气动技术入门与提高．北京：化学工业出版社，2017.

[5] 向东，李松晶．轻松看懂液压气动系统原理图．北京：化学工业出版社，2020.